编委会

主　编　罗瑞萍

副主编　赵志刚

编著人员（排名不分先后）

罗瑞萍　宁夏农林科学院农作物研究所

赵志刚　宁夏农林科学院农作物研究所

连金番　宁夏农林科学院农作物研究所

姬月梅　宁夏农林科学院农作物研究所

沈瑞清　宁夏农林科学院植物保护研究所

庄　海　青铜峡市农业技术推广中心

吴国华　石嘴山市种子管理站

王世稼　中卫市良种繁殖场

任　杨　中宁县农业技术推广服务中心

马晓成　贺兰县农业技术推广服务中心

王珲敏　海原县农业技术推广中心

杨自健　永宁县农业技术推广服务中心

大豆优质高效技术知识答疑

HIGH QUALITY AND HIGH YIELD SOYBEAN TECHNOLOGY HANDBOOK

主　编◎罗瑞萍

黄河出版传媒集团
阳　光　出　版　社

图书在版编目（CIP）数据

大豆优质高效技术知识答疑 / 罗瑞萍主编. -- 银川：阳光出版社，2018.9（2020.9重印）
ISBN 978-7-5525-4475-6

Ⅰ. ①大… Ⅱ. ①罗… Ⅲ. ①大豆 – 高产栽培 – 栽培技术 Ⅳ. ①S565.1

中国版本图书馆CIP数据核字(2018)第216938号

大豆优质高效技术知识答疑　　罗瑞萍　主编

责任编辑　马　晖
封面设计　赵　倩
责任印制　岳建宁

黄河出版传媒集团
阳　光　出　版　社　出版发行

地　　址　宁夏银川市北京东路139号出版大厦（750001）
网　　址　http：//www.ygchbs.com
网上书店　http：//shop129132959.taobao.com
电子信箱　yangguangchubanshe@163.com
邮购电话　0951-5014139
经　　销　全国新华书店
印刷装订　宁夏银报智能印刷科技有限公司
印刷委托书号　（宁）0018363

开　　本　720mm × 980mm 1/16
印　　张　19
字　　数　270千字
版　　次　2018年9月第1版
印　　次　2020年9月第3次印刷
书　　号　ISBN 978-7-5525-4475-6
定　　价　48.00元

内容提要
Content of the feed

《大豆优质高效技术知识答疑》一书由国家大豆产业技术体系银川综合试验站大豆专家编写。本书以农民朋友在大豆生产中遇到的问题为导向,把理论知识融于疑难问题解答中,以一问一答的形式介绍了大豆优质高效技术知识。全书内容分五部分:第一部分为大豆基础知识,第二部分为大豆栽培技术,第三部分为大豆病虫草害防控技术,第四部分推荐了大豆新品种及新技术推荐及大豆科学家,第五部分为附录。该书的内容丰富,图文结合,通俗易懂,针对性强。希望能对基层农业技术人员、种业企业、种植大户及专业化合作生产组织以及农民朋友起到有益的指导和帮助。

前言

大豆是我国重要的粮食作物，是人们生活的重要植物蛋白来源，也是农民增产增收的重要经济作物之一。随着我国经济社会的迅速发展和人民生活水平的不断提高，农业生产也进入了一个崭新的发展阶段，优质高产高效的种植成为农业经济新的增长点。

大豆是宁夏的主要农作物之一，也是集优质高产高效农业与用地养地相结合的特殊作物之一，在现代优质高产高效农业中发挥着重要作用。为了促进大豆农业产业化发展，加强科研与农业生产实践相结合，更好地让大豆新品种、新技术在农业生产实践中发挥应有的作用，国家大豆产业技术体系银川综合试验站大豆专家编写了《大豆优质高效技术知识答疑》一书。大豆生产技术性强，环节多，本书以农民朋友在大豆生产中遇到的技术问题为导向，融理论知识于疑难解答中，以质疑问答的形式介绍了大豆基础知识、大豆栽培技术、大豆病虫草害防控知识以及生产知识和日常生活方面的有关知识内容。该书提问简单明了、回答开门见山、文字通俗易懂，具有较强的针对性、实用性和可操作性。

该书的发行将致力于社会效益最大化，将服务农业科技产业发展和传承农业技术文化作为基本目标。本书面向基层农技人员、种植企业、种植大户、专业化合作组织和广大农民群众，希望能够对广大基层农业技术人员及农民朋友的所想、所需起到有益的指导和帮助。

本书介绍的栽培技术要因地制宜，农药的使用方法要根据当地的病虫草害发生的种类、时间和程度进行调整。在使用本书所介绍的品种、技术和农药时，要仔细阅读说明书，最好在当地技术人员的指导下使用。

本书是由“国家大豆产业技术体系建设专项——银川综合试验站(CARS-04)”资金资助完成。

由于作者编写水平所限，书中诸多疏漏和不足之处在所难免，敬请各界专家、学者和广大读者批评指正，不吝赐教。

编著者

2018年1月30日

目　录

第一部分　大豆基础知识

第二部分 大豆栽培技术

第三部分　大豆病虫草害防控技术

第四部分 大豆新品种、新技术推荐及大豆科学家

第五部分　附录

第一部分　大豆基础知识

1. 大豆起源于哪里？

答：大豆属于蝶形花科，大豆属。大豆又称黄豆，是一种种子含有丰富蛋白质一年生豆科草本植物。大豆起源于中国，栽培的历史至少有 5 000 年。中国是世界大豆的发源地，被世界誉为“大豆王国”。现在种植的栽培大豆都是从野生大豆通过长期定向选择、改良驯化而成的。大豆是我国历史上的“五谷”和当前四大粮食作物（小麦、水稻、玉米、大豆）之一；豆腐、豆浆等多种传统豆制品由中国人发明创造，对中华民族的繁衍生息和东方饮食文化的形成发挥了不可替代的作用。

图 1–1　大豆

2. 大豆有哪些营养成分？

答：每 100 g 大豆含蛋白质 40 g 左右，是小麦的 3.6 倍、玉米的 4.2 倍、大米的 5 倍，是牛肉的 2 倍、猪肉的 3 倍，大豆俗有“田中之肉、营养之王”的美誉。大豆蛋白可与肉、奶、蛋等食物相媲美，是能代替动物性食物的植物产品。大豆中碳水化合物含量为 26%~35%，每 100 g 大豆中分别含有磷 571 mg、铁 11 mg、和钙 367 mg，明显多于谷类。大豆中维生素 B_1、B_2

和烟酸等B族维生素含量也比谷类多数倍，并含有一定数量的胡萝卜素和丰富的维生素E。大豆维生素B族的胆醇、脂醇含量特别高，对防止脂肪和肝硬化有良好的保健作用。大豆所含的碳水化合物，主要以蔗糖、棉子糖、水苏糖和纤维素形式存在，可作为宜食低淀粉食物患者如糖尿病患者的良好食品。大豆含有大豆低聚糖、大豆卵磷脂、大豆异黄酮、大豆皂苷、大豆蛋白肽、大豆膳食纤维等多种生物活性物质，是良好的保健品。

3. 大豆有哪些主要用途？

答：大豆富含蛋白质、脂肪，是一种营养平衡的食物。大豆油除了直接食用外，在工业上的用途也很广泛。近年来，随着新兴食品工业和塑料化学工业的发展，大豆在工业上的制品已达数千种之多。

食用价值：大豆可以加工豆腐、豆浆、豆芽、腐竹等豆制品，还可以提炼大豆异黄酮。其中，发酵豆制品包括腐乳、臭豆腐、豆瓣酱、酱油、豆豉、纳豆等；而非发酵豆制品包括水豆腐、干豆腐、豆芽、卤制豆制品、油炸豆制品、熏制豆制品、炸卤豆制品、冷冻豆制品、干燥豆制品等。另外，豆粉则是代替肉类的高蛋白食物，可制成多种食品，包括婴儿食品。

油脂用途　(1)豆油：大豆加工生产的豆油是重要的食用油之一，属半干性油，是一种良好的植物油。(2)大豆卵磷脂：有利于人体神经系统的发育；在糖果食品工业、医药、造纸和制革的方面广为应用。(3)起酥油和人造奶油：应用于食品加工业。(4)甘油：是火药、医药和造纸的重要原料。(5)油漆：豆油与桐油或亚麻油混合制成的油漆，有韧性，是用于室外油漆之用。(6)汽车喷漆：由大豆油为原料制成，质地优良，色彩天然，不受日光氧化。(7)氧化豆油：由大豆加工制成，经提高比重和黏滞性，可替代润滑油，供汽车、轮船、机械等使用。适当配合鱼油制造的高级润滑油，可供飞机用。(8)其他产品：大豆油与酒精混合可以制造人造橡胶，还可以制成液体燃料、瓷釉、印刷油墨、聚氯乙烯、树脂等。 豆饼粕及饲用价值 从大豆中提取人类食用油之后，所剩副产品就是大豆饼粕，是优质的蛋白饲料。对于鸡、猪以及奶牛肉牛等反刍家畜来说，它是优质的蛋白质饲料。

4. 世界上大豆的主产国家有哪些?

答:世界大豆主产国分别为美国、巴西、阿根廷、中国和印度。美国是目前世界上头号大豆生产国,其产量占世界大豆总产量的一半以上,巴西是第二大豆生产国,印度大豆生产发展速度较快,在大豆种植规模上已取代我国,成为世界第四大豆生产国。

中国是大豆的故乡,大豆一直是我国在国际市场上最具竞争力的农产品。1995 年以前我国是世界大豆主要生产国和出口国,1996 年以后成了世界大豆净进口国,成为世界上最大的大豆进口国,进口量约占全球贸易量的三分之一。我国进口大豆主要来自美国、巴西和阿根廷三个国家。

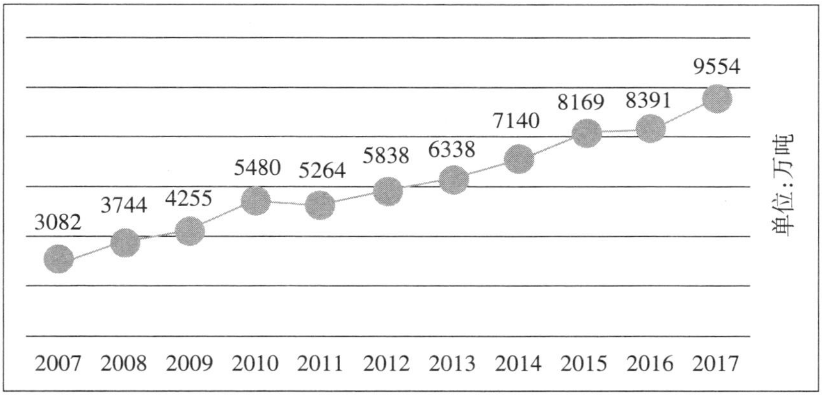

图 1-2 2007—2017 中国大豆年进口量

5. 世界大豆主产国家的大豆生产水平如何?

答:21 世纪以来,世界大豆平均单产一直呈现平稳向上的发展趋势。2000—2001 年单产水平为 2 330 kg/hm^2,2012—2013 年提高到 2 463 kg/hm^2,年均提高率为 0.46%。2001—2013 年的 13 年平均值,世界大豆单产平均为 2 376 kg/hm^2,美国农业部公布的 2012—2013 年主要大豆生产国数据,大豆单产最高的是巴西(2 960 kg/hm^2),其次是美国(2 679 kg/hm^2),第三位是阿根廷(2 541 kg/hm^2),中国和印度分别为 1 743 kg/hm^2 和 943 kg/hm^2。

6. 世界大豆产业具有怎样的格局和发展趋势?

答:大豆是第二次世界大战后发展最快的主要农作物。20 世纪 50 年代初美国大豆种植面积超过中国,大豆主产区转移到北美。70 年代后,南美洲等地生产异军突起,又大幅度改变了世界大豆供求格局。随着巴西、阿根廷等国益农耕地的不断开发和科技水平持续提升,南美洲等地生产能力不断提高,南美洲作为世界大豆主产区和我国进口大豆主要来源地的优势不断得到加强。此外,印度等国在构建可持续发展农业的过程中,也十分重视豆类的营养价值和生态作用,大豆面积已超过中国。非洲国家大豆生产潜力很大,将逐步提升大豆自给能力,并可望成为中国进口大豆的来源。

7. 世界大豆产业发展具有哪些特点?

答:世界大豆生产和贸易的总体格局是:面积逐步增加、单产趋于稳定、总产显著提高、贸易日趋活跃。主要特点是:(1)大豆生产向主产区高度集中;(2)大豆贸易规模巨大;(3)转基因大豆大面积推广应用;(4)规模化种植使大豆生产机械化效率与产量明显提高;(5)保护性耕作广泛采用;(6)轮作成为大豆生产持续发展的重要途径。

8. 我国种植大豆的历史有多长?

答:中国自古就栽培大豆,商朝甲骨文中有菽的象形文字。我国最古老的、记述史前文化的、著于元前六世纪的《诗经》里,便记载有"蓺之荏菽、荏菽旆旆"等。大豆是中国最古老的"五谷"作物之一,至今已有 5000 多年的种植历史。世界上其他国家种植的大豆,都是直接或间接从我国传播过去的。在距今 2 200 年前的战国时代,大豆首先传到朝鲜半岛,汉代传到日本,唐宋时期传到东南亚。直到 1873 年,中国大豆在奥地利维也纳举行的万国博览会上第一次展出后,才先后被奥地利、匈牙利、美国、俄国等引种。

9. 我国早期大豆研究出版了哪些著作?

答:我国自 20 世纪初即有大豆专著问世,至 60 年代已出版十余部。这些著作既反映了当时的大豆生产状况,又代表着那时的大豆科技水平,是我国大豆学术的奠基之作。

《大豆》,李煜瀛撰,远东生物学研究会刊印,(清)宣统二年(1910);似32开本,自右向左排版,约2.2万字;书中首次谈到大豆“根瘤可以吸收空气中的氮素(固氮)”“籽粒之蛋白质、油分和糖(淀)粉质含量分别占40%、20%和35%”,“大豆的滋养性有过于肉而无不及”。《Le Soja》系李煜瀛与法国人L. Grandvoinnet合著,该书在中文《大豆》基础上有所扩充,共5章,内容包括大豆的种植、植株的构造和实验分析(化学成分)、大豆在食物链中的位置、大豆食品、大豆加工等。《种豆法》,黄绍绪著,商务印书馆,1930,32开,3.7万字。《大豆的栽培及改良》,杨国藩著,商务印书馆,1934,32开,5万字。《大豆的种法》,丁振麟编著,革新出版社,1951,32开,5万字。《大豆》,孙醒东著,科学出版社,1956,32开,布面,14.4万字。1957年已译成俄文。《大豆的遗传与选种》,王金陵著,科学出版社,1958,32开,200页,17.4万字,全书7章。《大豆栽培与良种选育》,王绶著,山西人民出版社,1962,32开,约7万字。《大豆》,王金陵著,科学普及出版社,1966,32开,约4万字。专著《中国大豆育种与栽培》是1959年由农业部和中国农业科学院联合组织编撰的农业科学著作之一。

10. 我国从事大豆科研工作的科技人员大约有多少?

答:目前全国有160余家单位从事大豆新品种选育工作,从事大豆育种研究的科技人员大约有800多人,基本形成了全国大豆育种网络。在农业部、科技部、发改委及教育部等部门的支持下,在中国各大豆主产区设立了若干中心、实验室(实验站)、大豆产业技术体系育种科学家岗位,对改善科研环境和条件发挥了重要作用,极大地推动了中国大豆育种事业的发展。

11. 我国大豆生产的主产区域分布在哪里?

答:我国地域辽阔,大豆分布区域广,各省(市、区)均有大豆种植。大豆生产主要集中在三个地区:一是东北春大豆区,包括黑龙江、吉林、辽宁及内蒙古,产量占全国的40%~50%,是我国大豆生产基地;二是黄淮流域夏大豆区,产量占全国总产量的25%~30%,包括河北、河南、安徽、山东、山西、陕西、宁夏、甘肃等省;三是长江流域夏大豆区,包括江苏、浙江、湖北等省,产量占全国总产量的10%~15%。

图 1-3　中国大豆生产分布

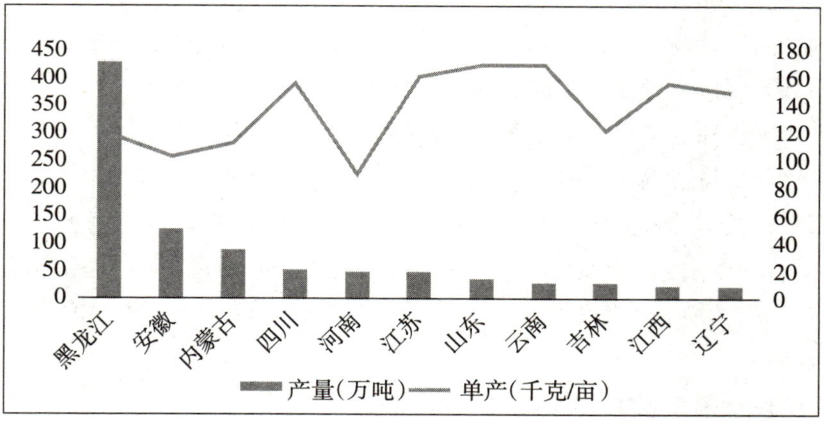

图 1-4　2016—2017 年中国大豆单产分省概况

12. 中国的大豆质量标准与国际贸易的大豆质量标准有什么不同？

答：大豆的质量，决定于其工艺特性和物理化学状态。大豆的物理状态，按其气味、水分、杂质含量、损伤粒、未成熟粒、破碎粒及色泽混杂等指标来评价。对大豆的质量要求，决定于大豆生产国的国家标准，各个国家对这些要求不一样。

（1）中国大豆质量标准

表 1–1 中国大豆质量标准

单位：%

纯粮率		杂质	水分		色泽气味
等级	最低指标		东北、华北地区	其他地区	
1	96.0	1	13	14	正常正常
2	93.5				
3	91.0				
4	88.5				
5	86.0				

注：上述标准为 1978 年发布执行，其大豆质量是按纯粮率分等，系国内收购标准。

（2）中国对欧洲出口大豆质量标准

表 1–2 中国对欧洲出口大豆质量标准

科目	指标
外观、色泽	正常
水分	14%以下
杂质	1%以下
不完善粒	7%以下
含油量（湿态）	18%以下
黄曲霉毒素 B_1	5 μg/kg 以下
汞含量（以 Hg 计算）	0.02 mg/kg 以下
六六六残留量	0.3 mg/kg 以下
DDT 残留量	0.2 mg/kg 以下
有缺点颗粒	5%以下（系内部掌握）
年产度	本年度产新大豆

（3）美国大豆等级质量标准

表 1-3 美国大豆等级质量标准

等级	最高限量					
	水分	破碎粒	损坏粒		杂质	青大豆、褐色和双色等其他颜色大豆
			总损坏量	热损坏粒		
美国 1 号	13	10	2	0.2	1	1.0
美国 2 号	14	20	3	0.5	2	2.9
美国 3 号	16	30	5	1.0	3	5.0
美国 4 号	18	40	3	3.0	5	10.0

美国大豆质量标准分为四个等级，分别称为美国 1 号、2 号、3 号、4 号黄豆。美国规定大豆标准品质是美国 2 号黄豆，出口的标准也是 2 号黄豆的标准。现在随着出口质量的不断提高，已大部分接近美国 1 号黄豆标准。

（4）日本未经过选种的大豆分级质量标准

表 1-4 日本未经过选种的大豆分级质量标准

单位：%

等级	最低限量			最高限量			
	整粒	粒度	质量	水分	受害粒、未熟粒、杂种粒、杂质		
					合计	异种粒	其他
一	37	70	一等标准品	15	15	0	0
二	37	70	二等标准品	15	20	1	0
三	70	70	三等标准品	15	30	2	0
四	60	70	四等标准品	15	40	3	1

注：①整粒　指除去受害豆和杂质的完整大豆；②粒度　指筛选后残粒和完整粒之比；③质量　指籽粒的饱满度；④受害粒　指病、虫、变质豆、破碎粒、破皮粒。

(5)日本经过选种的大豆分级质量标准

表 1–5 日本经过选种的大豆分级质量标准

单位:%

等级	最低限量			最高限量			
	整粒	粒度	质量	水分	受害粒、未熟粒、杂种粒、杂质		
					合计	异种粒	其他
一	90	70	一等标准品	15	10	0	0
二	85	70	二等标准品	15	15	0	0
三	65	70	三等标准品	15	35	1	0

注:①整粒 指除去受害豆和杂质的完整大豆;②粒度 指筛选后残粒和完整粒之比;③质量 指籽粒的饱满度;④受害粒 指病、虫、变质豆、破碎粒、破皮粒。

13. 如何发挥大豆在高产高效生态友好型农业中的地位和作用?

答:大豆是天然的环境友好型作物,在可持续农业中有着不可替代地位。但在我国农业发展过程中,大豆的生态作用常常被忽视,成为“以粮为纲”政策的牺牲品。由于用养失衡,我国土壤肥力不断下降,导致农业生产成本不断上升,包括三大主粮作物在内的农作物单产长期低于发达国家。要把大豆纳入粮食主产区作物生产体系,需要准确评估大豆的肥田作用,制定合理的技术措施,在发挥大豆自身的产量潜力同时,为禾本科主粮作物创造良好的土壤环境。目前,这一领域的研究仍需加强,以获得更为翔实的数据,为政府决策提供可靠依据。

14. 如何调整大豆在我国居民膳食中的作用?

答:大豆被人们誉为“豆中之王”,自古以来就是我国主要的粮食作物之一,在东方膳食模式中,大豆及其制品具有不可替代的特殊地位。我国政府一直重视大豆食品 在人们健康和食物安全中的作用。2014 年 1 月国务院办公厅发布了《中国食物与营养发展纲要(2014—2020 年)》(以下简称《纲要》),明确指出要优先发展奶类和大豆食品。《纲要》提出,要强化大豆生产与精深加工研究,实施传统大豆制品的工艺改造,开发新型大豆食品,推进大豆制品规模化生产。同时还制定量 2020 年全国人均消费 13 kg 大豆的目标。《2010—2012 年中国居民营养与健康状况监测报告》数据显示,当前我国居民平均每日大豆及其制品的摄入量为 12 g，远远低于中国居民膳食指南推荐的每日 40 g 的水平。在城乡居民超重、肥胖、高血压、糖尿病等营养性疾病患病率不断上升的情况下，合理调整膳食结构，适当减少油脂、胆固醇含量较高的动物性食物的消费，增加国产大豆及其制品消费量，既能在一定程度上减缓进口大豆的增长速度，同时也有利于生态环境保护。

15. 我国应该重点发展哪些品质类型的大豆？

答：目前，我国大豆年食用量达到 1 100 万 t 左右，主要由国产大豆供给，占全国大豆总产量的 80%以上。进口大豆主要用于榨油，豆粕做饲料。国产大豆和水稻、小麦一样，已经成为名副其实的口粮作物。要充分认识大豆对保障我国粮食安全和增进人民健康的独特作用，促进国内大豆生产的稳定和发展，保证食用大豆的完全自给。我国生态条件、品种类型各不相同，只有因地制宜地制定大豆产品方向，才能发挥各自优势，强化我国食用大豆生产优势。

16. 我国大豆生产选择什么样的技术发展道路？

答：近 20 年来，美洲等主产国完成了一次大豆种植技术革命。其基本特征是：以抗除草剂转基因品种为核心，以标准化大机械作业为载体，以免耕深松、秸秆还田和根瘤菌接种为保水培肥手段，以大豆与禾本科作物轮作为基本轮作制度。这种可持续发展的作物生产体系，实现了大豆生产的轻简化，劳动强度、用工数量和生产成本大大降低。通过接种根瘤菌，不施或少施氮肥，即节约了生产成本又保护了环境。与此形成鲜明对照的是我国固守依赖大量人工和物质投入的传统小农生产方式，使大豆生产成本高，产量水平低，产品质量差，市场竞争力弱，陷入不可持续发展的恶性循环。如何在保证我国食用大豆优势的基础上，选择合适的品种类型和技术发展方向，是政府、科技界、产业界需要认真思考和权衡的重大问题。

17. 如何提高大豆对科技产业发展的贡献？

答：近年来，我国大豆研究水平迅速提升，代表基础研究实力的国际刊物论文数量自 2010 年以来稳居世界第二，仅次于美国，大豆科技在局部领域已达到世界先进水平。然而，由于体制和导向原因，我国大豆科技碎片化现象严重，未能对大豆产业发展发挥应有的推动作用。在经济新常态下，如何协调基础研究和应用研究、原始创新和集成创新的关系，调动科技人员的积极性，鼓励和引导他们面向产业需求开展研究，使科学技术成果真正应用于生产，是衡量科技体制改革是否成功的重要标准。此外，在大豆科技发展中，如何找到技术突破口并大幅度提高我国大豆单产，是关系我国大豆产业市场竞争力的瓶颈问题。

18. 如何评估目前我国的大豆产业形势？

答：认识我国大豆的产业形势，需要从消费和生产两个方面来看。过去20年以来，我国对饲用蛋白和植物油脂的需求量迅速攀升，供求缺口不断扩大。但是由于我国耕地资源有限，难以扩大大豆种植，只好通过大量进口来满足市场对豆饼粕和油脂的需求，使我国成为世界上最大的大豆进口国和加工国。客观地讲，进口大豆对于满足市场需求、改善人民生活、平衡国际贸易具有积极的意义。

在进口大豆冲击的不利环境下，我国大豆生产在相当长的时间内并没有萎缩，而是明显扩展；总产量不仅没有下降，反而有所增加。据农业部统计，2005—2007年与进口大豆开始大量进入中国的1995—1997年相比，全国大豆种植面积增加了15.4%，总产量增加8.7%。在四大粮食作物（小麦、水稻、玉米、大豆）中，大豆面积和总产量的增幅均居第二位，仅次于玉米。2008—2010年，全国大豆种植面积均在850万 hm^2 以上，总产量保持在1 500万t左右。大豆面积明显下滑开始于2011年，其主要原因是国家提高玉米收储价格，使玉米种植效益好于大豆，挤占了大豆种植面积。随着农业结构调整政策的落实和大豆生产技术的改进，大豆相对效益可望不断上升，保持和适度发展我国大豆生产是完全可以做到的。有理由相信，在政策调整后，中国大豆产业将承担起保证国内食用大豆的完全自给，并为面向全球市场的大豆食品加工业提供优质原料的责任。中国大豆生产不仅不会消失，而且会稳步扩大。

19. 我国收集保存了多少大豆种质资源？

答：中国是大豆资源大国。1956年、1979年和1990年在全国范围共收集栽培大豆遗传资源23 587份，占世界的23%。在全国821个市、县收集的不同类型的野生大豆和半野生大豆种质6 000份，占世界野生资源的

90%以上，居世界各国保存大豆种质资源之冠。尤其在野生大豆资源方面，中国更是占有独一无二的资源优势。这些丰富的种质资源对拓宽大豆育种的遗传基础，解决大豆抗病、抗虫等优良基因的缺乏，以及大豆优质育种和专用育种具有特别重要的作用。

20. 宁夏有野生大豆分布吗?

答:野生大豆为豆科大豆属一年生草本植物，是国家第一批重点保护野生植物，二级保护植物。宁夏群众习惯称野生大豆为野青豆、野小豆和野黄豆。据1979年宁夏农林科学院野生大豆调查组的科研工作者在野生大豆结荚鼓粒期间，在全区范围内有计划、有组织的对野生大豆资源进行了考察与搜集。宁夏野生大豆主要分布于引黄灌区的各市、县及其毗邻的贺兰山洪积扇和浅山地带。在引黄灌区的生物、土壤、气候条件下，野生大豆得以广泛分布，是环境条件(光照、温度、水分、土壤、空气)满足了植物生理需要的结果，也是长时期以来野生大豆对环境条件选择和适应的反应。

21. 野生大豆有什么作用?

答:野生大豆具有更多的高产基因。野生大豆具有许多优良性状，如耐盐碱、抗寒、抗病等，与大豆是近缘种，而大豆是中国主要的油料及粮食作物、故在农业育种上可利用野生大豆进一步培育优良大豆品种。野生大豆生物学性状特异，秆软蔓生、长花序、多花荚、多分枝。因此，野生大豆比栽培大豆具有更多的高产基因。野生大豆品质优异。野生大豆中的不饱和脂肪酸含量较高，个别特异材料含有胰蛋白酶抑制剂缺失基因或无脂氧酶等，对人体有益。野生大豆为我国大豆高蛋白育种、高含硫氨基酸育种、高不饱和脂肪酸育种、高异黄酮育种提供了宝贵基因源。野生大豆具有较强的抗逆性和适应能力。野生大豆有很强的环境适应能力，在涝洼地、盐碱地、瘠薄和干旱土壤上都能生长。野生大豆比栽培大豆有较强的耐旱能力;野生大豆比栽培大豆有较强的耐阴性。野生大豆为研究大豆耐盐机理以及选育耐盐品种提供了基础材料。野生大豆是扩大品种遗传基础的最好物种。野生大豆与栽培种染色体数目相同，种间杂交没有生殖隔离，杂交容易成功。可以把野生大豆的目的性状导入栽培种中，实现大豆种质的创新。野生大豆营养价值高，是牛、马、羊等各种牲畜喜食的牧草，也是绿肥和水土保持植物，具有重要的开发利用潜力。野生大豆资源在改良栽培大豆中具有较大的遗传潜力，利用野生大豆选育大豆新品种是可行的。这些高蛋白、多荚、抗病虫、耐盐、耐旱、耐阴等野生大豆种质，为我国优质、高产、多抗大豆育种提供了有价值的基础材料，将对拓宽大豆育种遗传基础，创造新资源及选育大豆新品种起到不可估量的作用。

22. 宁夏农业气候资源有什么特点？

答：宁夏地处北纬 35°25′~39°25′、东经 104°10′~107°30′。年平均气温 5.3~9.9℃，呈北高南低分布。日平均气温稳定通过 10℃初日出现在 4 月中旬末至 5 月上中旬，终日在 9 月中下旬至 10 月上旬；≥10℃活动积温 3 200℃左右。宁夏降水少，年平均降水量介于 183~677 mm，由南向北递减。各地年均蒸发量在 1 312~2 204 mm。无霜期为 105~163 d，其中宁夏平原地区无霜期为 144~163 d。无霜期年际间变化较大，长无霜期 128~193 d，短无霜期 81~138 d。宁夏海拔较高，阴雨天气少、大气透明度好，日照时间长，辐射强度高。年平均太阳总辐射量在 4 950~6 100 MJ/m^2，年日照时数 2 250~3 100 h，日照百分率 50%~69%，是全国日照资源比较丰富的地区之一。根据宁夏的气候条件、农牧业分布和生态环境状况以及传统习惯，把宁夏划分为三个生态区，即半湿润、半干旱和干旱三个气候区。又结合地理特征划分为四种气候类型：即六盘山高冷半湿润气候区、固原北部半干旱区、银南丘陵半干旱易旱气候区、贺兰山东麓引黄灌溉干旱气候区。

23. 宁夏大豆生产有什么主要特点？

答：宁夏耕地资源有限，优先保证优势粮食作物的生产是不可动摇的。宁夏大豆生产的发展，要在不与主粮作物争地且能促进主粮增产的前提条件下进行。为此，宁夏大豆种植主要是与粮食及经济作物、经果幼林之间的间作、套种、复种。大豆间作套种立体复合种植能与主要作物和谐共存，发展空间大，不争地、不争肥、不争时，解决了农作物种植一季有余、两季不足的矛盾，增加了单位面积的产出，提高了效益。一方面，利用大豆比较耐旱、耐阴、耐瘠薄等特点，与小麦、玉米、马铃薯、胡麻、经果幼林、西瓜等作物间套种,使一熟变为二熟,提高了复种指数和土地利用率;另一方面,大豆与小麦、玉米主栽作物或与其他经济作物、经果林幼树间作套种,虽然存在共生期,但是只要适期播种、合理密植、选择适宜间套种带宽比例以及耐阴大豆品种,避开作物间作套种对光、温、水、肥等生态因子的竞争就能获得高产高效。同时,大豆还可以通过自身根瘤进行生物固氮,达到氮素的种间促进和培肥地力的效果,减少了化学肥料的施用量,减少了农田土壤面源污染,促进小麦、玉米等间套种作物产量的提高。

24. 宁夏大豆主要种植在哪些地区？高产潜力有多大？

答：宁夏大豆种植面积主要分布在引黄灌区各市县和宁南山区的彭阳县、原州区等。常年种植面积 4 万~6 万 hm^2。引黄灌区是春大豆和夏大豆种植的主要区域,该区域土壤类型主要为黄河灌淤土,有机质含量 1.0%~2.6%,土壤通透性好,蓄水保墒;四季分明,昼夜温差大,全年日照时数 3 000 h 左右,无霜期 165 d 左右,≥10℃的活动积温 3 000~3 300℃,热量资源丰富,有利于农作物的生长发育和营养物质的积累,是全国日照和太阳辐射最充足的地区之一。

宁夏引黄灌区大豆生产历史悠久,资源丰富,是我国大豆生产技术相对落后但又极具活力和发展前景的区域，是我国大豆单产最高的表现区域之一。2009 年国家大豆产业技术体系专家团考察西北地区宁夏大豆生产情况时,中国工程院院士、南京农业大学教授盖钧镒先生亲笔为宁夏农林科学院农作物研究所写下了“塞外江南风光好,大豆高产气象新。”的题词。国家大豆产业技术体系首席科学家韩天富研究员指出:宁夏自然条件完全具备国内大豆超高产示范引领条件,亩产量可望达到 350 kg 以上,这里应当是引领全国大豆超高产的示范区。

25. 宁夏大豆生产存在哪些主要问题?

答:一是单产低。近年宁夏大豆生产有了长足发展,但是总体上单产偏低，虽然出现了产量 250 kg/666.7 m^2 以上的地块、330 kg/666.7 m^2 以上的高产典型,但全区平均产量只有 200 kg/666.7 m^2 左右。大豆总量远远满足不了本区对大豆的需求。二是投入少。科研经费投入不足,生产上春播单种大豆的地块多是边角地、生荒地、河滩地、新开垦地,地力条件差,肥力水平低，耕作栽培粗放；间作套种的大豆，地力条件好，排灌方便，但是大豆作为次要或附带作物种植，投入少、田间管理不精细，栽培技术措施落实不到位。机械化程度低。大豆播种及收获机械少，农村大豆精量播种机械很少或没有机械；大豆播种基本上是靠人工小锄头开沟播种，播种深浅不一致，播种量偏大，播种质量难以保证；大豆收获晾晒后脱粒采取机械碾压，以至于大豆质量下降，直接影响了大豆的商品价格。

26. 大豆在宁夏经济社会中有什么重要地位和作用？

答：大豆是非常重要的植物蛋白资源和食用油资源，也是一种潜力大、功能全的作物，具有很高的研究开发价值，产业化前景广阔。宁夏传统的豆制品生产历史悠久、品种繁多，适合开发现代市场的大豆制品，同时也是提高大豆食品市场竞争力的捷径；豆奶及其他豆制食品已成为市场消费潮流；饲料市场的不断扩大以及对食品安全的重视程度不断提高，也将使豆粕及其制品在饲料中的比例不断上升。

宁夏粮食播种面积和总产相对全国较少，2012 年宁夏粮食总产占全国的 0.66%，但是宁夏人均耕地相对较多，可开发潜力较大，宁夏光热资源丰富，引黄灌区、扬黄灌区具有独特的灌溉优势。宁夏大豆生产历史悠久，资源丰富，是我国大豆生产技术相对落后而又极具活力和发展前景的区域。低产是限制宁夏大豆生产的主导因素，而独特的气候条件及生产模式又为大豆高产提供了优越的生产条件。这里既是我国大豆生产水平极低的区域，又是我国大豆单产最高的表现区域；大豆是宁夏引黄灌区继小麦、水稻、玉米之后的第四大古老而传统的农作物之一。全区大豆种植面积常年达 4.6 万~5.3 万 hm^2，单产一般在 2 400~3 750 kg/hm^2，在当地农业生产中占有重要地位。目前宁夏大豆生产上已获得 4 800 kg/hm^2 以上的高产纪录。

大豆在宁夏当地农业生产中占有重要地位，宁夏引黄灌区普遍栽培，宁南山区仅在温暖的川道水地有小面积种植。发展宁夏大豆产业化不仅有利于本区乃至西北地区农业产业结构的调整，同时也对区域现代农业经济发展起到积极的推动作用，更为重要的是最终能够实现农业增效、农民增收，同时又可以带动养殖业、加工业等相关产业的发展，市场前景广阔。

27. 为什么国产大豆很重要？

答：大豆是我国重要的粮食作物，目前年产 1 300 万 t 左右。我国大豆油用量最高，以大豆为主要原料的酱油是居民佐餐必备品，面包的烘焙及火腿肠等肉制品的加工要用大豆蛋白作添加剂……

大豆不仅能够提供优质蛋白和植物油，还富含人体必需多种营养。大豆油所含亚麻酸、亚油酸等必需脂肪酸和脂溶性维生素对脂质蛋白代谢、血液流变、血管弹性、细胞功能、神经系统、大脑发育等发挥着重要作用，所含赖氨酸、多肽、异黄酮、低聚糖等功能性物质，不仅是现代食品科研领域的研究热点，而且是未来食品消费领域的战略制高点。

从世界市场来看，全球绿色食品、健康食品、有机食品的市场需求会越来越大，非转基因大豆发展前景广阔。2016 年 6 月份，俄罗斯联邦委员会批准法案，除了科学研究用途外，禁止在俄罗斯境内种植转基因植物和饲养转基因动物。2016 年 7 月份美国签署一项有关转基因食品销售的法律，要求生产商在食品包装上标注其是否含有转基因成分。

目前，我国非转基因大豆蛋白、大豆异黄酮产品出口全球 60 多个国家和地区，在国际贸易中占一半市场份额。伴随全球饮食文化变革推进，消费观念和健康观念的提档升级，安全、绿色的健康食品将为我国大豆产业发展提供更加巨大的市场空间。

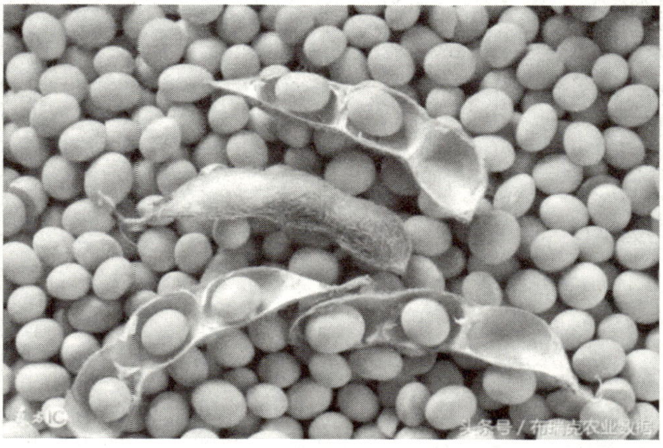

图 1-5　大豆籽粒

28. 为什么说大豆是种地养地的重要轮作倒茬作物？

答：大豆根瘤菌能固定空气中的氮素，是其他作物的优良前茬。大豆根茬、落叶残留到土壤中，能增加土壤有机质。1 亩大豆可固氮 8 kg 左右，相当于施用 18 kg 尿素。大豆根系下扎深，疏松耕层；豆田杂草少，与禾本科植物共患病害少，是非豆科作物的良好前茬。大豆耐瘠薄，具有固氮能力，不但自身生长消耗养分少，而且还能把土壤中难溶性磷富集成有效态，改善土壤团粒结构，提高通透性，为后茬作物创造了一个良好的土壤条件，所以有“旱地不离豆”的说法，长期以来人们有以大豆为主轮作倒茬的习惯，并形成了各种种植模式；而且豆类的叶、茎秆和根易腐烂，是良好的绿肥，大豆成熟后，秸秆少、落叶多，养分归还率高，起到培肥地力的作用。

29. 为什么说大豆是保障农业可持续发展的关键作物？

答：大豆是世界第四大作物和种植面积最大的油料作物，更是最重要的植物蛋白质来源。我国是大豆起源国，已有逾 5 000 年的大豆栽培历史；豆腐等传统豆制品最先在中国诞生，对中华民族的繁衍生息做出了巨大贡献。大豆可共生固氮，增加土壤养分，提高自我产量。大豆与非豆科作物轮作有利于改善土壤结构，减少化肥投入，降低生产成本，提高种植效益，是改善农田生态环境、实现用养结合的有效途径。可见，大豆是保障农业可持续发展的关键作物。

30. 中国大豆生产区域是如何划分的？

答：我国大豆栽培区域划分为北方一熟春大豆生态区、黄淮海二熟春大豆生态区和南方多熟春夏秋大豆生态三个区域。

(1)北方一熟春大豆生态区

北方一熟春大豆生态区包括东北春大豆生态区（东北亚区）、华北高原春大豆生态区（华北高原亚区）和西北春大豆生态亚区（西北亚区）。全区包括黑龙江、吉林、辽宁、内蒙古、宁夏和河北、山西、陕西、甘肃、新疆五省（区）北部地区。此区地处中温带，主体纬度为 40°~50°N，是我国气候寒冷地区、全年无霜期较短，一年一熟春播秋收。≥10℃的活动积温为 1 900~4 000℃，年降水量 200~1 200 mm，年日照时数 2 300~3 100 h，大豆为一季作物，春播秋收，鼓粒期间光照充足，昼夜温差大，有利于油分的积累。

①东北春大豆生态亚区

东北春大豆生态亚区包括黑龙江、吉林、辽宁三省及内蒙古东部接壤地区。该区域一般5月上旬播种，9月下旬至10月上旬收获。品种生育期105~155 d。

②华北高原春大豆生态亚区

华北高原春大豆生态亚区包括河北长城以北，山西、陕西北部，内蒙古高原与河套地区，宁夏、甘肃与宁陕接壤地区。该地区海拔1 000 m左右，气候寒冷。

③西北春大豆生态亚区

西北春大豆生态亚区包括新疆北部及甘肃河西走廊等地。

（2）黄淮海及长江中下游二熟春夏大豆生态区

黄淮海二熟春夏大豆生态区包括海河流域春夏大豆生态亚区（海河亚区）、黄淮流域春夏大豆生态亚区（黄淮亚区）和长江中下游二熟制春夏大豆生态亚区（长江中下游亚区）。全区包括长城以南、新安江—鄱阳湖—洞庭湖线以北、东起黄海、西至六盘山的广大地区及大巴山的长江中下游流域；按省区有北京、天津、河北、山西、陕西的长城以南，山东、河南、安徽、江苏、湖北以及甘肃南部、陕西汉中盆地、浙江新安江以北、江西鄱阳湖以北、湖南洞庭湖以北、四川东北盆周山等，主体纬度在34°~40°N。历史上有二年三熟制春大豆和一年两熟制夏大豆或春、夏大豆并存，以夏大豆为主。该区全年无霜期175~220 d，≥10℃的活动积温为3 800~4 800℃，年降水量400~1 000 mm。此地区高蛋白和高油大豆兼有，北部气候有利于高油大豆生产，南部大豆蛋白质含量较高。

①海河流域春夏大豆生态亚区

海河流域春夏大豆生态亚区主要为海河、淳沱河和汾河流域，包括河北长城以南，石家庄、天津一线以北，山西中部和东南部等地区。该地区春、夏大豆都有，但是以夏大豆为主。

②黄淮海流域春夏大豆亚区

黄淮流域春夏大豆亚区包括海河流域以南、秦岭淮河线以北地区，按省区有河北石家庄、天津线以南，山东省、河南省大部、江苏省灌溉总渠和安徽沿淮河两岸以北、晋西南、陕西关中和甘肃省天水、武都地区。一年二熟为主，春、夏大豆都有栽培，以夏大豆为主。

③长江中下游二熟春夏大豆生态亚区

长江中下游二熟春夏大豆生态亚区包括秦岭淮河以南，新安江—鄱阳湖—洞庭湖线以北、东起沿海，西至大巴山的长江中下游流域。按省区有江苏、安徽的淮河以南、湖北省、陕西汉中盆地、浙江新安江以北、江西鄱阳湖以北、湖南洞庭湖以北、四川东北盆周山地等，历史上春、夏大豆并存，以夏大豆为主。

(3)南方多熟制春夏秋大豆生态区

南方多熟制春夏秋大豆生态区包括中南东部春夏大豆生态亚区（中南东部亚区）、中南西部春夏秋大豆生态亚区（中南西部亚区）、西南高原二熟制春夏大豆生态亚区（西南高原二熟春夏大豆生态亚区）和华南热带多熟制四季豆生态亚区（华南热带多熟四季豆的身体亚区）。全区包括浙江新安江以南、江西鄱阳湖以南、湖南洞庭湖以南、福建、广东、云南以及四川盆地。主体纬度为 19°~29°N，此地区丘陵山地相间分布，一年三熟或二年五熟、春、夏、秋大豆搭配种植。

①中南东部春夏秋大豆生态亚区

中南东部春夏秋大豆生态亚区包括浙江新安江以南、江西鄱阳湖以南、湖南洞庭湖以南、福建泉州以北以及广东、广西的南岭区域。一般海拔 1 000 m 以下。

②中南西部春夏秋大豆生态亚区

中南西部春夏秋生态亚区主要为四川盆地，一般海拔 600~800 m。

③西南高原二熟春夏大豆生态亚区

西南高原二熟春夏大豆生态亚区包括四川西南盆周山地、川西高原、广西西北以及湖南西部高原和云贵高原。纬度大致为 25°~29°N。一般海拔 1.5 km 以上，以春播大豆为主，也有夏播大豆。

④华南热带多熟四季大豆生态亚区

华南热带多熟四季豆的生态亚区包括福建泉州以南、广东、广西南岭以南、云南南部等地。主体纬度为19°~23.5°N。终年无霜，四季均可种植。

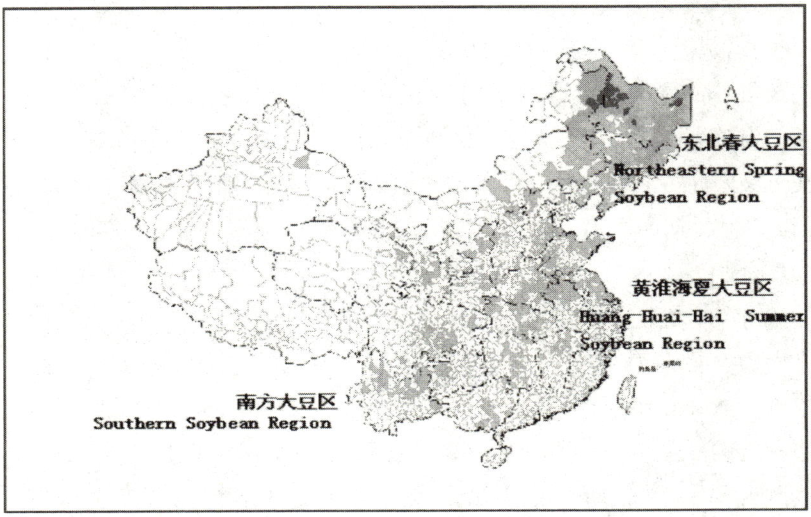

图1-6 全国大豆生产区域分布图

31. 我国大豆生产的发展目标是什么？

答：我国大豆生产近期具体目标：稳定发展大豆生产，到2020年大豆面积稳定在800万 hm^2 以上，单产提高到2 300 kg/hm^2，总产达到1 840万t。在以食用大豆生产为主体，确保食用大豆完全自给的同时，适度保留部分高油大豆生产。大豆自给率稳定在20%左右，食用大豆蛋白质提高2.5个百分点，榨油大豆含油率提高1.5个百分点。具体目标上，一是稳定面积，适当扩大东北大豆轮作面积；通过增加间作套种，扩大黄淮海、南方、西北大豆种植面积。二是提高单产。

32. 什么是基因？

答：基因又称遗传因子，是地球上所有生物遗传的物质基础。具体来讲，基因是由一种生物大分子物质脱氧核糖核酸（DNA）组成的，由于DNA分子不同的排列顺序，就构成了不同的基因。基因是生命的密码，控制着所有生物的一切生命过程和性状，包括生命孕育生长、凋亡过程的全部信息，生物体的生、长、病、死等一切生命现象都与基因有关。

33. 什么是转基因作物?

答:转基因作物就是指体内含有其他生物基因的植物。外源基因转入植物体内的方法很多,植物获得这些好的优良基因后,可以改变植物部分原有的一些性状,培育出具有高产、优质、抗虫、抗寒、抗旱、抗涝、抗盐碱、抗除草剂等优良性状的新品种。

34. 什么是转基因大豆?

答:通俗地说,转基因大豆就是利用现代生物技术手段,将其他生物的单一或一组基因(即目的基因)有目的地转移到我们需要改良的大豆(即目标品种)中,获得使目的基因表达的育种材料。转基因有很强的目的性——只转移需要的基因,如高产、优质、抗病虫、抗逆或抗除草剂等,而将不需要的或有害的基因统统拒之门外,这就大大加快了大豆品种改良的进程。同时,现代的生物技术还可以将亲缘关系较远的生物中的基因,甚至是人工合成的基因转移到我们需要的大豆品种中,把自然的和传统的人工杂交做不到的事情变成现实。

35. 植物转基因技术与传统育种技术有什么不同?

答:转基因技术与传统育种技术是一脉相承的,其本质都是通过利用优良基因,从而实现对现有作物进行改良。但是在基因转移的范围和效率上,转基因技术与传统育种技术也有重要区别。第一,传统技术一般只能在生物种个体之间实现基因转移,而转基因技术所转移到基因则不受生物体间亲缘关系的限制。第二,传统的杂交和选择技术一般是在生物个体水平上进行,操作对象是整个基因组,所转移是大量的基因,不可能准确地对某个基因进行操作和选择,对后代的表现预见性较差。而转基因技术所操作和转移的一般是经过明确定义的基因,功能清楚,后代表现可准确预期。因此,转基因技术是对传统技术的发现和补充。两者结合可以大大提高动植物品种改良的效率。

36. 全球转基因作物是如何分布的?有哪些主要性状类型?

答:全球转基因作物区域分布概况是:全球主要的种植大国包括美国、阿根廷、加拿大、澳大利亚,这四国的种植面积占全球总面积达 99%,其中美国 68%、阿根廷 23%、加拿大 7%、澳大利亚 1%,余下的 1%为墨西哥、西班牙、法国和南非等国家。全球转基因作物种类分布及概况是：大豆种植面积 6 580 万 hm^2，占比 53%；玉米种植面积 3 730 万 hm^2，占比 30%；棉花 1 550 万 hm^2，占比 12%；油菜 590 万 hm^2，占比 5%，等。

全球转基因作物主要性状类型是：抗除草剂大豆，抗除草剂油菜；Bt/抗除草剂玉米，抗除草剂玉米；Bt 棉花，BT/抗除草剂棉花，抗除草剂棉花。

37. 为什么转基因大豆在国外深受农民欢迎？

答：全球转基因大豆的种植从 1996 年开始，主要在美国、阿根廷和巴西等国家种植。到现在为止阿根廷转基因大豆的种植面积占 98%以上，美国转基因大豆的种植面积占 80%以上，巴西在 60%以上。

目前，国际市场上转基因大豆主要有两种，分别是抗除草剂转基因大豆和抗虫转基因大豆。应用面积较大的是抗草甘膦除草剂的转基因大豆，由于草甘膦具有高效、安全、无残留、杀草广谱的突出优点，大大降低了除草成本，同时，配合轮作、窄行密植、深松、秸秆还田等节本增效技术，使农民获得丰厚的经济效益，深受农民欢迎。

38. 我国为什么要进口转基因大豆？

答：世界上美国，巴西，阿根廷和中国是大豆的四个主产国，美国的大豆总产量位居世界第一，是世界上最大的大豆出口国，我国的大豆总产量位居世界第四，是世界上最大的大豆进口国。2000 年以后，我国开始大量进口大豆，2016 年大豆的进口量达到 8 391 万 t，创出了历史新高。我国虽然地大物博，但是人口众多，大豆的种植面积每年在 1.2 亿亩左右，但是我国不允许种植转基因大豆，国产大豆的产量比较低，需求量比较大。大豆是豆粕的原材料，也是重要的油料作物，我国养殖业规模很大，对豆粕的需求量较大；同时我国人口众多，对食用油的需求也很大，市场上的食用油很大部分是大豆油，同时像豆浆、豆腐、豆干等豆制品在我国也十分受欢迎。相对于转基因大豆，我国民众更喜欢国产大豆加工的食品，这样使得国产大豆的需求更大，剩下的国产大豆难以满足压榨企业以及饲料加工企业的需求，不得不大量进口转基因大豆来缓解国产大豆供应不足的局面。

39. 我国进口的转基因大豆主要用于干什么?

答:2016 我国累计进口大豆 8 391 万 t, 较 2015 年 8 169 万 t 的大豆进口量增加 222 万 t,增幅为 2.7%,再创历史最高纪录。我国进口这么多大豆都做了什么呢?

食用——榨油。进口大豆多为转基因大豆,在出油率方面较国产大豆有显著优势,而且价格优势明显。

饲用——豆粕。接触过养殖业的朋友都知道,猪饲料中的主要成分就是豆粕。豆粕是大豆提取豆油后得到的一种副产品。又称“大豆粕”。按照提取的方法不同,可以分为一浸豆粕和二浸豆粕。其中以浸提法提取豆油后的副产品为一浸豆粕,而先以压榨取油,再经过浸提取油后所得的副产品称为二浸豆粕。豆粕中粗蛋白质含量高达 30%~50%,是动物主要的蛋白质饲料之一,有着易吸收利用、防病、提高饲料利用率和促生长的特点。经过一定发酵,豆粕富含多种营养物质如乳酸、维生素、氨基酸、未知促生长因子等,具有特有的发酵香味,适口性好,增加动物的采食量。乳酸还可调节幼畜肠道 pH,节省饲料中酸化剂的费用,参与机体的新陈代谢,促进生长。

工业用——大豆卵磷脂、起酥油、硬脂酸等。大豆卵磷脂:是精制大豆油过程中的副产品,其中含有卵磷脂、脑磷脂、心磷脂、磷脂酸(PA)、磷脂酰甘油(PG)、缩醛磷脂、溶血磷脂等;具有延缓衰老、预防心脑血管疾病等作用。起酥油:用这种油脂加工饼干等,可使制品十分酥脆,具有可塑性和乳化性等加工性能,一般不宜直接食用,而是用于加工糕点、面包或煎炸食品,所以必须具有良好的加工性能。

药用——乳清蛋白。健过身的人都知道食用乳清蛋白给健身带来的好处,其中植物性乳清蛋白的主要来源就是大豆。蛋白粉,一般是采用提纯的大豆蛋白 、酪蛋白、乳清蛋白(缺乏异亮氨酸)、豌豆蛋白或上述几种蛋白的组合,(如大豆蛋白、乳清蛋白和豌豆蛋白组成的复合蛋白)构成的粉剂,其用途是为缺乏蛋白质的人补充蛋白质。

除此之外,转基因大豆还能用于生产医药用品等,随着大豆加工产业不断延伸,产品也将渗透至我们生活的每一个角落。

40. 为什么说国产大豆的出路在高端需求?

答：国务院办公厅发布的《中国食物与营养发展纲要(2014—2020年)》,明确将大豆列为发展重点产品,要求充分发挥我国传统大豆资源优势,加强大豆种质资源研究和新品种培育,扶持国内大豆产业发展,强化大豆生产与精深加工的科学研究,实施传统大豆制品的工艺改造,开发新型大豆食品,推进大豆制品规模化生产。

如今,我国大豆产业在进口渠道、加工制造等环节皆失去了话语权,大豆对外依存度超过 80%;国产大豆产量、出油率等关键指标不及进口大豆。在如此环境下,国内大豆产业如何实现振兴是一个现实而严峻的课题。

中国大豆产业协会常务副会长刘登高认为,与其跟进口大豆比产量,不如比"出身"、比高端。虽然目前国际上对于转基因大豆的安全性并无定论,但作为普通消费者,更愿意为非转基因食品掏高价。在美国,普通大豆比转基因大豆价格高出 30%~50%。如果高端市场能够使用国产大豆的话,国产大豆还不够用,现在国内加工大豆已经高达 900 多万吨,出口大豆也有 300 余万吨,加起来 1 200 多万吨,而产量只有 1 200 多万吨,马上就要变成短缺的状态。

资料表明,中国大豆蛋白含量高达 40%以上,大豆蛋白受到欧美市场欢迎,在国际食品及大豆制品市场已经占到 50%的市场份额。在国内大豆油脂加工企业困难重重之际,国产大豆蛋白加工企业发展却方兴未艾。

41. 我国的传统豆制品有哪些?

答:传统类豆制品是指在中国有几千年生产历史的豆制品。

发酵豆制品：发酵豆制品的生产均需经过一个或几个特殊的生物发酵过程,产品具有特定的形态和风味。主要产品有:腐乳、臭豆腐、豆瓣酱、酱油、豆豉、纳豆等。

非发酵豆制品:非发酵豆制品的生产基本上都经过清选、浸泡、磨浆、除渣、煮浆及成型工序,产品的物态都属于蛋白质凝胶。主要产品有:水豆腐、干豆腐、豆芽、卤制豆制品、油炸豆制品、熏制豆制品、炸卤豆制品、冷冻豆制品、干燥豆制品等。

42. 宁夏有现代大豆制品加工企业吗？

答：宁夏天人和豆制品股份有限公司是2007年8月在银川市金凤区注册成立的一家股份有限公司，主要经营豆制品、淀粉制品的加工配送与销售。经过多年的发展，公司逐步形成“研发+生产+配送+销售”的一体化经营模式，是西北地区目前规模最大的现代化豆制品加工配送与销售企业，是自治区特色食品专供基地，是银川市农业产业化龙头企业、“菜篮子工程”和放心食品加工企业。公司产品已形成了生鲜豆制品（老豆腐、素鸡、豆干、内酯豆腐、五香豆腐、油豆泡、豆皮等）、休闲豆制品和豆饮（鲜豆浆、枸杞豆浆、红枣豆浆等）三大系列30余个品种。休闲豆制品已进入到全国大部分省会城市（华北、西北、东南沿海地区）市场。2012年10月31日，宁夏天人和豆制品股份有限公司在天津股权交易所成功挂牌上市，首开中国豆制品企业上市的先河，成为中国豆腐第一股，也为宁夏独具特色的“产业板块”走向资本市场打开了空间。

43. 宁夏有生产大豆根瘤菌的企业吗？

答：宁夏诺得曼生物技术有限公司，是专门从事根瘤菌系列产品研发、生产、销售的企业，产品质量达到了世界先进水平。大豆根瘤菌剂不仅可以替代氮肥、增加产量，还能提高土壤肥力，对改善大豆品质和增强抗病虫害能力有一定的作用。

44. 大豆的生长发育有哪些特殊习性？

答：大豆的生长发育具有　(1)直立生长习性（植株生长健壮，主茎直立向上）；(2)半直立生长习性（植株生长健壮，主茎上部稍细，略呈波状弯曲，但不缠绕）；(3)半蔓生生长习性（主茎下部直立，中上部细长爬蔓缠绕）；(4)蔓生生长习性（茎枝细长爬蔓，强度缠绕）。

45. 大豆种子有哪几部分构成？

答：大豆种子由种皮、子叶和胚组成。成熟的种子只有种皮和胚两部分，是典型的双子叶无胚乳的种子。

46. 大豆种子有哪几种形状？

答：大豆成熟种子的形状有：圆形、扁圆形、椭圆形、扁椭圆形、长椭圆形、肾形。

47. 大豆有几种叶形？如何确定大豆叶形？

答:大豆叶形主要有披针叶、卵圆叶、椭圆叶、圆叶。大豆盛花期,以试验小区全部植株为观察对象,采用目测的方法,调查植株茎秆中上部发育成熟的三出复叶顶小叶的性状。

48. 大豆种子的寿命一般有多长?

答:大豆种子的寿命,一般只有2~3年。

49. 大豆按种皮的颜色划分为哪几类?

答:大豆按种皮的颜色和粒形分为五大类。(1)黄大豆:种皮为黄色;按粒形又分东北黄大豆和一般黄大豆两类。(2)青大豆:种皮为青色。(3)黑大色:种皮为黑色。(4)其他色大豆:种皮为褐色、棕色、赤色等单一颜色大豆。(5)饲料豆(秣食豆):双色。

50. 大豆种脐有哪几种颜色？大豆种子的脐色是如何确定的?

答:成熟大豆种子的种脐有黄色、淡褐色、褐色、深褐色、蓝色、淡黑色、黑色。大豆收获时,选取正常成熟的20个籽粒,采用目测的方法,观察种子脐的颜色。根据观察结果,按照最大相似原则确定种质的脐色。脐色有黄色、淡褐色、褐色、深褐色、蓝色、淡黑色、黑色。

51. 大豆荚皮上的茸毛有哪几种颜色?

答:大豆成熟时,以试验小区全部植株为观察对象,采用目测的方法,调查植株茎秆中上部或荚皮上茸毛的颜色。大豆茸毛颜色有:灰色、棕色。

52. 大豆荚色是如何确定的?

答:大豆成熟时,以试验小区全部植株为观察对象,采用目测的方法,调查豆荚的颜色。根据观察结果,按照最大相似原则确定种质的荚色。大豆荚色有:灰褐色、黄褐色、褐色、深褐色、黑色。

53. 大豆花有哪几部分组成？从出苗到开花需要多长时间?

答:大豆的花由苞叶、花萼(5片)、花冠、雄蕊(10枚)和雌蕊(1枚)组成。大豆的花序着生在叶腋或茎的顶端,为总状花序。大豆从出苗、花芽分化到开花,需要30~50 d;从始花到终花,一般需要14~40 d。大豆一般在上午开花,正常气候条件下的开花时间是6:00~11:00,下午很少开花。每朵花开放的时间一般为0.5~4.0 h。大豆从初花至终花的时间因品种而异,一般无限结荚习性品种比有限结荚习性开花的时间长，长者可达两个月。

54. 大豆的有效分枝是如何划分的？

答：大豆成熟时，从每个试验小区随机取样 20~30 株，采用目测的方法，调查具有两个以上茎节并有一个以上成荚的主茎上的第一级分枝数，取其平均数。单位为个。

55. 大豆有几种株型？

答：大豆株型按主茎和分枝、茎与叶柄之间开张角度的大小，将其分为开张型，即角度一般在 45°以上；收敛性，角度一般在 15°以下；中间型，角度介于二者之间，一般在 30°左右。

56. 大豆按照播种季节分几种类型？

答：大豆按播种季节，可分为春大豆、夏大豆、秋大豆和冬大豆四类，但以春大豆占多数。春大豆一般在春天播种，十月份收获。我国春大豆主要分布于东北三省，河北、山西中北部，陕西北部及西北各省（区）。夏大豆大多在小麦等作物收获后播种，耕作制度为麦豆轮作的一年二熟制或二年三熟制。我国夏大豆主要分布于黄淮平原和长江流域各省。秋大豆通常是早稻收割后再播种，当大豆收获后再播冬季作物，形成一年三熟制。我国浙江、江西的中南部、湖南的南部、福建和台湾的全部种植秋大豆较多。冬大豆主要分布于广东、广西及云南的南部。这些地区冬季气温高，终年无霜，春、夏、秋、冬四季均可种植大豆。所以这些地区有冬季播种的大豆，但播种面积不大。

57. 大豆种粒大小是怎样划分的？

答：大豆品种之间种粒大小差异很大。通常用百粒重来衡量种粒的大小。百粒重即 100 粒种子的重量。百粒重 30 g 以上为极大粒，24.1~30.0 g 为特大粒，18.1~24.0 g 为大粒，12.1~18.0 g 为中粒，6.1~12.0 g 为小粒，6.0 g 以下为极小粒。栽培品种百粒重一般在 14~22 g 之间。

58. 大豆种子质量有什么标准？

答：根据国家标准 GB 4401.2—1996 的规定，大豆种子分成原种和良种两个等级。其质量标准是：原种的纯度不低于 99.9%，净度不低于 98.0%，发芽率不低于 85%，水分不高于 12.0%；良种的纯度不低于 98.0%；

净度不低于 98.0%，发芽率不低于 85%，水分不高于 12.0%。

表 1-6 GB 1352—2009 大豆质量指标

单位：%

等级	完整粒率	损伤粒率		杂质含量	水分含量	气味、色泽
		合计	热损伤粒			
1	≥95.0	≤1.0	≤0.2	≤1.0	≤13.0	正常
2	≥90.0	≤2.0	≤0.2			
3	≥85.0	≤3.0	≤0.5			
4	≥80.0	≤5.0	≤1.0			
5	≥75.0	≤8.0	≤3.0			

59. 大豆原种的主要质量衡量指标有哪些？

答：原种是育种家繁育的第一代至第三代或按原种生产技术条件生产的达到原种质量标准的种子，原种纯度不低于 99.9%，净度不低于 98%，发芽率不低于 85%，水分不高于 12%。

原种生产可采用育种家提供的种子直接繁育，或采用二圃三圃的方法繁育。原种二代由原种一代直接生产。

60. 什么是杂交大豆？

答：杂交大豆是指用两个自交系杂交生产的杂种大豆，就像我们目前种植的大多数玉米杂交种一样。大豆杂交种一般比普通大豆品种增产 15%~20%。目前我国已经有 3 个杂交种通过审定，北方地区春大豆有杂交 1 号和杂交 2 号，黄淮海夏大豆有杂优 1 号。

61. 我国大豆杂种优势利用研究方面取得了哪些成绩？

答：我国大豆杂种优势利用研究近年来取得长足进展。育成了一批稳定的优良不育系、保持系和恢复系，鉴定出了高异交率不育系，建立起了成熟的杂交大豆选育程序。截至 2014 年，已培育出 13 个高产、优质、多抗大豆杂交种，还有一批强优势组合正在参加国家或省级区域试验。制种技术进一步完善，开展了多种形式的综合配套技术研究，杂交大豆制种产量稳步提高。2014 年经专家测产制种产量分别达到 1 200 kg/hm^2 以上。初步建立起杂交大豆制种技术体系，为杂交大豆制种成本的降低奠定了技术基础。

62. 什么是高油大豆？

答：粗脂肪含量不低于20%的大豆。

表1-7　GB 1352—2009 高油大豆质量指标

单位：%

等级	粗脂肪含量	完整粒率	损伤粒率		杂质含量	水分含量	色泽、气味
			合计	热损伤粒			
1	≥22.0						
2	≥21.0	≥85.0	≤3.0	≤0.5	≤1.0	≤13.0	正常
3	≥20.0						

63. 什么是高蛋白大豆？

答：粗蛋白质含量≥40%的大豆。

表1-8　GB 1352—2009 高蛋白质大豆质量指标

单位：%

等级	粗脂肪含量	完整粒率	损伤粒率		杂质含量	水分含量	色泽、气味
			合计	热损伤粒			
1	≥44.0						
2	≥42.0	≥90.0	≤2.0	≤0.2	≤1.0	≤13.0	正常
3	≥40.0						

64. 大豆生育期是如何划分的？

答：1977年，Fehr提出大豆生育时期的鉴定方法。他把大豆的生育过程划分为营养时期（V）和生殖时期（R）。每个时期内又细分为若干个时期。营养时期以主茎上的节数划分。只有那些具有充分生长的叶片的节位才被计数。确定某个节位是否被计数，主要根据和他相邻的上位叶的小叶片是否展开。如上位叶的小叶片的叶缘已分离呈半展开状，则该叶片被认为是充分生长的叶，该叶着生的节位可被计数为营养时期的节数。如上位叶的小叶片的叶缘未分离，则该叶片被认为是未充分生长的叶，其下位叶着生的节位可被计数为营养时期的节数。

(1)营养时期(V)

出苗期(V_E):子叶在地面以上;

子叶期(V_C):单叶半展开,叶片的叶缘已分离;

一节期(V_1):单叶充分生长,第一复叶小叶片的叶缘分离;

二节期(V_2):单叶以上第一片复叶充分生长;

三节期(V_3):从单叶着生的叶算起,主茎上有三个节的叶片充分生长;

n 节期(V_n):从单叶着生的叶算起,主茎上有 n 个节的叶片充分生长;

(2)生殖时期(R)

始花期(R_1):主茎的任何节位上有一朵花开放;

盛花期(R_2):主茎最上部具有充分生长叶片的 2 个节之中任何一个节位上开花;

始荚期(R_3):主茎最上部 4 个具有充分生长叶片着生的节中,任何一个节位有 5 mm 长的幼荚;

盛荚期(R_4):主茎最上部 4 个具有充分生长叶片着生的节中,任何一个节位上有 2 cm 长的荚;

始粒期(R_5):主茎最上部 4 个具有充分生长叶片着生的节中,任何一个节位上豆荚内种子长度达 3 mm;

鼓粒期(R_6):主茎最上部 4 个具有充分生长叶片着生的节中,任何一个节位上豆荚内绿色种子充满荚皮的种穴

成熟初期(R_7):主茎上有一个荚达到成熟时的正常色泽;

完熟期(R_8):25%豆荚达到正常的成熟色泽。种子含水量低于 15%。完熟期后尚需 5~10 d 进行种子脱水。

65. 特用大豆是指大豆的哪些类型?

答:特用大豆系指菜用大粒菜用豆、豆芽用小粒大豆、营养保健用黑大豆、双青大豆等。特用大豆与大豆营养成分基本相同,但也有各自独特的优点。

66. 黑豆有哪些植物学特征?

答:黑豆是豆科植物大豆的黑色种子,又称乌豆、黑大豆。 味甘性平,

具有高蛋白、低热量的特性。品种有青仁黑豆、黄仁黑豆等。颗粒大而饱满、色泽乌黑发亮者为佳。黑豆呈椭圆形或球形，稍扁，长 6~12 mm，直径 5~9 mm。表面黑色或灰黑色，光滑或有皱纹，具光泽，种脐淡黄色。种皮薄而脆，子叶肥厚，呈黄绿色或淡黄色。气味淡，嚼之有豆腥味。民间有“豆中之王”的美称。

67. 为什么黑大豆具有“豆中之王”的美称？

答：黑豆素有“豆中之王”的美称。黑豆又名黑大豆，外皮黑，子叶黄色或绿色。黑豆味甘性平，营养丰富，具有高蛋白、低热量的特性。黑豆既可食用又可药用，以前以出口为主，近几年间得到人们普遍的关注和认可。黑豆性喜温暖，耐高温，黑豆皮提取物能够提高机体对铁元素的吸收，带皮食用黑豆能够改善贫血症状。黑豆富含对人体有益的氨基酸、不饱和脂肪酸、钙、磷等多种微量元素。有排脓拔毒、消肿止痛等功效，并有益于防治高血压、高血脂、心脏病等疾病。相比于其他作物，黑豆具有一定的价格优势，但是随着种植业结构的变化，在今后的生产中，最好做到订单种植，实现产销结合，以防滞销。

图 1–7　黑豆（黑皮青仁）

黑豆蛋白质含量高，且含有多种氨基酸，特别是含有人体必需的 8 种氨基酸；黑豆还含有多种脂肪酸，其中亚油酸含量达 55%以上，亚油酸有“血管清道夫”的美誉。黑豆中微量元素如锌、铜、镁、钼、硒、氟等的含量也很高，对保持机体功能完整、延缓衰老、降低血液黏度具有显著作用。黑豆中还含有高达 4%的粗纤维，可以促进消化、防止便秘。此外，黑豆富含多种维生素，B 族维生素和维生素 E 含量很高，具有保健作用。每百克黑豆中含 17.36 微克维生素 E，具有抵抗自由基毒害的作用。黑豆具有养阴补气作用，是中老年人理想的强壮滋补食品。

68. 黑豆具有哪些药用价值？

答：黑豆含有丰富的亚油酸、卵磷脂、食物纤维等，能有效地抑制血液中的胆固醇，从而预防肥胖与一些慢性病，黑豆防老抗衰，药食俱佳。可以加工成大豆卷、豆豉、黑豆衣等。

补充雌激素。对于女性来说，黑豆更是不可或缺的食物。因为黑豆富有的异黄酮与女性雌激素具有相同的作用，可以克服雌激素不足所引起的各种症状。雌激素的分泌一旦不足，会情绪不稳定，或者非常怕冷、头晕目眩，也容易患骨质疏松。具有上述症状的人，不妨多吃黑豆。

提高肾脏功能。中医认为五脏与食物的颜色具有密切关系，青色入肝，红色入心，黄色入脾，白色入肺，黑色入肾。事实上，黑豆不仅能够促进肾脏的功能，更具有提高水分代谢以及血液循环的作用。

维持血压平稳。黑豆所含有的皂甬玳以及黑豆特有的黑色素，能够预防氧化脂肪的发生，这些作用能够强化血管，并增强血管的弹性。

缓解膝盖疼痛。黑豆中含丰富的钙、镁、磷等矿物质，有强化骨骼的功效；而黑豆中的亚油酸具备消炎作用，能缓解骨质疏松引起的疼痛。此外，中医学认为，老人膝盖疼痛与肾、肝、脾功能的衰弱有密切关联，而黑豆能强化肝、肾、脾等脏器的作用，从而缓解膝盖疼痛。

美化肌肤。黑豆含有丰富的低聚糖、粗纤维和果胶，这些成分对美化肌肤、保持肌肤的年轻很有帮助。同时，黑豆又能增强肾脏的功能，促进体内多余水分以及老旧废物的排泄。

黑豆吃法很多，用黑豆搭配谷物熬粥或搭配肉类熬汤都是不错的选择。

69. 小黑豆和大黑豆有什么区别？

答：口感不同。小黑豆口感类似黄豆，较硬；食用炖的时间较长才能吃。大黑豆（黑饭豆）则较容易炖烂，且很面，口感好，老人、孩子都喜欢。

营养价值不同。小黑豆的蛋白质含量要高些，碳水化合物低些；而大黑豆的蛋白质含量较黑豆低，碳水化合物则比黑豆要高。从消化率上来看，大黑豆比小黑豆要容易消化。从中医的角度来看，大黑豆的保健养生效果要比黑豆好。

70. 黄豆、黑豆、青豆食用上有什么区别？

答：黄豆、黑豆和青豆这三种豆都是大豆，种皮分别是黄色、黑色、青绿色；黄豆的子叶是黄色，黑豆和青豆除了黄色的子叶还有青色的子叶，成熟晾干后的大豆都很圆润，表面基本没有褶皱。大众最常吃的是黄豆和黑豆，青豆吃得较少。它们的蛋白质含量在 34%~36%，脂肪含量在 15%~16%，都可以用来做豆制品比如豆浆、豆腐、豆腐丝、豆腐皮、豆腐干、腐竹、豆腐乳、豆豉、纳豆、豆芽，也都可以用来榨油。

中国居民膳食指南建议常吃大豆及其制品，不仅是因为它是人体优质蛋白的重要来源，还因为它含有大豆异黄酮、大豆卵磷脂、大豆低聚糖等生物活性成分，能缓解更年期症状，也能绝经后钙的流失，能促进肠道健康，还有利于心脑血管健康，尤其适合中老年人。建议每天吃 25 g 干大豆对应的豆制品，分别对应 20 g 腐竹、50 g 豆腐丝（皮、干）、100 g 北豆腐、150 g 南豆腐、200 g 内酯豆腐、400 g 豆浆；选择盐含量较低的豆腐干、丝、皮。

71. 宁夏哪些地方种植黑豆？效果如何？黑豆产量怎么样？

答：2015 年国家大豆产业技术体系银川综合试验站和海源县农业局农业技术推广中心联合，组织技术人员深入黑豆种植基地、种源基地多次考察论证，结合旱作农业发展实际，抢抓早春墒情足的有利机遇，引进黑龙江省佳木斯“黑珍珠”黑豆在旱作雨养区中卫市海原县树台乡红井村高岘梁建立了 66.67 hm^2 黑豆生产种植基地。通过试验、示范，推广农业新技术，黑豆种植取得了较好的经济效益和生态效益。一是提高了土壤养分含量，促进了土地用养结合。通过黑豆的引进种植，收获后测定土壤中的水解氮和有机质分别提高了 122.92%和 114.09%，土壤保水保肥能力和熟化土壤的能力明显增强。二是增产增收效果显著，推动了农业结构调整。以养地为出发点，黑豆基地布设在新修的坡改梯田块上，耕作层浅，土壤理化形状差，肥力低。采取秋季覆膜保墒、秋季施基肥等技术措施，最大限度确保了黑豆的经济效益。10 月份收获期测产分析，示范田平均产量 1 800 kg/hm^2，大田平均产量 1 050 kg/hm^2，高产田块最高产量达到 2 250 kg/hm^2。

72. 什么是菜用大豆？

答：菜用大豆，又称毛豆，是指鼓粒末期籽粒饱满而尚未老熟，豆荚、籽粒翠绿时采青供食用的大豆。菜用大豆是大豆的专用型。当豆荚中青豆粒发育到荚宽度的80%~90%，豆粒之间几乎相连时，收获青豆荚作蔬菜食用，在日本称为“枝豆”。菜用大豆具有营养丰富、香甜、可口、味美、食用方便等特点，深受我国、日本和东南亚等各国人民喜爱，具有良好的发展前景。

73. 菜用大豆有什么营养价值?

答:菜用大豆(以下简称毛豆)是鲜食豆类蔬菜，它除了具有大豆的营养价值以外，各种维生素、矿物质等的含量也很高。毛豆既富含植物性蛋白质，又有非常高的钾、镁元素含量，维生素B族和膳食纤维特别丰富，同时还含有皂甙、植酸、低聚糖等保健成分，对于保护心脑血管和控制血压很有好处。此外，夏季吃毛豆还能预防因为大量出汗和食欲不振造成营养不良、体能低落、容易中暑等情况。更值得一提的是，嫩毛豆的膳食纤维含量高达4.0%，而一直被人们所认为是纤维冠军的芹菜，其纤维含量仅有1.2%。而另外一些人们所熟知的高纤维蔬菜，其纤维含量都要低于毛豆，如芥蓝含1.6%，菠菜含1.7%，苋菜含1.8%，西兰花含1.6%，韭菜含1.4%。由此看来，毛豆不愧为蔬菜中的纤维冠军。

74. “亚蔬”中心(AVRDC)认为适合用作菜用大豆的种质应具有哪些特征?

答:“亚蔬”中心认为适合用作菜用大豆的种质应具有以下特征:百粒重≥30 g;每千克鲜荚≤350个;成品荚每荚粒数≥2粒;荚和种子的颜色浅绿，荚上的茸毛较少且为灰毛;灰脐或浅褐脐;较好的风味、香味和结构，口味微甜、蒸煮时间较短。在此基础上亚蔬中心对2 898份大豆种质进行筛选，鉴定出可作为菜用大豆的28份种质(来自日本15份，朝鲜8份，中国台湾省5份)，并构成了菜用大豆育种的基础亲本，“亚蔬”中心以后培育的菜用大豆材料基本上含有这些种质的血缘。

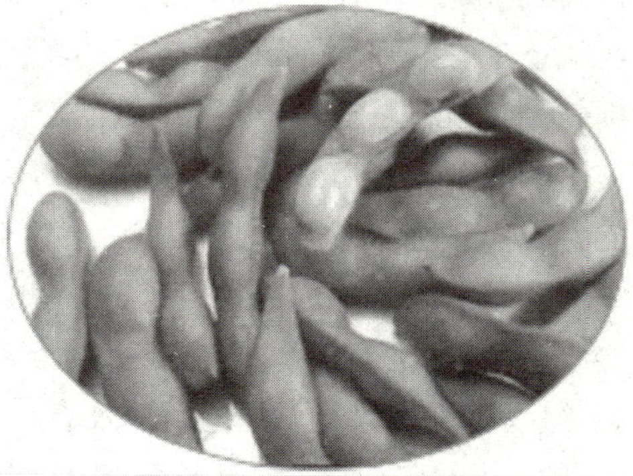

图1-8 菜用大豆(豆荚)

75. 菜用大豆对外观品质有什么要求?

答:外观品质是最重要的商品品质之一。菜用大豆的外观性状包括绿荚大小、荚色、每粒荚数和豆粒大小。“亚蔬”中心菜用大豆的标准:粒大,百粒重≥30 g;荚大,每千克鲜荚≤350 个;粒多,成品荚每荚粒数≥2 粒;荚和种子的颜色浅绿,荚上的茸毛较少且为白茉用或灰茉用;灰脐或浅褐脐。

76. 菜用大豆对食味品质有什么要求?

答:食味品质主要体现在甜度、鲜度、口感、质地、风味、糯性等方面,与消费者个人的喜欢有关,大多喜欢香、甜、鲜、糯的产品。一般认为,籽粒中蔗糖、谷氨酸、丙氨酸和葡萄糖的含量与食味口感有显著的正相关。菜用大豆质地是个复杂的因素,一般认为硬度低的易煮烂,品质相对较好。此外,某些微量化学成分也影响菜用大豆的风味。总之,菜用大豆的食味品质是由多种成分共同作用的结果,仅通过某些成分的分析目前仍难以准确评价其优劣,人工品尝仍是必要的。国家大豆改良中心(2003)通过对我国南方地区 400 余份菜用豆品种研究,初步确立了菜用豆品质感官的鉴定方法。

77. 菜用大豆对营养品质有什么要求?

答:营养品质是决定其利用价值的主要因素之一。菜用大豆与粒用大豆一样是一种高营养价值的作物。菜用大豆籽粒粗蛋白质含量以干重为基础计算,含量范围为 35.25%~45.48%,平均含量是 39.93%(徐兆生,1995)。菜用大豆中含有丰富的禾谷类作物所缺乏的赖氨酸,其籽粒中游离氨基酸的含量比粒用大豆高出近 1 倍,且氨基酸的组成较均衡,此外,还含有钙、铁、镁等矿物质和维生素,以及粒用大豆所缺乏的维生素 C(27 mg/100 g)。其油分中不饱和脂肪酸高达 84.43%,具有很好的营养保健作用。

78. 菜用大豆对卫生品质有什么要求?

答:卫生品质指豆荚总含菌量应少于每克 300 万,不应含有大肠杆菌和沙门氏杆菌。

79. 适合宁夏灌区种植的菜用大豆品种有哪些?

答:宁夏引黄灌区菜用大豆种植面积不大,品种单一,产量不高,品质一般，不能完全满足城乡居民对鲜食菜用大豆日益增长的需求。宁夏引黄灌区地处内陆西北高纬度高海拔地区，从江苏、浙江等不同地理纬度地区引种菜用大豆，表现为生育期延长，植株增高、主茎粗壮、枝叶繁茂、营养生长旺盛。一是按照播种至采收青荚日数的长短划分均表现晚熟性。二是采摘期集中，时间较为适宜。根据生育期、农艺性状、产量、抗性及田间农艺表现等方面综合考虑，认为浙鲜9号、苏早1号、台湾292、龙海3号及晋豆39等品种8—9月份采摘鲜荚时期适宜，产量高，口感好，商品性、抗病性好，适合在宁夏引黄灌区种植采收鲜荚加工食用。其中苏早1号、台湾292、龙海3号可以作为早熟或中早熟品种种植，提早上市，浙鲜9号、晋豆39可以作为中晚熟品种种植延迟上市。2007年宁夏大学农学院张银霞等专家从国内鲜食大豆主产区引进了7个表现比较优良的鲜食大豆品种，在宁夏引黄灌区进行试种和综合性状分析，认为从东北引进的沈鲜1号和从南方引进的引豆9701可在宁夏引黄灌区示范推广。三是鲜荚产量较高。最高产量晋豆39产鲜荚18 250.5 kg/hm^2，其次为龙海3号产鲜荚15 750.0 kg/hm^2、浙鲜9号产鲜荚14 751.0 kg/hm^2、苏早1号产鲜荚13 750.0 kg/hm^2、台湾292产鲜荚13 500.0 kg/hm^2。四是鲜籽粒百粒重大，口感好。鲜百粒重64.3~99.8 g，鲜荚长5.7~7.0 cm，鲜荚宽1.3~1.6 cm，鲜百荚重213.7~343.0 g。口感清香或甜糯。五是可以建设成繁制种基地。适期播种不但能够采摘鲜荚弥补当地市场鲜荚供应不足的缺憾，成熟后还可以收获干籽粒种子，可以建设成为鲜食菜用大豆繁制种基地。

宁夏农林科学院农作物研究所近年引育了一些适合宁夏灌区种植的菜用大豆品种，如：浙鲜豆7号、浙鲜豆8号、龙海3号、晋豆39等品种。

80. 绿色大豆对产地环境质量有什么要求?

答：绿色大豆是指遵循可持续发展原则，按照特定生产方式生产，经专门机构认证、许可使用绿色食品标志的无污染的安全、优质、营养类大豆。无污染、安全、优质、营养是绿色农产品的特征。无污染是指在绿色农产品生产过程中，通过严密监测、控制，防范农药残留、放射性物质、重金属、有害细菌等的污染，以确保绿色农产品的洁净。

农业部绿色食品标志绿色大豆产地环境质量必须符合《绿色食品产

地环境质量标准》(NY/T 391—2000)的要求,空气、水体和土壤环境应符合生产绿色食品大豆的要求,严格限制化学物质的使用,高毒、剧毒或代谢物高毒以及可能致癌、致畸的农药都在禁用之列,产品必须符合《绿色食品　豆类》(NY/T 285—2003)的要求。

81. **什么是无公害大豆?**

答:农业部无公害食品标志无公害农产品是指产地生态环境清洁,按照特定的技术操作规程生产,将有害物含量控制在规定标准内,并由授权部门审定批准,允许使用无公害标志的农产品。无公害农产品是绿色农产品发展的初级阶段,有机农产品是质量更高的绿色农产品。

无公害大豆的生产,要求选择环境优良地区作为生产基地,在生产过程中注重环境不受破坏,合理施入化肥和农药,同时接受相关部门的监管。

82. **什么是有机大豆?**

答:有机农产品是指以天然方式生产加工的、符合有关标准并通过专门认证机构认证的农副产品及其加工品。

农业部有机食品标志有机大豆与无公害大豆和绿色大豆的最显著差别是,前者在其生产和加工过程中绝对禁止使用农药、化肥、除草剂、合成色素、激素等人工合成物质,后者则允许有限制地使用这些物质。因此,有机大豆的生产要比其他大豆难得多,需要建立全新的生产体系,采用相应的替代技术。

有机大豆生产的基本要求:生产基地在最近3年内未使用过农药、化肥等违禁物质;种子未经基因工程技术改造过;生产单位需建立长期的土壤培肥、植物保护、作物轮作计划;生产基地无水土流失、环境污染及其他环境问题;大豆在收获、干燥、贮藏和运输过程中未受化学物质的污染;从常规种植向有机种植转换需要有2年以上的转换期,新开垦的荒地例外;有机大豆生产的全过程必须有完整的记录档案; 有机大豆在数量上进行严格控制,要求定地块、定产量。

83. **大豆制品是怎么划分的?**

答:大豆制品分为两种:非发酵大豆制品和发酵大豆制品。

非发酵大豆制品：有整豆（如毛豆、青豆、干豆等）、豆芽、豆浆、水豆腐、干豆腐（如豆腐干、豆腐丝等）、油豆腐、冻豆腐等。

发酵大豆制品：如腐乳、豆酱、豆豉、酱油等。

84. 新兴大豆制品有哪些？

答：(1)大豆油脂系列产品；(2)豆奶、豆奶粉、豆奶片、豆浆晶、酸豆奶等产品；(3)大豆仿肉制品：如大豆素肉等系列产品；(4)大豆挤压膨化食品；(5)大豆蛋白制品，如大豆蛋白粉、大豆浓缩蛋白、大豆分离蛋白、大豆组织蛋白等。这些产品可作为蛋白质原料、添加到肉制品、面制品、儿童食品、糕点、冷饮等各种食品中。

85. 功能性大豆制品主要有哪些？

答：功能性大豆制品主要有(1)大豆磷脂系列产品；(2)大豆低聚糖制品；(3)大豆异黄酮制品。

86. 膨化大豆有什么营养价值？

答：膨化大豆是将整颗大豆用膨化机进行热加工，膨化处理而成。膨化处理是为了使细胞壁破裂，增加其营养利用价值，尤其是提高了油脂的利用率。自豆粕进入机膛到挤出成品不到 30 s，在加工过程中最后的熟化温度可达到 130~145℃。这个温度足以破坏抗营养因子，像胰蛋白酶抑制因子、尿素酶、血球凝集素等不利于动物消化的成分。同时又因最高温仅持续 5~6 s，也不会降低氨基酸的利用价值。

87. 大豆类食物有什么好处？

答：香港大学医学院一项历时 9 年的调查研究显示，多吃大豆类食物和保持均衡饮食能降低死亡风险。这项调查始于 1998 年，香港大学医学院对全港当年 81%的死亡个案进行研究，并调查与他们年龄相同的在世人士 10 年前的饮食习惯。结果发现，较多进食大豆类食物人士的死亡风险较低；每周进食大豆类食物 4 次或以上的人，比每月进食少于 1 次的人死亡风险低约 30%。而多吃肉类、奶类，但少吃蔬菜、水果、鱼类、大豆及少喝茶的人，死亡风险较饮食均衡者高出 113%。香港大学医学院社会医学系主任林大庆表示，大豆含丰富蛋白质和纤维等有益成分，有助于减低患心脏病和癌症的机会。他建议市民应通过进食豆腐和豆浆等食品摄取大豆营养,而避免直接服用大豆精华。

88. 什么是大豆肽?

答:大豆肽是从大豆中提取的一种多功能肽类物质,它除具有一般的蛋白质营养作用外,还具有良好的营养特征、生理功能和加工特性,是一种非常有前途的功能性食品原料。由于其独特的加工性能,在食品生产等诸多领域有着广泛的应用前景。

89. 为什么说大豆肽是前景广阔的食品原料?

答:大豆肽良好的营养特性、保健特性及加工性能使其具有广阔的市场空间,利用大豆肽为原料,可开发出许多功能性保健产品,包括医疗食品、蛋白饮料、老年及营养强化食品、运动营养食品、减肥食品、发酵促进剂和营养性化妆品等。

大豆功能肽作为食品原料的合适性在于其良好的溶解性能。低分子的功能肽水溶性好,不受 pH 和加热的影响,即使在高浓度下受热也不致发黏,仍具有良好的流动性,有利于食品生产中的浓缩、喷雾操作及灌装。功能肽的另一突出加工特性,是其良好的吸湿保湿性,利用这一性能应用于生产豆制品,可使产品软化,改善口感,保持水分,使品质和风味更佳。另外一些功能肽在一定的水解度条件下具有良好的发泡性,例如大豆肽、大米肽等,在焙烤食品中可使产品品质疏松、口感好。

良好的吸湿保湿性及发泡性,在面包生产中可增加面团韧性和黏性,减少面包失水,延缓面包的老化,延长产品的货架寿命,使面包质地柔软、新鲜、体积增大,香气增加。从目前的资料来看,功能肽能够抑制蛋白质的凝胶性,应用这种性质于生产中可调整蛋白食品的硬度,改善口感。如鱼类、肉类这种高蛋白食品,如果向其中加入少量的功能肽,可突出制品的肉类风味,明显地提高制品的鲜香度,改进品质使之具有弹性,质地柔软。

大豆功能肽营养丰富,易被微生物吸收利用,具有促进微生物生长发育、活跃代谢的作用。研究表明,它可促进乳酸菌和霉菌的增殖,促进双歧杆菌的生长发育,增强面包酵母的产气能力。在食品生产中向酸奶、醋、酱油等发酵食品中添加功能肽可提高产品的营养价值,改善品质、增强风味及提高生产效率,另外它还可用于生产酶制剂。良好的乳化性和乳化稳定性是功能肽不可多得的又一加工特性，在食品生产中它能迅速地乳化脂肪。对于乳化性要求高的食品可加入一定量的功能肽，例如调制乳化性较强的香肠，加入功能肽后增强了产品的浓厚感，滋味可口，营养价值高。

90. 大豆卵磷脂具有什么作用？

答：大豆卵磷脂是从大豆中提取的精华物质，也是人体不可缺少的基本物质。大豆卵磷脂是精制大豆油过程中的副产品。市面上粒状的大豆卵磷脂，是大豆油在脱胶过程中沉淀出来的磷脂质，再经加工、干燥之后的产品。纯品的大豆卵磷脂为棕黄色蜡状固体，易吸水变成棕黑色胶状物。

大豆卵磷脂是一种生命基础物质，它不仅是构成人体生物膜的重要组成部分，而且是胆碱和脂肪酸的一个来源，它对维持生物膜的生理活性和机体的正常代谢起关键作用，被誉为“血管清道夫”，卵磷脂是一种功能全面的营养品，经常补充，对于预防和改善心脑血管疾病、健脑益智、防止脂肪肝和肝硬化、美化肌肤，有非常重要的作用。

91. 大豆异黄酮具有什么作用？

答：大豆异黄酮是从非转基因大豆精制而成的生物活性物质，是一种具有多种重要生理活性的天然营养因子，是纯天然的植物雌激素，容易被人体吸收，能迅速补充营养。大豆是人类获得异黄酮的唯一有效来源，大豆异黄酮又称植物雌激素。大豆异黄酮是大豆生长中形成的一类次生代谢产物，是生物黄酮中的一种，也是一种植物雌激素。它主要分布于大豆种子的子叶和胚轴中，种皮中含量极少。大豆产品含有5种已知的抗癌因子，其中之一是植物雌激素（异黄酮），这是大豆食物特有的抗癌因子。大豆异黄酮对乳腺癌、结肠癌、肺癌、前列腺癌和皮肤癌及白血病有明显的治疗作用，大豆异黄酮也可预防卵巢癌、结肠癌、胃癌和前列腺癌的发生。

92. 什么是大豆蛋白肉？

答：大豆属高蛋白物质，营养价值高，利用大豆为原料加工大豆蛋白肉出售，比卖大豆增加1倍的收入。大豆蛋白肉的蛋白质含量在40%以上，属全价蛋白，含有人体必需的8种氨基酸，还含有磷、钙、铁、维生素等人体必需的营养元素，是被公认的“健康食品”。用大豆加工蛋白肉，每50 kg大豆可生产 35 kg 蛋白肉。

93. 大豆磷脂有什么生理营养?

答:大豆磷脂产品的主要成分有油脂、磷脂、胆碱、不饱和脂肪酸和维生素 E 等。磷脂是生物膜的重要组成部分,是动物脑、神经组织、骨髓和内脏中不可缺少的组成部分,对幼龄动物的生长发育非常重要。

94. 全脂大豆粉和脱脂大豆粉的用途有什么不同?

答:全脂大豆粉是以大豆为原料直接加工成的粉状产品,又分为全脂生豆粉和全脂膨化豆粉两种。全脂生豆粉:生豆粉的可溶性蛋白质保持率在 95%以上,可作为豆浆、豆腐的原料和面包、蛋糕的添加料。生豆粉含有抗营养因子和豆腥味,未经加热不宜直接食用。全脂膨化豆粉:由于经过高温短时的湿热处理,大豆中的有害成分被除去,因此这种产品是一种营养价值高的食品原料。

脱脂大豆粉可作为食品原料与面粉混合制作面包、点心、油炸食品、香肠等。低变性脱脂豆粉可进一步制取豆乳粉、浓缩蛋白、分离蛋白、组织蛋白等。

95. 大豆加工副产品有哪些开发利用价值?

答:大豆皮。豆皮占大豆全粒质量的 6%~8%,大豆中 32%的铁集中在豆皮内,此外豆皮中还含有约 86%的膳食纤维及碳水化合物、8.8%的粗蛋白质、1.2%的粗脂肪及其他微量成分。豆皮中具有明显生理功能的膳食纤维含量高,目前含有豆皮纤维的产品主要有膳食纤维饮料、面包、饼干等;豆皮中的铁、植酸(又称为肌醇六磷酸)含量较少,对铁元素在体内的吸收影响较小,可广泛用于烘焙制品、饮料、保健品等食品中,作为铁的强化剂。豆皮是治疗缺铁性贫血的天然食物来源。大豆皮中除含纤维素、半纤维素外,还含有果胶、甘露聚糖、古柯豆胶等可溶性纤维,是制作模压一次性可降解方便餐具的良好纤维源。

大豆胚。大豆胚芽是大豆的生殖器官,占大豆总质量的 2.5%,大豆胚芽营养丰富,含有 28%蛋白质与 10%左右的油脂,与小麦胚芽的含油量相当,其中不饱和脂肪酸含量高达 80%。此外,还含有多种生理活性物质,如大豆异黄酮、大豆皂甙、大豆低聚糖、维生素 E 和甾醇等,具有特殊的生理作用和营养价值。大豆胚芽油中富含不饱和脂肪酸，其中的亚麻酸和亚油酸两种不饱和脂肪酸含量高达 77.2%。大豆胚芽油还富含维生素 E，其维生素 E 含量为 190 mg/100 g。维生素 E 是一种强抗氧化剂，具有抑制不饱和脂肪酸氧化、保护细胞膜、增强免疫力、延缓人体衰老等功能。大豆胚芽油还富含植物甾醇，其甾醇含量为 0.37%，具有调节高胆固醇血脂的能力和抗肿瘤能力。大豆平均含总异黄酮 0.2%~0.4%，其中胚芽中含 1.40%~1.76%、子叶中含 0.15%~0.32%、种皮中含 0.01%~0.02%。大豆异黄酮具有弱雌性激素活性、抗氧化活性、抗溶血活性和抗真菌活性，能有效地预防和抑制白血病、骨质增生、结肠癌、胃癌、乳腺癌和前列腺癌等多种疾病的发生，尤其是在预防和改善乳腺癌和前列腺癌方面有着明显的作用。大豆异黄酮在功能性食品、医药制品和功能助剂等方面有着广泛的作用。大豆皂甙约占大豆含量的 0.6%，包括 17 种不同的皂甙。大豆皂甙具有很强的生理功能，是阻止慢性疾病发生的天然抑制剂，如抑制血小板凝聚、抑制肿瘤细胞的生长和防止动脉粥样硬化等，具有重要的药学价值。此外，大豆皂甙作为添加剂也常添加到食品和化妆品中，以改善产品的品质和性能。

大豆粕。豆粕是大豆经过提取豆油后得到的一种副产品。豆粕含蛋白质 40%~48%、赖氨酸 2.5%~3.0%、色氨酸 0.6%~0.7%、蛋氨酸 0.5%~0.7%。豆粕中蛋白质是最重要的饲料蛋白来源。豆粕还可以用于制作糕点食品、健康食品以及化妆品和抗生素原料。大豆蛋白及其水解物都有降胆固醇和降血脂的保健作用，能有效地预防肥胖和心血管疾病。大豆蛋白系列产品主要有脱脂大豆粉（蛋白质含量 50%以上）、组织蛋白（蛋白含量 55%以上）、浓缩蛋白（蛋白含量 68%以上）、分离蛋白（蛋白含量 90%以上），大豆蛋白加工领域是大豆深加工中最有潜力、最有前途的领域，产品大都是高技术含量、高附加值的产品。

豆渣。豆渣是豆腐、豆奶、大豆分离蛋白生产过程中产生的主要副产品，主要成分为蛋白质 22.56%、脂肪 19.6%、糖分 37.98%、纤维素 14.62%、灰分 6.16%。此外，还有钙、磷、铁等矿物质。食用豆渣能降低血液中胆固醇含量，减少糖尿病患者对胰岛素的消耗，有助于预防肠癌、高血压、糖尿病等疾病，豆渣被视为新兴的膳食纤维源。

大豆油脚。大豆油脚是植物油厂获取油脂产品后的副产品，一般是指毛油经水化后以及油长期静置后的沉淀物，其中油脚和皂脚约占毛油质量的5%~10%。大豆油脚的主要成分是磷脂、中性油、水分及其他类脂物。此外，还有少量的蛋白质、糖类、蜡、色素以及有机和无机杂质。

豆制品废水。豆制品废水主要来源于泡豆水、压榨出的黄浆水。豆制品废水中含有单糖、寡聚糖、钾、磷、钙、铁、维生素、有机酸、水溶性蛋白、氨基酸、脂类等营养成分，有毒有害物质很少。如果对其进行综合利用，不仅减少环境污染，还可回收利用其中的营养成分，获得经济效益。

96. 大豆膳食纤维在人们生活中有什么作用?

答：大豆膳食纤维主要是指那些不能为人体消化酶所消化的大分子糖类的总称，主要包括纤维素、果胶质、木聚糖和甘露糖等。膳食纤维尽管不能为人体提供任何营养物质，但对人体具有重要的生理功能。膳食纤维具有明显降低血压及血浆胆固醇，调节胃肠功能、血糖及胰岛素水平等功效。多功能大豆膳食纤维的主要成分是膳食纤维和蛋白质，含量分别为67.98%（干基）和19.75%，因此是良好的蛋白–纤维添加剂。研究表明，添加少量的多功能大豆膳食纤维对中筋或低筋面粉有良好的强化作用；在一定添加量范围内，它不仅能提高产品的膳食纤维与蛋白质含量，而且对改善面包、面条和饼干等产品的品质十分有利。多功能大豆膳食纤维可能是所有膳食纤维中功能最好的一种，远非其他合成纤维（如利体素、聚葡萄糖）能比。多功能大豆膳食纤维是以新鲜豆渣为原料，经过特殊热处理而得到的高品质膳食纤维，它在调节血糖、降低血脂和促进排便等方面都有较好的功效。

随着人们生活水平的提高和健康意识的增强，对保健功能食品的需求越来越强烈。多功能大豆膳食纤维由于物美价廉，而且具有多项生理功能并有品质改良作用，因此受到科研人员及消费者的普遍重视和欢迎，开发大豆膳食纤维食品市场潜力巨大，大有作为。

97. 大豆饼与大豆粕有什么不同?

答：大豆饼是采用压榨法或夯榨法榨油后的副产品，大豆粕是采用浸提法或预压后再浸提取油后的副产品。两者均含有一定量的残存油脂，大豆饼含油脂较多,含量为5%~10%;大豆粕含油脂较少,含量为1%~2%。两者均含有较多的蛋白质,大豆饼含蛋白质略少,为40%~44%;大豆粕含蛋白质略多,为43%~47%。大豆饼与大豆粕所含蛋白质品质一样好。两者都含有较多的蛋白质,都是优良植物蛋白饲料。含有相同的氨基酸,含有相同的抗营养因子。

98. 什么是绿色食品?

答:在无污染的生态环境中种植及全过程标准化生产或加工的农产品,严格控制其有毒有害物质含量,使之符合国家健康安全食品标准,并经专门机构认定,允许使用绿色食品标志的食品。

99. 什么是绿色农业?

答:绿色农业是指将农业生产和环境保护协调起来,在促进农业发展、增加农民收入的同时保护环境、保证农产品的绿色无污染的农业发展类型。绿色农业涉及生态物质循环、农业生物学技术、营养物综合管理技术、轮耕技术等多个方面,是一个涉及面很广的综合概念。绿色农业要实行标准化全程控制与管理,通过绿色农业产品的标准化来提高产品的形象和价格,实现"优质优价",从而提高绿色农业产品的国际竞争力。

100. 什么是有机农业?

答:有机农业是指遵照有机农业生产标准,在生产中不采用基因工程获得的生物及其产物,不使用化学合成的农药、化肥、生长调节剂、饲料添加剂等物质,而是遵循自然规律和生态学原理,协调种植业和养殖业的平衡,采用一系列可持续发展的农业技术,维持持续稳定的农业生产方式。

101. 什么是生态循环型农业?

答:生态型农业是指在生态经济学、现代管理学和现代农业理论指导下,优化配置土地空间、生物资源、现代技术和时间序列,以适度规模建立与环境相适应的多业并举的复合生产系统,促进系统结构优化、功能完善、效益维持,最终形成区域化布局、基地化建设、专业化生产的多层次链式复合农业经营体系。

102. 什么是有机肥?

答:有机肥主要来源于植物和(或)动物,施于土壤以提供植物营养为其主要功能的含碳物料。经生物物质、动植物废弃物、植物残体加工而来，消除了其中的有毒有害物质，富含大量有益物质，包括多种有机酸、肽类以及丰富的氮、磷、钾在内的营养元素。

有机肥不仅能为农作物提供全面营养，而且肥效长，可增加和更新土壤有机质，促进微生物繁殖，改善土壤的理化性质和生物活性，是绿色食品生产的主要养分。

103. **什么是生物有机肥？**

答：生物有机肥就是含有活性有益菌即特定功能微生物且有机质含量达到40%的生物质肥料。生物有机肥也叫微生物菌肥，是农业生产中使用的肥料制品的一种，与化学肥料、有机肥料、绿肥性质不同，它是利用微生物的生命活动及代谢产物的作用，改善作物养分供应，向农作物提供营养元素、生长物质、调控其生长，达到提高产量和品质，减少化肥使用，提高土壤肥力的目的。

生物有机肥是以微生物的生命活动导致作物得到特定肥料效应的一种制品 。国内外多年试验证明，用根瘤菌接种大豆、花生等豆科作物可提高共生固氮效能，确实有增产效果。合理应用其他菌肥拌种或施用微生物肥料，对非豆科农作物也有增产效果，而且有化肥达不到的效果。生物有机肥以其使用安全、分解有害物质、促进肥效、减轻病害、增产增收等优点，深受广大种植者的欢迎，并且在世界各地农业、林业等领域应用极为广泛。

104. **生物有机肥有什么作用？**

答：（1）微生物肥料是活体肥料，它的作用主要靠自身含有的大量有益微生物进行生命活动来完成。只有当这些有益微生物处于旺盛的繁殖和新陈代谢的情况下，物质转化和有益代谢产物才能不断形成。因此，微生物肥料中有益微生物的种类、生命活动是否旺盛是其有效性的基础，而不像其他肥料是以氮、磷、钾等主要元素的形式和有效含量多少为基础。

（2）生物有机肥中的有益微生物菌有三大独特功能：一是能利用土壤中有机质为碳源、空气中二氧化氮为氮素，大量生长繁殖的固氮菌；二是能分解固结在土壤或土壤母质中磷、钾元素的解磷菌与解钾菌；三是能够拮抗土传病原菌生长、繁殖的有益菌。

(3)提高土壤肥力。这是生物肥料的主要功效。例如,各种自生、联合或共生的固氮生物肥料,可以固定空气中的氮素,增加土壤中的含氮量;多种分解磷钾矿物的微生物,如硅酸盐细菌能分解土壤中的钾长石、云母及磷矿石,使其中难溶的磷、钾有效化。

(4)制造和协助农作物吸收营养。根瘤菌肥中的根瘤菌向豆科植物一生提供的氮素,占其一生需要量的30%~80%;VA菌根是一种土壤真菌,它可以与多种植物根共生,其菌丝伸出根部很远,可以吸收更多的营养供各种植物利用,其中以对磷的吸收最为明显。

(5)增强植物的抗逆性。有些生物肥料的菌种接种后,由于在作物根部大量生长繁殖,成为作物根际的优势菌,它们可分泌抗真菌和细菌的抗生素,从而抑制多种病菌的生长。VA菌根的菌丝则由于在作物根部的大量生长,除了可以吸收有益于作物生长的营养元素外,还可以增加作物对水分的吸收,提高作物的抗旱能力。

105. 什么是土壤肥力?

答:土壤肥力就是指土壤能够满足作物生长发育所必需的水分、养分、空气、热量的能力。土壤肥力分为自然肥力和人为肥力、潜在肥力和有效肥力。所谓自然肥力是指自然土壤在未开垦利用之前所具有的肥力,人为肥力是指人们对土壤进行耕种、施肥、灌溉等农业技术措施而创造出来新的肥力;所谓有效肥力是指栽培作物时,被当季作物吸收利用的那部分肥力,潜在肥力是指在土壤中存在,不能立即被当季作物利用的那些肥力。

106. 什么是生态农业?

答:生态农业是相对于传统农业的一种概念,它提高了在生态和经济上的良性循环。如稻田养鱼、养萍,林粮、林果、林药间作的主体农业模式,农、林、牧结合,粮、桑、渔结合,种、养、加结合等复合生态系统模式,鸡粪喂猪、猪粪喂鱼等有机废物多级综合利用的模式,都达到了增产增效的目的。

107. 什么是农业产业化?

答:农业产业化是以市场为导向,以经济效益为中心的农业改革。从种植、收获、深加工到产供销的一种模式。

108. 什么是精准农业?

答:精准农业是当今世界农业发展的新潮流,是由信息技术支持的根据空间变异、定位、定时、定量地实施一整套现代化农事操作技术与管理的系统。其基本涵义是根据作物生长的土壤性状,调节对作物的投入,即一方面查清田块内部的土壤性状与生产力空间变异,另一方面确定农作物的生产目标,进行定位的"系统诊断、优化配方、技术组装、科学管理",调动土壤生产力,以最少的或最节省的投入达到同等收入或更高的收入,并改善环境,高效地利用各类农业资源,取得经济效益和生态效益。

精准农业通过精确计算出庄稼所需化肥、水分、农药等的需要量,就可以极大的节约各种原料的投入,大大降低生产成本,提高土地的收益率,同时十分有利环境保护。精准农业使农业生产由粗放型转向集约型经营,其重要性是使各种原料的使用量达到非常准确的程度,经营可以像工业流程一样连续地进行,从而实现规模化经营。精准农业并不过分强调高产,而主要强调效益。它将农业带入数字和信息时代,是21世纪农业的重要展方向。

109. 什么是"互联网+农业"?

答:简单通俗地说,就是用互联网去改变农业!当然,这种改变将是全方位的,并且是深刻的。"全方位"是指农业的农资采购、生产经营、产品流通、休闲农业、农业服务等农业产业链环节都将受到互联网的影响;"深刻"是指以互联网为主的整套信息通信技术在农业生产要素配置的优化和集成作用以及带来的绩效将是显著的。当然,由于中国"互联网+"发展阶段才刚刚启动,加上农业的产业特性,互联网对农业的改变和影响尚未呈现十分显著和广泛的成效,还需要持续地探索与实践。

110. 什么是水肥一体化技术?

答:广义的水肥一体化是指根据作物需求,对农田水分和养分进行综合调控和一体化管理,以水促肥、以肥调水,实现水肥耦合,全面提升农田水肥利用效率。

狭义的水肥一体化是指灌溉施肥,即将肥料溶解在水中,借助管道灌溉系统，灌溉与施肥同时进行，适时适量地满足作物对水分和养分的需求，实现水肥一体化管理和高效利用。

与传统模式相比，水肥一体化实现了水肥管理的革命性转变，即渠道输水向管道输水转变、浇地向浇庄稼转变、土壤施肥向作物施肥转变、水肥分开向水肥一体转变。因此，有专家指出，水肥一体化技术是发展高产、优质、高效、生态、安全现代农业的重大技术，更是建设“资源节约型、环境友好型”现代农业的“一号技术”。

111. 什么是大豆期货?

答：大豆期货是相对大豆现货而言的。现货市一手交钱一手交货，期货是合同交易，也就是合约的相互转让。大豆期货是以当前的约定价格，在将来的某个特定的时间买进或卖出达到一定数量的合约。合约到期以前，可以买卖合约；到期时，无论大豆价格发生怎样的变化，也必须兑现合约，进行现货交割。这就存在一定的风险。合约具有法律约束力，交易规则由大豆期货交易所制定，规定交割地点数量、价格、地点与质量标准等内容。

通过观察期货市场，人们对未来大豆的供求和价格有一个预期，可以指导大豆生产；也可以在期货市场先行把未来生产的大豆卖出，锁定利润，规避大豆价格波动的风险。

112. 农业PPP项目是啥意思?

答：PPP模式，又称为公私合营模式，即Public Private Partnership，起源于英国的“公共私营合作”的融资机制，是指政府与私人组织为了合作建设基础设施项目，或是为了提供某种公共物品和服务，以特许权协议为基础，彼此之间形成一种伙伴式的合作关系，并通过签署合同来明确双方的权利和义务，最终使合作各方达到比单独行动更为有利的结果。

113. 影响土壤肥力的因素有哪些?

答：土壤水分、养分、空气和温度，称为土壤肥力四大因素。土壤肥力的高低，不只是受每个肥力因素数量的影响，而主要取决于水、肥、气、热之间在一定条件下的协调程度。

114. 土壤有机质有什么作用?

答：土壤有机质能提供作物需要的各种养分。土壤有机质不仅是一种稳定而长效的氮源物质，而且它几乎含有作物和微生物所需要的各种营养元素。大量资料表明，我国主要土壤表土中大约 80%以上的氮、20%~76%的磷以有机态存在。增强土壤的保水保肥能力和缓冲性。腐殖质疏松多孔又是亲水胶体，能吸持大量水分，故能大大提高土壤的保水能力。此外，腐殖质改善了土壤渗透性，可减少水分的蒸发等，为作物提供更多的有效水。改善土壤的物理性质。有机质能使砂土变紧，黏土变松，土壤的保水、透水必性以及通气性都有所改变。同时使土壤耕性也得到改善，耕翻省力，适耕期长，耕作质量也相应地提高。促进土壤微生物和活动。土壤微生物生命活动所需的能量物质和营养物质均直接和间接地来自土壤有机质，并且腐殖质能调节土壤的酸碱反应，促进土壤结构等物理性质的改善，使之有利于微生物的活动。含有机质多的土壤肥力平稳而持久，不易产生作物徒长或脱肥等到现象。促进植物的生理活性。腐殖酸在一定浓度下可促进植物的生理活性。增强作物的抗旱能力；加速种子发芽和养分吸收，从而增加生长速度；提高其对养分的吸收能力，增强根系的发育。减少农药和重金属的污染。腐殖质有助于消除土壤中的农药残毒和重金属污染以及酸性介质中铝、锰、铁（Al、Mn、Fe）的毒性。减少对作物的危害和对土壤的污染。

115. 土壤有机质对大豆产量有什么影响？

答：土壤有机质不仅是全价养分的供给源，而且可以改善土壤的物理性质，提高土壤抗逆能力，在管理水平和技术、经济投入相近的前提下，一定范围内大豆产量与土壤有机质含量呈显著正相关（r=0.9188）。高产大豆地，土壤有机质均在 4%以上。施用有机肥是大豆高产的有效措施，还可缓解大豆连作障碍，田间试验表明，连作 6 年的大豆施有机肥比对照增产 38%，而施等量氮磷肥的仅增产 10%。

116. 增加土壤有机质的途径有哪些？

答：（1）种植绿肥作物。绿肥产量高，有机物质质量分数高（一般为 10%~20%），养分丰富，分解也较快，形成腐殖质较迅速，可不断地更新土壤腐殖质。（2）增施有机肥料。我国农民素有施用有机肥的习惯，而且施用的种类和数量都很多，如：粪尿肥、厩肥、堆肥、绿肥、饼肥、鱼肥等，其中粪尿肥和厩肥是普遍使用的主要有机肥。(3)秸秆还田。秸秆直接还田是增加土壤有机质和提高作物产量的一项有效措施。应该指出,增加有机质的途径虽然有很多,但要因地制宜,灵活应用,才能最大限度地发挥土壤有机质的功效。

117. 什么是节水灌溉?

答:节水灌溉以最低限度的用水量获得最大的产量或收益,也就是最大限度地提高单位灌溉水量的农作物产量和产值的灌溉措施。主要措施有:渠道防渗、低压管灌、喷灌、微灌和灌溉管理制度。

118. 为什么说"锄头底下有火也有水"?

答:"锄头底下有水"是指锄地可以切断土地表层的毛细孔,从而减少水分的蒸发,增加土壤保水能力,所以说"有水"。"锄头底下有火"是指松土有利于土壤通气,可以提高地温,利于庄稼生长!

119. 土壤保水剂有哪些性能及功效?

答:保水剂是一种高吸水性树脂,这类物质含有大量的强吸水基团,结构特异,在树脂内部可产生高渗透缔合作用,并通过基网孔结构吸水,可吸收超过自身重量数百倍至上千倍的纯水,并且这些被贮存在保水剂中的水分,可以被各种农作物、果树、蔬菜、花卉、林木等的根系直接吸收。保水剂以粉末状和颗粒状为主,颜色以白色和淡黄色居多,pH 一般呈中性,但能吸水膨胀,是一种调节水分的极好制剂。它吸水性强、保水力大、释水性好、有效期长,具有抗旱保水、保肥增效、改良土壤、促进作物生长发育、提高出苗率、提高作物品质、增产增收等功效,在农林业抗旱节水中有广泛的应用前景。

120. 测土配方施肥应遵循哪些原则?

答:(1)有机与无机相结合。实施配方施肥必须以有机肥料为基础。土壤有机质是土壤肥沃程度的重要指标。增施有机肥料可以增加土壤有机质含量,改善土壤理化生物性状,提高土壤保水保肥能力,增强土壤微生物的活性,促进化肥利用率的提高。因此,必须坚持多种形式的有机肥料投入,才能够培肥地力,实现农业可持续发展。(2)大量、中量、微量元素配合。各种营养元素的配合是配方施肥的重要内容,随着产量的不断提高,在耕地高度集约利用的情况下，必须进一步强调氮、磷、钾肥的相互配合，并补充必要的中、微量元素，才能获得高产稳产。(3)用地与养地相结合，投入与产出相平衡。要使作物—土壤—肥料形成物质和能量的良性循环，必须坚持用养结合，投入产出相平衡。破坏或消耗了土壤肥力，就意味着降低了农业再生产的能力。

121. 农用肥料登记证种类有哪些?其登记期限有多长?

答:(1)临时登记。经田间试验后，需要进行田间示范试验、试销的肥料产品，生产者应当申请临时登记。(2)正式登记。经田间示范试验、试销可以作为正式商品流通的肥料产品，生产者应当申请正式登记。正式登记证有效期为5年，有效期满6个月前申请续展，续展有效期为5年。(3)备案登记。省级登记的肥料进入外省应由生产者、销售者向销售使用地省级农业行政主管部门申请办理备案登记，其备案登记有效期与该肥料在本省取得的登记证期限一致，因此，外省肥料进入本省，在登记证有效期内，只需备案登记一次。

122. 大豆田施用有机肥对改善土壤有什么作用?

答:(1)提供养分全面。有机肥是一种完全肥料，含有作物所需要的营养成分和各种有益元素，而且养分比例全面，有利于作物吸收。因此，有机肥施得多，有利于土壤养分比例平衡，有利于作物对土壤养分的吸收和利用，不会因多施有机肥而造成土壤某种营养元素大量增加，破坏土壤养分平衡。(2)促进土壤微生物繁育。有机肥料含有大量的有机质，是各种微生物生长繁育的地方。施有机肥能大大促进新开垦土地的熟化进程。另外，有机肥在腐解过程中还能产生各种酚、维生素、酶、生长素等物质，能促进作物根系生长和对养分的吸收。(3)提高土壤保肥保水能力。有机肥料都有较强的阳离子代换能力，可以吸收更多的钾、镁、锌等营养元素，防止淋失，提高土壤保肥能力，尤其是腐熟的有机肥保肥能力更明显。此外，有机肥还具有很强的缓冲能力，可防止因长期施用化肥而引起酸度变化和土壤板结，可提高土壤自身的抗逆性，保证土壤良好的生态环境。(4)减少养分固定，提高养分有效性。有机肥含有许多有机酸、腐殖酸、羟基等物质，它们都具有很强的螯合能力，能与许多金属元素如锰、铝、铁等螯合形成螯合物，可减少锰离子对作物的危害，还可以提高土壤有效态磷的有效性。(5)加速土壤团聚体的形成，改善土壤理化性质。有机-无机团聚体是土壤肥沃的重要指标，它含量越多，土壤物理性质越好，土壤越肥沃，保土、保水、保肥能力越强，通气性能越好，越有利于作物根系生长。

第二部分　大豆栽培技术

123. 什么是优良品种?

答:经过规范的育种、引种程序,通过专家鉴定,种植户在当地经两年以上正规区试和大区示范,种植表现明显优于其他品种的称之为优良品种。优良品种应具备五个条件:(1)适应性广;(2)抗逆性强;(3)熟性好;(4)高产稳产;(5)品质优良。

124. 宁夏大豆生长发育具有哪些优越的自然条件?

答:宁夏引黄灌区光温资源丰富,全年≥10℃活动积温在3 100℃以上,年太阳总辐射能在609 kJ/cm^{2}以上,生理辐射在305 kJ/cm^{2}以上,大豆生育期内平均气温在19℃以上,日照时数在1 600 h左右,日照百分率在60%以上,优越的自然资源非常适合大豆的生长发育。大豆生育期间太阳

表 2-1　大豆生育期区域光热资源

地点	海拔/m	全年			大豆生育期(4—9月)					
		积温/℃	总辐射/kJ·cm^{-2}	生理辐射/kJ·cm^{-2}	总辐射/kJ·cm^{-2}	生理辐射/kJ·cm^{-2}	平均气温/℃	降水量/mm	日照时数/h	日照百分率/%
平罗	1100	3250	609.6	305.0	390.8	194.6	19.74	162.5	1649.4	64.64
银川	1100	3300	608.8	304.8	383.3	191.6	19.84	151.7	1538.6	61.04
同心	1400	3150	623.0	311.5	387.4	193.7	18.95	179.9	1604.7	64.02
固原	1700	2260	562.7	281.4	345.6	172.8	15.9	327.8	1343.2	53.39

注:积温指≥10℃活动积温。

总辐射最高是平罗县区域，同心县区域为次高区；太阳总辐射、生理辐射、日照时数、日照百分率表现为平罗县、同心县最高，平罗县至同心县区域光温资源丰富，该地区包括中宁、永宁、银川、贺兰、平罗、中卫、吴忠、青铜峡的大部分地区，是引黄灌区大豆的主要适宜推广种植区域，也是大豆间作套种的高产高效地区。

125. 宁夏大豆栽培的主要方式有哪些?

答：宁夏大豆主要有春大豆和夏大豆两种栽培方式。种植的主要方法

图 2-1 大豆高产高效示范

图 2-2 玉米间作大豆示范

图 2-3 经果林套种大豆示范

图 2-4 小麦套种大豆示范

图 2-5 西瓜套种大豆示范

图 2-6 马铃薯套种大豆示范

有单种(净作)大豆、套种大豆、间作大豆、夏播大豆和夏播复种大豆。大豆间套种的类型主要有:小麦套种大豆、地膜西瓜套种大豆、马铃薯(地膜)套种大豆、胡麻套种大豆、制种菠菜套种大豆、经果幼林(苹果、葡萄、枸杞)套种大豆、玉米(地膜)间作大豆等方式。

126. **宁夏大豆生产区域的农田土壤肥力水平如何?**

答:引黄灌区土壤为深厚的灌淤土。经对中宁、永宁、平罗、中卫、吴忠、青铜峡和暖泉农场 7 个大豆示范县(市)的土壤养分测定(见表 2–2)。分析结果表明:土壤有机质含量偏低,平均值为 13.9 mg/kg,缺乏所占比例达 87%。土壤碱解氮含量偏低,平均值为 64.4 mg/kg,氮肥利用率不高。对土壤样品中碱解氮含量与有机质含量之间的关系进行相关分析,结果显示两者的相关系数为 0.55,达到显著相关水平,表明有机质含量低是造成氮肥损失的重要原因之一。土壤速效磷含量总体较高,平均值为 34.3 mg/kg,主要是由于磷肥的普遍应用,磷在土壤中的移动性极小,不易损失,未被作物利用的速效磷在土壤中残留累积,从而提高了土壤的磷含量。速效钾含量总体较高,平均值为 206.9 mg/kg。中微量元素钙、镁、硫和硼元素含量较为丰富。

表 2–2 土壤养分测定和分级结果

养分	含量范围 /mg·kg^{-1}	平均值 /mg·kg^{-1}	养分含量范围所占比例/%				
			很丰富	丰富	中等	缺乏	很缺乏
有机质	9.1~19.4	13.9	0	0	0	87.0	13.0
碱解氮	33.3~86.8	64.4	0	0	0	65.2	34.8
速效磷	13.8~62.5	34.3	39.1	47.8	13.0	0	0
速效钾	107~295.7	206.9	69.6	13.0	17.4	0	0

127. **宁夏大豆高产栽培主要采取哪些促控技术措施?**

答:宁夏灌区春大豆栽培主要采取“低密度”“控—促—控”的栽培技术措施;夏播大豆栽培主要采取“早播密植”“促—促—控”的栽培技术措施。

128. **套作大豆与间作大豆、净作大豆有什么区别?**

答:间、混、套作是我国传统农业的精髓,其存在已经有 2000 多年。中国的间作套种历史悠久，创始于汉代，初步发展于魏晋南北朝，持续发展于唐、宋、元，大发展于明、清，近代和现代又有了新发展。间作套种是多熟制种植的重要形式。

套作大豆是指在前季作物生长中期或后期，在其株、行间播种的大豆。用“/”表示套作，如小麦套作大豆，记为“小麦/大豆”。适合在小麦或其他作物收获后还有一段土地空闲时间的地区种植。套作的大豆前作收后有相当长的时间为净作，能集约利用时间和空间；在相同田块和季节上，套作大豆不仅不会降低共生作物的产量，还能与前作一起充分利用空间，更重要的是能延长大豆对生长季节的利用，多收一季，提高了年总产量，是一种集约利用时间和空间的种植方式。

单作是指在同一块田地上在同一生长季内只种植一种作物，也称为净作。

间作大豆是指在同一田地上在同一生长季内，分行或分带相间种植两种或两种以上作物。用“‖”表示间作，如玉米间作大豆，记为“玉米‖大豆”。间作大豆全生育期基本上都要受到共生作物的制约影响，只能集约利用空间。

129. **什么是大豆带状立体复合种植？**

答：大豆带状复合种植技术可在不与高产粮食作物争地的前提下，充分利用生长季节和小气候条件，合理利用了地力、空间和光能，提高了复种指数，获得了增产稳收，实现了丰歉互补。随着配套农机具研发的进展，大豆带状复合种植技术也逐步完善，分别形成了玉米与大豆带状复合种植、能源作物与大豆带状复合种植、经果幼林与大豆带状复合种植以及马铃薯与大豆带状复合种植等技术模式。

增产增效情况：大豆与其他作物带状复合种植模式集成了免耕、秸秆覆盖等技术，并通过播期调节使大豆主要需水期与自然降水期一致，充分利用了自然资源，减轻了旱涝灾害，实现了增产增收。此外，大豆与其他作物带状复合种植模式还有利于减少水土流失，保护生态环境，并通过大豆根瘤固氮，提高了土壤肥力，实现了用地与养地结合，从而提高了土地的利用率，产生了明显的经济效益、社会效益和生态效益。

130. 大豆间作套种有什么增产优势？

答：实现了土地用养结合和农田带状轮作。具有“增加产量”“提高效益”和“培肥地力”三大好处。据研究资料表明，籽粒产量水平 1 500 kg/hm^2 的大豆根瘤固氮菌量为 56.25 kg，约相当于 262.5 kg 的标准氮肥。加之大豆生物产量的农田归还率较高，因而将其纳入套种的两熟制农田生态系统中，发挥其肥田效应，能够有效地实现土地的用养结合和农田的短中期带状轮作。增加了土壤细菌群落的多样性，改善了土壤质量。大豆根瘤固氮有效降低了能源消耗，减少氮气排放，可以增加土壤有机质 5.56%，土壤流失量减少约 10.6%，还使得地表径流量减少了约 85.1%，同时使大豆土壤总氮量提高了约 7.29%，间作套种减少了地面裸露的时间，有利于保持水土。实现了资源集约化利用。间作套种不但兼顾了经济效益、生态效益和社会效益，同时又充分利用了各种农业资源，提高了土地利用率、光能利用率，实现了当地的光、温、水、肥等资源在时间和空间上的集约化利用。有效改善了田间的通风透光条件。增加了作物的抗逆性能，使农田生态系统复杂化，作物群体的抗逆性增强。协作了作物之间的争地矛盾，是对天然生态系统成层性的模拟。

图 2-7　经果林(枸杞)套种大豆

131. 大豆间作套种应注意与哪些作物搭配？

答：间作套种也可称为立体农业，是充分利用种植空间和资源的一种农业生产模式。一般把几种作物同时期播种的叫间作，间作作物的共生期至少占一种作物的全生育期的一半；不同时期播种的叫套种，在前季作物生长后期的株行间播种或移栽后季作物的种植方式也叫套种，套种作物的共生期较短，一般不超过套种作物全生育期的一半。

间作套种的作物，植株应能高矮搭配，这样才有利于通风透光，使阳光能得以充分利用。如玉米与大豆间作、经果幼树与大豆套种等。

间作套种的作物对病虫害要能起到相互制约作用。如玉米间作大豆等。

根系应深浅不一。即深根系作物与浅根系喜光作物搭配，在土壤中各取所需，可以充分利用土壤中的养分和水分，促进作物生长发育，达到降耗增产的目的。如小麦套种大豆、玉米间作大豆、经果幼树与大豆套种。

圆叶形作物宜与尖叶形作物套作，这样可避免互相挡风遮光，提高光能利用率。

主副作物成熟时间要错开，这样晚收的作物在生长后期可充分地吸收养分和光能，促进高产。小麦套种大豆、制种菠菜套种大豆、玉米间作大豆、经果幼树与大豆套种等。

枝叶类型宜一横一纵。株形枝叶横向发展与纵向发展间套作，可形成通风透光的复合群体，达到提高光合作用效益的目的。如小麦套种大豆、玉米间作大豆等。

品种双方要一互一利。也就是要利于双方发育生长、互利共生或有利于一方，但不损害另一方的生长。例如玉米套种大豆，大豆的根瘤菌可为玉米提供氮肥，而玉米分泌的无氮酸类，则是大豆根瘤菌所喜欢的基质。

种植密度要一宽一窄。一种作物种宽行，另一种作物种窄行，这样便于通风，保证增产优势。如小麦套种大豆等。

132. 大豆间作套种要注意哪些技术环节？

答：间套作比例非常重要，比例恰当，边行优势就大，产量就高，运用合理，可获大豆及间套作主要作物双丰收。首先，考虑大豆品种的生育期类型和栽培目的。早熟品种短日性较弱，晚熟品种短日性较强。各地应根据当地的自然条件、耕作制度和栽培目的选择生育期适宜的品种合理搭配。其次，不同大豆品种对土壤肥力和栽培条件适应性不同。土壤肥沃的地方，栽培条件好的地区，可选用耐肥喜水，茎秆粗壮，主茎发达，株高中等，丰产性能好的有限生长习性或亚有限生长习性的品种；土壤肥力较差或干旱地区，宜选用植株高大，繁茂性强，耐瘠耐旱的无限生长习性的品种。同一地区，也要按照土质、地势、肥力、灌溉条件等，选用不同特性的适宜品种，做到因地种植，充分发挥良种的增产作用。再次，采用适宜的配置方式和比例。有行间、带状间、套播等种植方式，行比可以根据作物的主次和生育特点确定,配合适当的栽培技术措施等。

133. 玉米间作大豆带状复合种植为什么会增产增效?

答:玉米间作大豆充分发挥了高秆作物玉米的边行优势、大豆固氮增肥、低碳生产、低本高效的优势,在不影响或很少影响玉米产量的同时增加了大豆种植面积和产量,对保障区域及国家粮食安全方面具有重要意义。

玉米间作大豆是一种在空间上实现种植集约化的栽培方式,最大限度发挥了边行优势,充分利用了大豆玉米的形态、生理差异互补,光能有效利用,提高了土壤养分和水分利用率,从而提高了单位面积的产出效率。玉米间作大豆是一种非均衡集约化种植技术,全程机械化程度高,效益显著,生产实践中,可以根据生产目的选择不同的行比配置进行玉豆间作。掌握了作物的种植密度、行比配置、品种、化控、芽前除草等技术关键,不同作物的增产增收效应能够最大限度地充分发挥。

玉米间作大豆扩大了行距缩小了株距,空间布局发生了变化,土地利用率提高;宽、窄行种植,增加了通风透光空间,提高了光能利用率;较大的种植带间距使玉米100%的植株处于边行,边际效应明显;玉米间作大豆水肥利用优势互补,化肥零增长下养分高效利用,减少了土壤污染和浪费,化肥利用率提高,经济效益增加;紧凑型玉米的耐密潜力被挖掘,耐阴型大豆独特的优势得到了发挥;间作的相互屏障作用减少了病虫害蔓延,危害程度降低;全程机械化程度高,省工省时,技术精简,效益显著。

目前,由于玉米间作大豆技术在生产过程中种植户随意性较大,导致技术到位率低,玉米、大豆协调增产功能未能完全充分有效发挥,因此,在农业产业结构调整提质增效中,实现化肥零增长下养分高效利用,采用"政策扶持、经费保证,优先解决生产应用问题,优先主体模式",加大对玉米大豆间作关键技术的推广应用显得尤为重要。

134. 宁夏灌区玉米间作大豆要抓好哪些关键技术?

答:(1)品种选择技术。大豆品种选择广适应、矮秆、直立、耐遮阴、高产、优质品种。如中黄30、宁黄248等品种。玉米品种选用耐密、抗病、优质、高产品种,如大穗稀植品种沈单16号等或中高秆耐密品种先玉335、郑单958等品种。南部地区应根据当地的气候条件选择适当早熟的大豆、玉米品种。

(2)适期播种技术。当土壤表层5~10 cm地温稳定在10℃以上时播种。播期一般为4月15—25日,用2BMZJ-4玉米大豆一体播种机择期精量播种。

(3)根瘤菌拌种技术。播种前大豆用根瘤菌剂拌种,每10 kg大豆种子拌大豆根瘤菌剂150 ml,随拌随用,阴干即可播种。

图2-8 玉米间作大豆

(4)扩行缩株技术。采用玉豆2:2行比间作配置,宽、窄行种植。关键技术一:扩行距。窄行由生产上的20~40 cm调整为30 cm,宽行由60~80 cm调整为160~170 cm;玉米大豆间距65~70 cm,玉豆间作幅宽190~200 cm。关键技术二:缩株距。玉米株距由生产上的22~30 cm调整为12 cm;大豆播种株距7~10 cm。

(5)合理密植技术。种植密度应视地力水平和品种耐密性确定。一般玉米播种量37.5~45.0 kg/hm^2,大穗稀植品种,如沈单16号等保苗密度75 000~82 500株/hm^2。中高杆耐密品种,如先玉335等保苗密度90 000~97 500株/hm^2。大豆播种量45~60 kg/hm^2,保苗密度150 000株/hm^{2}左右。

(6)芽前除草技术。大豆、玉米同期播种后用乙草胺加适量百草枯及时进行播后芽前药剂封闭灭草。每亩用150~200 ml 50%乙草胺,或100~120 ml 90%乙草胺混50~70 ml 72% 2,4-D丁酯,兑水15~20 L均匀喷雾。

(7)化控防倒技术。间作大豆受玉米遮阴,造成藤蔓或者倒伏,喷施烯效唑能明显改变大豆植株的农艺及产量性状,大豆分枝期喷施100 mg/L+大豆盛花期喷施150 mg/L 5%烯效唑可湿性粉剂的效果最好。

(8)择期收获技术。大豆先于玉米成熟,大豆收获后(9月下旬),再收获玉米(9月底至10月初)。当大豆茎秆呈棕黄色,有90%以上叶片完全脱落、荚中籽粒与荚壁脱离、摇动时有响声，是大豆收获的最佳时期，用4LZ-1.0型大豆联合收割机收获大豆。当玉米苞叶变黄白色、籽粒胚部变硬时及时机械收获玉米。

135. 宁夏玉米间作大豆带状复合种植大豆产量潜力有多大？

答：为探索粮豆双丰收的玉米-大豆带状复合种植新模式，促进粮油增产、农民增收，贯彻落实2013年全国农技推广中心印发《玉米大豆带状复合种植技术集成示范方案》的通知要求，积极响应国家大豆产业技术体系发展玉米大豆带状间作种植模式研究的号召，国家大豆产业技术体系银川综合试验站连续3年在平罗、贺兰、中宁、中卫、青铜峡、固原原州区及彭阳等地开展了玉米-大豆带状复合种植试验示范。2014年9月24日，由全国农技推广中心（汤松研究员为组长）、宁夏农技推广总站、宁夏农林科学院、四川农业大学、河南农业大学、宁夏原种场、宁夏贺兰农技推广中心和宁夏贺兰县农调队的有关专家组成测产专家组，对银川大豆综合试验站宁夏原种场50×666.7 m^2玉米间作大豆带状复合种植核心示范片进行了测产。该示范区玉米品种选用先玉335，大豆品种为中黄30；玉米大豆于4月20日采用国家大豆体系研发的玉豆联合播种机同机播种，两作均采用2:2行比宽窄行种植，两作宽行和窄行分别均为160 cm和30 cm，玉米大豆间距65 cm，每带幅宽190 cm；播后苗前采用乙草胺封闭除草，生长发育中期采用机械中耕除草；大豆分枝期和盛花期喷施0.5 g/L 5%烯效唑可湿粉；参照当地玉米单种模式供给肥水和病虫害防治。

测产专家组详细考察了核心示范区的玉米大豆田间长势，严格按照农业部玉米、大豆测产办法，随机选取3点进行测产，测产面积3.8 m^2/点，每点取2m行长的2行玉米和2行大豆，按产量构成法测产。玉米产量（kg/666.7 m^2）=666.7 m^2有效穗数×穗粒数×千粒重×10^{-6}；大豆产量（kg/666.7 m^2）=666.7 m^2有效株数×株粒数×百粒重×10^{-5}。测产结果显示，玉米666.7 m^2有效穗数3 683穗，平均穗粒数574穗，千粒重370g，平均产量782.2 kg；大豆666.7 m^2有效株数6492株，平均株粒数90粒，百粒重21 g，平均产量122.7 kg。

136. 宁夏春大豆的产量潜力有多大?

答:2015 年 10 月 5—6 日,银川大豆综合试验站邀请国家大豆产业技术体系专家顾问组专家、原中国作物学会大豆专业委员会理事长、中国农业科学院大豆资深专家常汝镇研究员,岗位科学家张磊研究员、张孟臣研究员、刘学义研究员,试验站站长张国宏研究员等 7 位成员组成的大豆产量检测专家组,对银川大豆综合试验站 2015 年开展的春大豆高产田进行了实打实收产量测定。10 月 5 日,专家组对银川大豆试验站在永宁县杨和镇南北全村种植的冀豆 17 高产田进行了实收测产。高产示范面积 10×666.7 m^2,实打实收测产面积 1.046×666.7 m^2,人工收割大豆,现场脱粒,实打实收,去除杂质,称籽粒总重量,用 LDS-LG 绿洲牌谷物水分测定仪测定籽粒水分,最后计算籽粒净干重,用实收籽粒总净重折算单位面积产量。整个检测过程在专家组监督下完成。收获籽粒 377.4 kg,杂质 7.5 kg/100 kg,水分含量 14.0%。去除杂质并按 13.5%水分标准折算后,实打实收 347.0 kg, 折合产量 331.9 kg/666.7 m^2, 创宁夏春大豆单种高产纪录。10 月 6 日,专家组对青铜峡市瞿靖镇友谊村种植大户赵××机械播种与苹果幼树套种的冀豆 17 生产田进行田间产量测定。当年栽植的苹果幼树套种大豆面积 100×666.7 m^2,实打实收测产面积 1.13×666.7 m^2,人工收割大豆,现场脱粒,实打实收,去除杂质,称籽粒总重量,用 LDS-LG 绿洲牌谷物水分测定仪测定籽粒水分,最后计算籽粒净干重,用实收籽粒总净重折算单位面积产量。整个检测过程在专家组监督下完成。收获籽粒 392.5 kg,杂质 9.68 kg/100 kg,水分含量 14.6%。去除杂质并按 13.5%水分标准折算后,实打实收 353.4 kg,折合产量 312.7 kg/666.7 m^2,(包含果树面积在内的大豆实收 666.7 m^2 产量),创宁夏苹果幼树套种大豆高产纪录。

大豆测产专家组一致认为,宁夏大豆高产有得天独厚的自然条件,宁夏春大豆有突破 400 kg/亩的高产潜力。

137. 大豆亩产千斤,靠谱吗?

答:《中国农学通报》(2010-09-26),王曙明、孟凡凡等《大豆高产育种研究进展》报道:美国植物生理学家 Johnson(1982)估计,大豆的产量潜力可达 15 t/hm^2 (即 1 000 kg/666.7 m^2)。

表 2-3　国外大豆超高产纪录

品种	选育单位	年份	地点	产量/$t \cdot hm^{-2}$
94M80	Pioner Hi Bred	2007	Misscuri, USA	10.41
Crows4417	Crow	2004	Misscuri, USA	5.78
94B73	Pioner Hi Bred	2004	Arkansas, USA	5.92
93M90	Pioner Hi Bred	2004	Kentucky, USA	5.90
Stout	USDA	1999	Ohio, USA	6.44
OsaKa	Asgrow	1997	Palazzolo dello, ltaly	6.08
Tatra	Asgrow	1997	Palazzolo dello, ltaly	5.91
A3127	Asgrow	1983	NewJersey, USA	7.94

注：国外大豆高产纪录为 394.67~694.00 kg/666.7 m^2。

表 2-4　2000 年以来我国涌现的小面积高产典型事例

品种	选育单位	年份	地点	产量/$t \cdot hm^{-2}$
中作 XA12938	中国农科院	2015	河南新乡	5.04
中黄 35	中国农科院	2012	新疆石河子	6.32
中黄 35	中国农科院	2009	新疆玛纳斯	5.93
中黄 13	中国农科院	2004	山西襄垣	4.69
南农 88-31	南京农业大学	2002	江苏大丰	3.76
辽 21051	辽宁省农科院	2000	海城	4.91
MN413	安徽省农科院	2000	安徽蒙城	4.73
JN96-2343	济宁市农科所	2000	山东济宁	4.63
浙春 3 号	浙江省农科院	2000	山东钟祥	3.78
新大豆 1 号	新疆农垦科学院	1999	石河子	5.96
诱处 4 号	中国农科院	1994	河南邓州	>4.5（3 年）

大豆高产纪录：美国密苏里州（2007）694.25 kg/666.7 m^2，意大利帕拉佐洛（1997）400 kg/666.7 m^2，日本岡山县（1984）320 kg/666.7 m^2；中国新疆（2010）405.89 kg/666.7 m^2，辽宁省海城（2000）327.35 kg/666.7 m^2，河北省蒿

城区（2016）332.1 kg/666.7 m^2，河南邓州（1994）325.35 kg/666.7 m^2。这些高产纪录是大豆专家学者亲临现场实打验收的结果，可信靠谱！大豆高产潜力，让我们看到了创高产曙光！

密苏里州位于美国中西部，气候温和湿润，年平均气温约为 13℃。1 月份气温在零下-0.6℃，7 月份气温是 25℃。年降水量 1 355~1 420 mm。土壤有机质 3.5%。一年一作，小麦或玉米或大豆。

新疆石河子市位于中国西北边陲，属温带大陆性气候。冬季长而严寒，夏季短而炎热。气温日较差较大，有“早穿皮袄午穿纱，围着火炉吃西瓜”之说。日照时间充足，降水量少，气候干燥。年日照时数为 2 721~2 818 h，≥10℃活动积温为 4 023~4 118℃，年降水量为 125.0~207.7 mm。最低气温出现在 1 月，气温-18.6~-15.5℃。最高气温出现在 7 月，气温 25.1~26.1℃。无霜期为 168~171 d，一年一作。

黄淮海地区属暖温带半湿润半干旱气候。特点是春旱夏涝，雨热同季。年气温 10~14℃，≥10℃活动积温 3 800~4 700℃，年降水量 500~800 mm。无霜期 170~240 d，一年两作，秋播小麦，夏种玉米或大豆。上等田地有机质含量 1.3%左右。

美国密苏里州大豆高产纪录 694 kg/666.7 m^2 以上，有其得天独厚的光温水土资源支撑。在中国还没有达到 500 kg/666.7 m^2 的先例，甚至说还有慢慢长路要探索前行。新疆石河子市大豆高产纪录 400 kg/666.7 m^2 以上，与其日照时间长，昼夜温差大有关联。在黄淮海地区还没有超过 400 kg/666.7 m^2 的先例，超过 300 kg/666.7 m^2 也不是很容易的事！

138. 大豆一生要经历哪几个发育阶段？

答：大豆的一生指的是从种子萌发开始，经历种子萌发、出苗、幼苗生长、分枝、开花、结荚、鼓粒、成熟等过程。

139. 大豆的物候期是如何划分的？

答：播种期　播种当天的日期。

出苗期　幼苗子叶出土达 50%的日期。

开花期　开花的株数达 50%的日期。

结荚期　幼荚长度在 2 cm 以上的株数达 50%的日期。

鼓粒期　豆荚放扁，籽粒较明显凸起的植株达50%的日期。

成熟期　全株有95%的荚变为成熟颜色，摇动时有响声的植株达50%的日期。

140. **栽培大豆按照生育期分几类?**

答:栽培大豆以生育期分类为主。中国将北纬22°~50°地区内有代表性的品种，按其生育期长短，以10 d为一级，从最早熟到最晚熟分为12级。各型内按大豆的种皮色、按当地的实际生长日数和种粒大、中、小等分为不同的群。各群再按有限、亚有限或无限结荚习性、灰毛或棕毛、紫花或白花等性状，分成不同的类型。

141. **大豆具有哪些典型的植物学特征?**

答:大豆属直根系作物，有主、侧根之分，胚根发育成主根，根长可达100 cm左右。大豆的根系由主根、侧根、根毛组成，大豆根系呈钟罩状分布，主、侧根上结有根瘤。种子萌动后，自株孔伸出来的胚根发育成为圆锥形的主根、侧根、根毛，构成发达的直根系。大豆根系发达，80%的根系集中在5~20 cm土层内，主根在10 cm以内比较粗壮，越往下越细，入土深度60~80 cm，最深100 cm。在地表至20 cm左右的土中根部着生有根瘤，根瘤菌可供大豆生长需氮量的1/3~1/2。

图2-9　大豆植物学特征

大豆主茎高60~100 cm，主茎有12~20个节。大豆叶片有子叶、单叶、复叶之分。子叶，对生，出土后见光变为绿色，能进行光合作用，幼苗生长初期的养分主要靠两片子叶供给，养分耗尽后萎黄脱落。叶片的形状可分为椭圆形、卵圆形、披针形和心脏形。豆荚着生于节上。大豆叶为三出复叶。大豆是一种典型的自花授粉，闭花受精作物，自然杂交率很低。大豆的花序属于总状花序，着生于叶腋间或植株顶部。大豆荚是由胚珠受精后的子房发育而成的果实——荚果。豆荚形状分直形、弯镰刀形及弯曲程度不同的中间形，大多数品种为弯镰刀形。荚果呈黄、黑、褐色。大豆的种子是由子房中受精的胚珠发育而来，由种皮和胚两部分组成。

大豆种子形状有：圆形、椭圆形、扁椭圆形、长椭圆形、肾状形等，栽培种多为圆或椭圆。种皮颜色有：黄、青、褐、黑及双色等。

142. **如何选择大豆优良品种？**

答：适合的就是好的。根据当地的生育日数及生态类型，选择品质优良、高产、抗逆性、稳产性强的审定品种，其中抗逆性、稳产性强 非常重要。大豆对光温反映比较敏感，生态类型复杂，一般适应区较小，所以不要跨区域引种，不要迷信所谓的外国品种，外地品种。

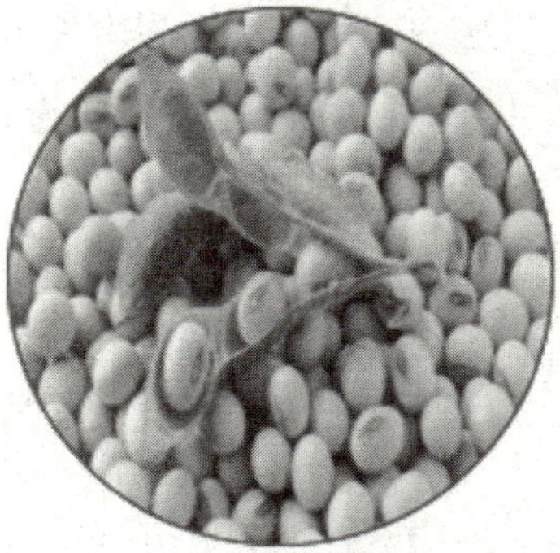

图 2-10 大豆种子

要选择正式审定的品种。我国有严格的品种审定制度，审定品种经过国家严格的试验和审查，审定品种在市场上都有和审定证书相一致的种子说明书，有审定号并注明适应区域，所以选择这些品种比较有保障。购买时要仔细阅读包装内附带的产品说明书，看种子外观品质是否符合说明书上的种子标准。

同时，市场上经常出现“××王”“×豆王”“赛××”“千斤×”“卫星××”“太空××”等等大豆品种，一般来说这些都是伪劣种子，不仅没经过种子管理部门的审定，本身产量、抗性方面都存在严重缺陷或不足，往往会给农户造成严重损失。

夸大宣传的种子不能选。对于宣传上动辄上千上万斤的单产不可轻信，甚至可以认为是虚假宣传。

更换种子、更新品种。大豆品种虽然可以自己留种，但也存在退化、混杂等问题，所以农民至少应该两年购一次良种，三至五年更新一次品种。即便是个人留种，不同村、不同地块的同一品种交换一下用种，也对防止病、虫、草害，提高产量有一定的益处。

特殊品种。市场上有时有大粒豆（有黄色、黑色和绿色之分，主要用于青食、菜用和加工）、小粒豆（芽豆）、黑大豆（医药或保健）种子出售，这些特殊品种一般市场用量相对较小，且有固定和特殊的收购销售渠道，如果没有经过公正的回收合同或订单不宜盲目种植，以免引起不必要的损失。

143. 不同的播种方式对大豆播种质量有什么要求？

答：大豆播种可分为传统播种、少耕播种和免耕播种。按播种量和播种方式可分为耧播、穴播和条播。“七分种、三分管”可见播种质量的好坏直接影响到了大豆出苗率的高低，进而影响到秋天收获的大豆产量。大豆播种深度适宜，覆土均匀，有利于苗全、苗齐、苗壮；大豆播种深度主要根据土壤墒情和土壤质地来决定，播种深浅保持一致，可以提高群体整齐度，有利于均衡生长，发挥群体生育的优势。

144. 什么是免耕播种？

答：免耕即在免耕生产系统中除播种或肥料外，不再扰动土壤的耕作。施肥可与播种同时进行，也可以在播前或出苗后进行，可施入土壤中，也可以撒施于地表。不进行机械除草和中耕，收获后作物残留物留在地表防治土壤侵蚀。

图 2–11　免耕播种机械

在有作物残留物覆盖的未扰动土壤上，直接用免耕播种机开沟播种，覆土镇压，一次完成作业。这种播种方式是免耕生产系统中对土壤扰动最小的耕作方式。适合多种土壤和作物生产，如大豆、小麦和玉米等。

145. 什么是土壤墒情？

答：墒，指土壤适宜植物生长发育的湿度。墒情，指土壤湿度的情况。土壤湿度是土壤的干湿程度，即土壤的实际含水量，可用土壤含水量占烘干土重的百分数表示：土壤含水量=水分重/烘干土重×100%。也可以土壤含水量相当于田间持水量的百分比，或相对于饱和水量的百分比等相对含水量表示。

146. 如何造墒播种？

答：墒就是土地中的湿度。当干旱的时候，墒情不足，一种是等下雨了再播种；另一种就是浇水播种，人工浇水增加土壤湿度适时播种的方法就叫造墒播种。

147. 大豆发芽应具备哪些条件？

答：大豆种子在一定温度、水分、氧气的条件下才能发芽。当日平均温度达6℃时，大豆即可萌动发芽，但是生长极为缓慢。大豆种子发芽最适温度为20~22℃。大豆种子一般需要吸收等于种子本身重量1.2~1.5倍水分时，才能发芽。

宁夏春季比较干旱，大豆播种前应注意整地质量，使土壤平坦疏松，适时播种并掌握适当播种深度，使土壤有足够的水分，以利于种子发芽出苗。春大豆从播种到出苗一般需要10~15 d，夏大豆需要4~6 d。

148. 大豆生长发育各个阶段有什么特点？

答：(1)萌发期。指种子萌发到幼苗出土，春大豆10~15 d，夏大豆4~6 d。大豆萌发期需要适当的温度和适宜的土壤水分，要求播种前做好种子处理，提高整地质量，适时播种，保证大田土壤疏松，既要防止土壤水分过多、透性差，延缓种子出苗甚至种子腐烂，又要防止土壤墒情太差，影响种子萌发、霉变。

(2)幼苗期。指幼苗出土到花芽分化阶段，需要日平均气温20℃以上，19%~20%土壤水分，栽培上要促控结合，使幼苗节间短，茎秆粗壮，叶片肥厚，根系发达，全苗壮苗。

(3)花芽分化期。指花芽分化到始花期，一般历时25~30 d，是大豆生长发育最旺盛时期，需要及时供应养分、水分，及时中耕结合追肥和灌溉，促进根、茎、叶生长和花芽分化。

(4)开花期。指始花到终花，由于品种不同，需历时18~40 d不等。此期是营养生长、生殖生长旺盛时期，白天气温22~29℃，夜间气温18~24℃，空气相对湿度74%~80%，需要大量养分、水分，要求保持良好的肥、水供应。

(5)结荚鼓粒期：指终花期到黄叶期，这一阶段生殖生长占主导地位，营养物质开始转入籽粒和荚皮，要求加强后期田间管理，防止落荚、瘪荚、瘪粒。

(6)成熟期。指黄叶开始到完熟期，这时大豆生育延缓，最后停止。种子归圆,水分减少,逐渐变硬,出现品种固有的籽粒形状和色泽。

149. 大豆光周期反映的特性在引种上有什么重要作用?

答:在一昼夜的光照与黑暗交替中,大豆要求有较长的黑暗和较短的光照时间。具备这种条件就能提早开花,否则生育期变长。大豆对长黑暗、短日照条件的要求,只在大豆生长发育的一定时期有此反应,即当大豆的第一片复叶出现时,开始光周期特性反应,这种反应达到满足的标志,是花萼原基开始出现,此后即使放在长光照条件下大豆也能开花结实。大豆光周期反应的这一特性,在大豆引种时应特别注意。品种所处的纬度不同,对日照反应也不同。高纬度地区品种生长在日照较长的环境下,对日照反应不是很敏感,属中晚熟品种。因此,由北向南引种会加速成熟,半蔓型的会变直立,植株变矮,结实减少。相反由南向北引种,会延长生育期,植株变得高大,所以南北不宜大幅度引种。

150. 每生产 100 kg 大豆籽粒需要从土壤中吸收多少氮、磷、钾(N、P、K)?

答:每生产 100 kg 大豆籽实需要从土壤中吸收氮 7.10 kg、磷 0.70 kg、钾 1.45 kg、钙 2.30 kg、镁 1.00 kg、硫 0.67 kg、铁 0.04 kg 以及少量的硼、锰、钼、锌、铜等。实现大豆高产只靠土壤提供的养分是不够的,需要施肥来补充,大豆一生对氮的吸收规律是少—多—少,对磷的吸收是多—少—多,对钾的吸收是前期多,以后逐渐减少。

151. 大豆所需氮素主要来源于哪里?

答:大豆所需氮素较多,一是来自土壤,二是来源于肥料中所含的氮素,三是来自根瘤菌的共生固氮。后者大约能满足高产大豆所需氮素的1/2~2/3。

152. 大豆一生需要多少水?什么时间需水最多?什么时间对水分最敏感?

答:大豆全生育期的需水量,根据大豆需水量试验结果,大豆产量在187.2~209.4 kg/666.7 m^2,相应需水量为 442.8~467.3 mm,可见大豆一生需水量还是比较多的。随着气象因素的变化和大豆产量的变化,需水量在年际也有一定差别。

大豆各生育阶段对水的需求是不相同的,需水量和需水强度随植株生长发育进程和气象因素变化而变化，表现为前期小、中期大、后期小的规律。这一变化过程年际间都是类似的。

大豆生育前期（5—6 月份），即从播种、出苗到分枝期，大豆需水量约占总需水量的 30%，平均日需水强度为 2.6 mm。其中 5 月份（播种—出苗）需水量占总需水量 10%，日需水强度 1.96 mm；6 月份（出苗—分枝）需水量占总需水量的 20%，日需水强度平均为 3.08 mm，随植株的生长对水的需求逐渐增加。

大豆生育中期（7—8 月下旬），即从分枝、开花、结荚到鼓粒期，大豆阶段需水量达到最大值，占总需水量的 55%以上，平均日需水强度在 4.45 mm。其中 7 月份（分枝、开花、结荚）需水量占总需水量 34.8%，日需水量平均为 5.11 mm。特别是开花至结荚期是大豆一生中需水的关键期，日需水量最大可达 7.0 mm；8 月份（结荚—鼓粒）需水量占总需水量的 25.8%，日需水强度为 3.79 mm，也是大豆需水的重要时期。

大豆生育后期（8 月下旬至 9 月下旬），即从鼓粒到成熟期，大豆需水有所减少，需水量占总需水量的 15%，日平均需水强度 3.0 mm 左右。大豆种需水过程及需水规律是其本身生物学特性和气候因素共同决定的，了解大豆的需水，对于制定合理的灌排措施，提高大豆产量有重要意义。

153. 大豆栽培对土壤环境有什么要求？

答：大豆生长发育对土壤要求不严格，除了沼泽地、盐碱地之外，土层深厚、有机质丰富，灌排良好，保水力强，pH 6.8~7.5 的土壤种植大豆均适宜。沙土地种植大豆，只要重视肥水管理也能获得增产。

154. 大豆生长发育对水分有什么要求？

答：大豆需水较多，每形成 1 g 干物质，需耗水 600~1 000 g。大豆对水分的要求在不同生育期是不同的。种子萌发时要求土壤有较多的水分，满足种子吸水膨胀萌芽之需，这时吸收的水分，相当于种子风干重量的 120%~140%。适宜的土壤最大持水量为 50%~60%，土壤最大持水量低于 45%，种子虽然能发芽，但出苗很困难。一般大粒种子需水较多，适宜在雨量充沛、土壤湿润地区栽培；小粒种子需水较少，多在干旱地区种植。大豆幼苗时期地上部生长缓慢，根系生长较快，如果土壤水分偏多，根系入土则浅，根量也少，不利形成强大根系。从初花到盛花期，大豆植株生长最快，需水量增大。初花期受旱，营养体生长受影响，开花结荚数减少，落花、落荚数增多。从结荚到鼓粒时仍需较多的水分，否则会造成幼荚脱落和秕粒、秕荚。农谚有“大豆干花湿荚，亩收石八；干荚湿花，有秆无瓜。”说明水分在大豆花荚、鼓粒期是十分重要的环境因素。大豆成熟前要求的水分较少，气温高，阳光充足能促进大豆子粒充实饱满。

表 2–5　大豆不同生育阶段的需水量

单位：%

生育阶段	阶段需水量占总需水量的百分比	土壤适宜水分含量（占土壤最大持水量的百分比）
播种至分枝	9	60~65
分枝至始花	7	60~70
始花至结荚	35	75~80
结荚至鼓粒	32	60~65
鼓粒至成熟	17	60~65

155. 大豆生长发育对光照有什么要求?

答：大豆是短日照作物，日照范围 9~18 h，短日照能促进花芽分化，提早开花成熟，大豆长出第一片复叶时，对光照就起反应，一般幼苗通过 5~12 d 短日照即可完成光照阶段。大豆是喜光作物，对光照条件好坏反应较为敏感。由于大豆花荚分布在植株上下部，因此上下部各位置叶片都要求得到充足的阳光，以利于叶片进行光合作用，以便将有机养分输送到各部位花荚。所以，栽培过程中要保证大豆群体生长植株透光良好，每层叶片都能得到较好的光照条件，进行光合作用，才能有效地提高产量。

大豆是典型的短日照作物，在一昼夜的光照与黑暗交替中，大豆要求有较长的黑暗和较短的光照时间。具备这种条件就能提早开花，否则生育期变长。由于大豆长期适应了各地的光照条件，大豆短日性反应有较大的差异，南方大豆品种短日性较强，北方大豆品种对日照反应不敏感，引种上应特别注意。

156. 大豆生长发育对土壤养分有什么要求？

答：大豆对土壤适应能力较强，几乎所有的土壤均可以生长，对土壤的酸碱度适应范围（pH）在 6.0~7.5，以排水良好、有机质含量高、土层深厚、保水性强的壤土最为适宜。大豆在田间生长条件下，每生产 50 kg 籽粒，需吸收氮素 3.6 kg，磷 0.60~0.75 kg，氧化钾 1.25 kg。大豆不同阶段吸收养分的速度和数量与干物质积累相适应。初花期到鼓粒期的 50 多天中，大豆一直保持较高的吸收养分能力。从分枝期到鼓粒期吸收氮素占全生育期吸氮总量的 95%，每日吸收氮量以盛花期到结荚期为最高。这个时期吸收磷也是最多，达全生育期吸收磷总量的 1/3，其次吸磷多的时期是苗期和分枝期，占总量的 1/4。因此在大豆栽培中除了播种前在土壤中增施磷肥外，在生育期间叶面喷磷肥，增产效果很明显。对氮肥的供给则应以有机肥作底肥，并在始花期（大豆吸氮高峰开始时期）追施氮肥，增产效果显著。

157. 大豆生长发育对环境温度有什么要求？

答：大豆是喜温作物，各生长发育阶段对温度都有不同要求。首先，种子萌发对温度很敏感，发芽最低温度为 6℃，出苗为 8~10℃，幼苗在–4℃低温则受轻微冻害。在整个生育期间，大豆适宜的生长温度为日气温 20~25℃，其中幼苗适宜生长温度为 20~22℃，花芽分化期为 21~23℃，开花期为 22~25℃，结荚鼓粒期为 21~23℃，成熟期为 19~20℃，整个生育期所需积温，一般要求 2 400~3 800℃。

表 2–6　大豆在各生育时期需要的温度

单位：℃

生育时期	低温	满足温度	适温
萌发期	6~7	12~14	20~22
幼苗期	8~10	15~18	20~22
花芽分化期	16~17	18~19	21~23
开花期	17~18	19~20	22~25
结荚鼓粒期	13~14	18~19	21~23
成熟期	8~9	14~16	19~20

158. 大豆幼苗生长期有什么特点?

答:大豆种子发芽时,子叶带着幼芽露出地表,子叶出土后即展开,经阳光照射由黄转绿,开始光合作用。胚芽继续生长,第一对单叶展开,这时幼苗具有两个节和一个节间。在生产中大豆第一个节间的长短,是一个重要的形态指标。植株过密,土壤湿度过大,往往第一节间过长,茎秆细,苗弱发育不良。如遇这种情况应及早间苗、破土散墒,防止幼苗徒长。当第一复叶出现时,称为三叶期;当第二复叶展平时,大豆已开始进入花芽分化期。所以在大豆第一对单叶出现到第二复叶展平这段时间里,必须抓紧时间及时间苗、定苗,促进苗全、苗壮、根系发达,防治病虫害,为大豆丰产打好基础。

图 2-12　大豆苗期长势

159. 大豆花芽分化期有什么特点?

答:大豆出苗后 25~35 d 开始花芽分化,复叶出现 2~3 片之后,主茎基部的第一、第二节首先有枝芽分化,条件适宜就形成分枝,上部腋芽成为花芽。花芽分化期,植株生长快,叶片数迅速增加,植株高度可达成株的 1/2,主茎变粗,分枝形成,根系继续扩大。营养生长越来越旺盛,同时大量花器不断分化和形成,所以这个时期要注意协调营养生长和生殖生长,达到营养生长壮而不旺,花芽分化多,植株健壮不矮小。

图 2-13　大豆花(紫花、白花)及花序

160. 大豆开花结荚期有什么特点？

答：一般大豆品种从花芽开始分化到开花需要 25~30 d。大豆开花日数（从第一朵花开放开始到最后一朵花开放终了的日数）因品种和气候条件而有很大变化，从 18~40 d 不等，有的可达 70 d 左右。有限开花结荚习性的品种，花期短；无限开花结荚习性的品种，花期长。温度对开花也有很大影响，大豆开花的适宜温度在 25~28℃，29℃以上开花受到限制。空气湿度过大、过小均不利开花。土壤湿度小，供水不足，开花受到抑制。当土壤湿度达到田间待水量的 70%~80%时开花较多。大豆从开始开花到豆荚出现是大豆植株生长最旺盛的时期。这个时期大豆干物质积累达到高峰，有机养分在供茎叶生长的同时，又要供给花荚需要。因此需要土壤水分充足、光照条件好，才能保证养分的正常运输，才能促进花芽分化多，花多，成荚多，减少花荚脱落，这是大豆高产中的最重要因素。

161. 大豆鼓粒成熟期有什么特点？

答：大豆鼓粒期种子重量每天可增加 6~7 mg。种子中的粗脂肪、蛋白质及糖类随种子增重不断增加。鼓粒开始时种子中的水分可达 90%，随着干物质不断增加，水分很快下降。干物质积累达到最大值以后，种子中水分降到 20%以下，种子接近成熟状态，粒型变圆。鼓粒到成熟阶段是大豆产量形成的重要时期，这个时期发育是否正常，影响到荚粒数的多少和百粒重的高低。大豆籽粒正常发育的保证来源于两个方面：一是靠植株本身贮藏物质丰富及运输正常，叶片光合产物的供给；二是靠充足的水分供给。这是促使籽粒发育良好，提高产量的重要条件。

162. 大豆结荚具有什么特殊习性？

答：根据大豆的开花顺序、开花时间、花荚分布、着生状态等特性，可将大豆的结荚习性分为三种类型：有无限结荚习性、亚有限结荚习性和有限结荚习性。

163. 大豆有限结荚习性具有什么特征？

答：具有有限结荚习性的品种，一般主茎较为发达，植株不高，茎秆粗壮，节间短，株型紧凑，不易倒伏。花梗长，豆荚多集中在主茎上，主茎和分枝顶端有一大花簇，生长到接近成株高度时，顶端花簇出现，茎的生长终结。一般出苗后50~60 d开花,始花晚,花期短。耐湿耐肥,在雨水充足、土壤肥沃地区栽培不易倒伏,但在气候干旱或瘠薄地区栽培生长不良,产量不高。这种类型的大豆,营养生长和生殖生长并进的时间较短。

164. 大豆的亚有限结荚习性具有什么特征?

答:具有亚有限结荚习性的品种介于有限和无限类型之间,除主茎和分枝顶端有较多的花和荚之外,其他性状更接近于无限结荚习性类型。在多雨、高温、肥足、密度大的情况下,上部节间延长,顶端着生1~2个小荚,表现出无限结荚习性的特征;在稀植肥水较适宜的情况下,由于个体得到充分发育,顶端结荚成簇,又表现出近似有限结荚习性的特征。

165. 大豆无限结荚习性具有什么特征?

答:具有无限结荚习性的品种,其植株高大、茎顶尖削,节间较长、叶片越往上越小,花梗长、结荚分散,每株荚数以中下部较多,往上逐渐减少,主茎和分枝顶端只有一个小荚,不生花簇,只要环境条件适宜,顶端生长点就可继续无限生长。一般出苗后30~40 d开始开花,始花早,花期长。耐旱耐瘠,适宜在旱地或水肥条件较差地区栽培。高肥地、雨水多易徒长倒伏而减产。

图2-14 无限结荚习性

图2-15 有限结荚习性

166. 宁夏大豆什么时候播种比较适宜?

答:大豆播种的早晚对产量和品质影响非常大。“晚春播,早夏播”。春大豆播种过早、过晚,对大豆生长发育均不利。播种过早,由于土壤温度低,发芽迟缓,易发生烂种现象;播种过晚,出苗虽快,但苗不健壮,如果墒情差，则出苗不齐。适时播种，保苗率高，出苗整齐、健壮，生育良好，茎秆粗壮。播种晚熟品种易遭早霜危害，有贪青晚熟减产的危险。

地温与土壤水分是决定春播大豆适宜播种期的两个主要因素。一般认为，春播大豆应在土壤 5~10 cm 深的土层内，地温稳定在 8~10℃时，土壤含水量 20%左右，播种较为适宜。所以，宁夏灌区春大豆适宜的播种期在 4 月下旬至 5 月上旬播种，宁夏南部地区播种稍晚。

“春争日，夏争时”宁夏灌区夏播大豆由于生长季节较短，适期早播很重要。一般在 7 月 16 日前播种结束为宜，最晚不能迟于 7 月 20 日。

167. 宁夏春播大豆栽培应注意哪些技术环节？

答：适期早播。播种时间为 4 月中下旬至 5 月初，播种量 4~6 kg/666.7 m^2，播深 4~5 cm，等行距播种，播种行距 50~60 cm，株距 10~12 cm。播种前每千克大豆种子拌大豆根瘤菌剂 15 ml，随拌随用，阴干即可播种。大豆种子要播在湿土上踩实，确保出苗整齐一致。

图 2-16　大豆种植行距

合理密植。同一品种在肥水条件较好时，密度宜小；肥水条件差时，密度宜大。一般分枝多的品种，留苗密度小一些，反之，株型紧凑，分枝少，以主茎结荚为主的品种，留苗密度大一些。一般保苗 1.2 万~1.5 万株/666.7 m^2。

酌情追肥。有机肥结合播前整地施入，氮肥分期施用或施用缓释氮肥，增施磷肥、补施钾肥。大豆开花初期应根据田间长势长相适时、适量追施尿素 5~10 kg/666.7 m^2。

花前控旺。大豆初花前及分枝期每亩喷施 5%烯效唑可湿性粉剂 100 mg/L+大豆盛花期喷施 5%烯效唑可湿性粉剂 150 mg/L 化控防倒。

药剂除草。播后芽前进行土壤封闭除草，每亩用 50%乙草胺 100~150 ml，兑水 30 kg 喷雾；亦可在豆苗 1~3 片复叶期，各类杂草 3~5 叶期，每亩选用 15%精禾草克 75 ml 加 25%虎威 50~60 ml，兑水 50 L 茎叶喷雾。

防治虫害。地下害虫发生严重的地块,可选用毒死蜱等颗粒剂随播种前机械整地施入防治蛴螬、地老虎等地下害虫;大豆苗期及中后期注意选用吡虫啉、有机磷类、菊酯类及阿维菌素等农药,及时防治大豆红蜘蛛、蚜虫、豆荚螟和大豆食心虫等害虫。

168. 宁夏怎样种好夏播大豆?

答:选用良种。目前宁夏夏播大豆品种推荐:垦丰 22、垦豆 25 等。

精选种子。除去小粒、杂粒、病虫粒和破碎粒。要求种子发芽率 90%以上,播种前用大豆根瘤菌拌种,随拌随用,阴干后即可播种。

抢时播种。一般为 6 月 20 至 7 月 16 日,最迟不得晚于 7 月 20 日。采用机机械播种,应根据种子大小确定播量。

种植规格。种植行距 30~35 cm,株距 6~8 cm。每亩留有效株数 3.0 万~3.5 万株。

及时追肥。一般在分枝、初花期每亩施尿素 5~8 kg 或磷酸二铵 10 kg。也可根外喷施磷酸二氢钾。

病虫防治。7 月中下旬、8 月初及时防治大豆红蜘蛛等害虫。

药剂杂草。播后及时进行苗前化学除草。出苗后及时进行茎叶化学药剂除草。

图 2–17　夏播大豆苗期

图 2–18　夏播大豆鼓粒成熟期

169. 土壤保肥性和供肥性与大豆施肥有什么关系?

答:土壤保肥性是指土壤对养分吸收和保蓄能力。土壤供肥性是指土壤释放和供给植物养分的能力。好的土壤应该是保肥和供肥协调,能随时满足作物对养分的需求。质地黏重、有机质含量较多的土壤，保肥性能好，施入的肥料不易流失，但供肥慢，施肥后，见效也慢；砂性大、有机质含量少的土壤，施入的硫酸铵、尿素等速效肥料容易随雨水或灌溉水流失，这样的土壤“发小苗，不发老苗”，虽然供肥性能好，但无后劲，作物产量也不高。

因此，大豆施肥时要针对不同的土壤，施肥措施也有所差异。对于保肥性差、有机质含量少的土壤，除基肥中多施有机肥料外，施用化肥要“少量多次”，以免一次施肥过量引起“烧苗”和养分流失，并防止后期脱肥引起早衰。对保肥性能好的黏土或有机质含量多的土壤，因保肥性好，化肥一次用量可多一些，也不会造成“烧苗”和养分流失。但这样的土壤“发老苗，不发小苗”。在大豆生长前期，要采用种肥或提早追肥，以促进早期生长，到了生长中后期要控制化肥，尤其是氮肥用量，以免引起徒长，造成减产。

170. 大豆播种前需要做好哪些预备工作？

答：(1)整地。播前整地包括播前进行的土壤耕作及耙、耱、镇压等。由于采用了不同的整地技术，因此，播前整地工作也有所不同。如平翻、垄作、耙茬、深松等。(2)灌溉。对于墒情较差的田间地块，有灌溉条件的，可以在播前 1~2 d 灌 1 次“跑马水”，浸湿土壤即可，以利播后种子发芽。(3)封闭除草。播前采用机械喷施除草剂，进行大田封闭除草。氟乐灵、拉索等除草剂可在播前进行土壤喷雾。用氟乐灵可有效防除 1 年生禾本科杂草和某些 1 年生阔叶草。一般在播前每亩施浓度 48%的氟乐灵 135 g 加水 15 L，用喷雾器作土壤表面喷雾。

171. 春大豆良种具有哪些特点？

答：春大豆良种应具有以下三个特点：

一是根系发达，根瘤多，具有较强的固氮能力；二是茎秆粗壮，分枝力强，一般单株要有 3 个和 3 个以上的分枝；三是主茎结荚要集中，分枝结荚要多，三粒荚比例大。这样的品种单株生长强壮，群体稳健协调，能获得较高产量。

172. 如何选用大豆优良品种？

答：在一定的自然条件、耕作栽培条件及人们的选择下，形成了丰富的大豆品种类型。每一品种都有一定的特点和适应性。例如,喜肥水、茎秆粗壮的有限或亚有限结荚习性、主茎发达的大粒种与植株高大、繁茂性强的中小粒种,宜种在高肥水的优良栽培条件下;无限结荚品种,适宜种在瘠薄干旱地块。两者对调种植,都会引起产量下降,限制在各自的生产条件下才能发挥其丰产性能。可见,大豆的优良品种没有一个统一的标准模式。在栽培地区,能够充分发挥其丰产性能的品种,就称为优良品种。

大豆品种具体选用上,首先应着重考虑大豆的生育期、结荚习性、粒大小、种皮色和茸毛色、抗病虫特性等生态性状。

生育期。大豆品种生育期长短,是由光、温反应特性决定的。它关系到一年一熟春大豆区的品种能否适应一个地区的无霜期及是否能在霜前正常成熟。对于夏大豆,生育期选用必须考虑夏播复种的条件要求。宁夏春大豆 4 月底至 5 月上旬播种,9 月下旬至 10 月初收获, 选用生育日数 130~135 d 的中晚熟品种。夏大豆宜选用生育日数 90~110 d 的早熟或极早熟品种。一般要求 7 月 15 日前结束播种,10 月初收获。

结荚习性。不同结荚习性的大豆品种对土壤肥力等栽培条件适应能力不同。有限结荚习性的品种茎秆粗壮、节间短,株高中等,在肥水充足条件下,结荚多,粒大饱满,丰产性能高,适合在肥水充足、土壤肥沃的地区种植;无限结荚习性品种,对肥、水要求不太严格,即使种在瘠薄地区,仍能获得一定的产量。亚有限结荚习性品种对肥水条件的要求介于前两者之间。亚有限结荚习性品种中,株高中等、主茎发达的品种,适合于较肥沃地种植;植株高大,繁茂性强的,则适宜于瘠薄地种植。

粒形与粒大小。大豆品种粒形与粒大小对土壤肥力和栽培条件适应能力不同。大粒种要求土壤肥沃,水分充足。椭圆、扁椭圆、种粒小的品种,较能适应不良的环境条件,性状愈接近野生大豆,其品种抗性愈强。

种皮、种脐色及茸毛色。种皮、种脐色及茸毛色,是代表大豆进化程度的一个指标。种皮、种脐色及茸毛色深是大豆较为原始的类型,种皮色有黄、青、黑等。

农艺农机融合。选用大豆品种,除考虑以上生态性状外,还要适应耕作栽培条件。如大豆机械化栽培,应选用植株高大、秆强不倒、主茎发达、株型紧凑、结荚部位高、不易裂荚、落粒的品种，以利于机械收割和脱粒。

173. **怎样进行大豆种子质量测定和发芽试验?**

答:经过精选的种子在播种前应测定粒重和做发芽率试验。这两项工作是计算播种量的依据。将经过精选的种子，随机取样3份，每份随机抽出100粒种子，各自称重并求出平均数，即为该品种的百粒重。其单位用“g”表示。种子发芽率测定:将上述3份各100粒种子，分别放入3个小蝶或发芽皿中，下垫草纸或河沙。加水至薄水层，然后将种子均匀摆好，放在20℃左右温暖处(灶旁或保温箱内)吸水膨胀发芽。经过5~7 d计算能正常长根发芽的种子数，并将3个样本加以平均，即为该种子的发芽率。种子发芽率要求达到95%以上。

174. **大豆播种前为什么要精选种子?**

答:大豆播种前精选种子可以提高豆种的播种质量，凡是精选过的均匀整齐的种子，比不加精选的种子生育良好，田间保苗率高，出苗整齐。特别是采用大豆精量点播机播种时，必须对大豆种子进行严格清选，实现种一粒种子，保证出一棵苗。

种子精选加工已逐步成为一门新兴工业，它包括对豆种进行预清、精选分级、药物处理(种子包衣)、包装运输等工作。搞好种子清选，可以减少播种量，提高种子质量，还便于机械化播种作业，对增产有很大作用。

175. **精选大豆种子有什么具体技术要求?**

答:大豆播种前应将病粒、虫蛀粒、小粒、秕粒和破瓣粒拣出。同时还要根据品种固有的典型特征，如粒型、粒色、种子大小、种脐颜色深浅，剔除混杂的种子，以提高种子纯度。采用人工粒选的效果很好，如果用种量大，可采用螺旋式大豆粒选机，其机械结构简单，便于移动，适合大豆种植专业户应用。精选净度要求达97%以上，纯度98%以上。

176. **大豆播种后要注意什么?**

答:宁夏灌区春季干旱少雨，春大豆播种后，视土壤墒情要及时镇压保墒，进行苗前化学药剂除草。大豆出苗后要及时查苗、补种。小麦套种的大豆由于主栽作物4月底5月初灌溉，要防止土壤水分过多、透性差，影响大豆出苗，甚至造成大豆种子霉变烂种的现象。

177. 如何对大豆种子进行质量测定?

答:大豆种子检测主要包括田间检验和室内检验。

(1)田间检验:主要是鉴定品种的真实性、品种纯度、杂草及异作物混杂度、病虫害感染率及生育情况。田间检验分别在苗期、花期和成熟期进行。真实性和纯度检验,苗期主要依据幼茎颜色;花期主要依据花色、叶形、茸毛色、植株高度及株型等;成熟期主要依据植株结荚习性、茸毛色、荚熟色、荚形、株高及株型等。

(2)室内检测:包括扦样、净度分析、发芽试验、真实性和品种纯度鉴定、水分测定、生活力生化测定、种子健康测定、种子重量测定和包衣种子检测等。其中净度分析、发芽试验、真实性和品种纯度测定、水分测定为必检项目,生活力生化测定等其他项目属于非必检项目。每批种子(25 000 kg以内)扦取样品最低量为 1 000 g。

净度分析: 是测定供检样品不同成分的重量百分率和样品混合物特性。分析时将试验样品分成三种成分:净种子、其他植物种子和杂质。并测定各成分的重量百分率。

发芽试验:测定种子的最大发芽潜力,据此可比较不同种子批次的质量,也可估测田间的播种价值。发芽试验必须用经净度分析后的种子,在适宜水分和规定的发芽技术条件下进行试验。大豆发芽床可采用滤纸或沙土。将精选的种子随机取样 3 份,每份随机抽出 100 粒种子,各自称重并求出平均数,即为该品种的百粒重,其单位用克表示。种子发芽率测定:将上述 3 份各 100 粒种子,分别放入 3 个小碟或发芽皿中,下垫草纸或河沙;加水至薄水层,然后将种子均匀摆好,放在 20℃左右温暖处(灶旁或保温箱内)吸水膨胀发芽。经过 5~7 d 计算能正常长根发芽的种子数,并将 3 个样本加以平均,即为该种子的发芽率。要求发芽率在 95%以上。

发芽率=发芽种子数/试验种子数×100%

品种真实性检测: 主要是检验供给种子是否与本品种文件记录相符合。

品种纯度鉴定: 是检验供检种子中符合本品种特征特性的种子的百分率,用以衡量种子典型的一致性。品种纯度室内检测包括种子形态鉴定和幼苗鉴定。

种子水分测定：必须使种子水分中自由水和束缚水全部除去，同时要尽最大可能减少氧化、分解或其他挥发性物质的损失。

178. 确定大豆播量要考虑哪些因素？

答：根据品种特性确定播种量，如大豆高大繁茂、分枝多的品种密度要小；分枝少、植株较矮的密度要大。

根据栽培模式确定播种量，如玉米间作大豆，小麦套种大豆，西瓜套种大豆，麦后复种大豆。

根据土壤肥力水平确定播种量，如大豆肥地播种量要少，瘦地播种量要多。

根据常规习惯确定播种量。

根据种子发芽率、净度、百粒重，土壤墒情，整地质量和其他影响出苗的因素（如病、虫、鼠害等）灵活掌握综合计算播种量。

179. 大豆播种量如何计算？

答：第一步，将已测定的某品种百粒重换算成每千克粒数。如某品种测得百粒重为 20 g，则每千克粒数为：100 粒×1 000 g/20 g=5 000 粒。

第二步，计算每亩播种粒数。根据实际情况计算出每亩保苗株数，然后按照当地耕作条件和管理水平，加上一定数量的损失率（如机械、人、畜在田间管理过程中和人工间苗所造成的损失），一般田间损失率可按 15%~20%计算。单位面积上计划保苗数加田间损失率，即为每亩播种粒数。如某品种计划每亩保苗 2.5 万株，田间损失率估计为 20%，则每亩播种粒数为：25 000+25 000×20%=30 000（粒）。

第三步，计算每亩播种量。其公式如下：每亩播种量（kg）=每亩播种粒数/（每千克种子粒数×发芽率）。例如，计划每亩播种 30 000 粒，已测得每千克种子粒数为 5 000 粒，已测得发芽率为 95%。代入公式，每亩播种量：30 00/（50 000×0.95）=6.3（kg）。

180. 大豆种植密度如何确定？

答：植株高大，分枝较多，株型开张，叶片较大的品种，种植密度宜小；植株矮小或植株虽较高，但分枝少，株型收敛的品种，宜采用较大的密度。

土壤平坦、肥沃，排灌方便，一般大豆亩保苗 1.2 万~1.3 万株。肥力中等的地块，一般亩保苗 1.3 万~1.8 万株为宜。

181. **大豆各个生长发育阶段有什么需肥特点？**

答：大豆不同生育时期对氮、磷、钾的吸收与干物质积累过程相一致，幼株吸收养分的速率慢，开花期以后增快，植株开始衰老，吸收速率降低。在籽粒开始形成以前，植株已吸收 60%的氮、55%的磷和 60%的钾。大豆花芽分化后，才从土壤中吸收钼，鼓粒期根系和荚壳中的钼向籽粒中转移，并积累。

苗期至分枝期。大豆营养器官形成的重要时期，也是花芽开始分化时期。此期缺氮、磷、钾任何一种元素，不仅早期生长发育受到抑制，即使以后恢复正常的营养条件，后期生育也会受到影响。苗期土壤中有足够的磷，能促进花芽分化的数量。在施足基肥的基础上，以种肥为主，重施磷肥。有机肥料肥效长，且稳定，不仅能满足苗期至分枝期大豆吸收养分的需要，特别是符合大豆生育后期需肥多的要求。

开花期。氮、磷、钾总量的 2/3 是开花期以后吸收的，因此有"花期追肥产量高"之说。此时期缺氮和钙则花荚脱落率增高，籽粒产量受到严重影响。

结荚至鼓粒期。根系吸收的无机氮、根瘤固氮、茎叶暂存的氮都输向花荚。此期如氮、磷、钾供给不足，籽粒生产则受到严重阻碍。从终花期以前的 10 d 到以后的 20~30 d，是肥料氮素和共生固定氮素对籽粒生产效率最高的时期。氮素的吸收量每增加 1 g，籽粒的重量可增加 15~18 g。此时，大豆营养主要靠前期施入的基肥或花期的追肥。鼓粒期，尤其末期，氮、磷、钾从叶和茎部分转移到籽粒中，成熟的籽粒含有所吸收的总氮量的 68%、总磷量的 73%、总钾量的 56%。

182. **大豆生长发育需要哪些养分？**

答：大豆需要的养分数量大、种类多。大豆需要的养分种类主要有氮、磷、钾三要素，其次是钙、镁、硫、镁、硼、钼、锰、锌、铜等微量元素。

183. **大豆播种前怎样用微肥拌种？**

答：经过测土化验缺微量元素的土壤，或用对比试验证明施用微肥有效果的土壤，在大豆播种前可以用微肥拌种。钼酸铵，每千克豆种用 5 g，拌种用液量为种子量的 0.5%。先将钼酸铵磨细，放在容器内加少量热水溶化，加入相应的水，用喷雾器喷在大豆种子上，阴干后播种。硼砂，每千克豆种用 0.4 g，首先将硼砂溶于 16 ml 热水中，然后与种子均匀混拌。硫酸锌，每千克豆种用 4~6 g，拌种用液量为种子重的 0.5%。

184. 大豆施用微量元素肥料应该注意什么？

答：微量元素包括硼、锌、钼、铁、锰、铜等营养元素。虽然植物对微量元素的需要量很少，但它们对植物生长发育的作用与大量元素是同等重要的。当某种微量元素缺乏时，作物生长发育会受到明显的影响，产量降低，品质下降；另一方面，微量元素过多会使作物中毒，轻则影响产量和品质，严重时甚至危及人畜健康。

控制用量、浓度，力求施用均匀。作物需要微量元素的数量很少，许多微量元素从缺乏到适量的浓度范围很窄，因此，施用微量元素肥料要严格控制用量，防止浓度过大，施用必须注意均匀。也可将微量元素肥料拌混到有机肥料中施用。

注意改善土壤环境条件：微量元素的缺乏，往往不是因为土壤中微量元素含量低，而是其有效性低，通过调节土壤条件，如土壤酸碱度、氧化还原性、土壤质地、有机质含量、土壤含水量等，可以有效地改善土壤的微量元素营养条件。

注意与大量元素肥料配合施用：微量元素和氮、磷、钾（N、P、K）等营养元素都是同等重要不可代替的，只有在满足了植物对大量元素需要的前提下，施用微量元素肥料才能充分发挥肥效，才能表现出明显的增产效果。

根据土壤中微量元素的丰缺状况，采用缺什么补什么，不可盲目和过量施用。作物需要微量元素的数量很少，许多微量元素从缺乏到适量的浓度范围很窄，因此，施用微量元素肥料要严格控制用量，防止浓度过大，施用必须注意均匀。也可将微量元素肥料拌混到有机肥料中施用。

根据土壤的酸碱度施用。土壤 pH 过高时，会降低土壤中锌、铁、硼、锰、铜等元素的有效性；而在酸性土壤常会引起作物缺钼。所以，应根据土壤的酸碱度有针对性地施用微肥。

根据作物对微量元素的反应选择施用。各种作物对不同的微量元素有不同的反应，敏感程度不同，需要量也不同，施用效果有明显差异，如玉米施锌肥效果较好，油菜对硼敏感，禾本科作物对锰敏感，豆科作物对钼、硼敏感。

185. **种植大豆如何施肥？**

答：多施有机肥。用较多的有机肥作底肥，不仅有利于大豆生长发育，而且有利于根瘤菌的繁殖和根瘤的形成，增强固氮能力。

巧施氮肥。大豆需氮素虽多，但由于其自身具有固氮能力，因此需要施用的氮肥并不多。大豆开花前或初花期追施氮素化肥，每亩追施尿素 3~5 kg，有良好的增产作用。追肥可于中耕前撒施，随后立即中耕。肥地可不追施。

增施磷肥。大豆需磷较多，目前大部分农田土壤均表现一定程度缺磷。因此应增施磷肥。磷肥宜作基肥或种肥早施，应与氮钾肥配合施用。

酌施钾肥。可亩施氯化钾 8 kg 作底肥，追肥减半，应与氮磷肥配合施用。

根外追肥。大豆叶片对养分有很强的吸收能力，叶面喷肥可延长叶片的功能期，且肥料利用率很高，对鼓粒结实作用明显，一般能增产 10%~20%。每亩可用磷酸二铵 1 kg 或尿素 0.5~1.0 kg 或磷酸二氢钾 0.2~0.3 kg 加硼砂 100 g，兑水 50~60 kg 于晴天傍晚喷施，喷施部位以叶片背面为好。从结荚开始每隔 7~10 d 喷一次，连喷 2~3 次。结合根外喷肥，在肥液中加入适量的植物生长调节剂，增产效果会更好。

186. **大豆追肥有什么技巧？**

答：早施苗肥。大豆出苗后即从土壤中吸收养分，虽然需肥量不大，但由于大豆根瘤尚处在形成阶段，固氮能力很弱，如果氮素营养供应不足，很容易使幼苗产生"饥饿"现象，引起生长不良，影响壮苗早发，不利于高产。第 1 片复叶展开时，每亩追尿素 3~5 kg。氮肥施用过多，会抑制根瘤菌的发育。大豆幼苗对磷反应较为敏感，苗期追施适量磷肥，有利于促进大豆根瘤的形成和发育。每亩施过磷酸钙 7.5~15.0 kg。

巧施花肥。大豆花荚期是一生中吸收养分最多的时期。开花前或初花期追施适量的氮素肥料，可减少花荚脱落，有明显增产作用。每亩追施尿素 5.0~7.5 kg，随即中耕。如土壤肥沃，植株生长健壮，应少追或不追氮肥，以防徒长。

补施粒肥。大豆进入结荚鼓粒期后，根瘤菌固氮能力和根系活力逐渐衰退，吸肥能力减弱，此时应采取叶面喷肥的方式补充营养，以减少秆粒脱落，提高产量和品质。每亩用 0.4% 的磷酸二氢钾溶液 50 kg，每 7~10 d 喷施 1 次，连喷 2~3 次。 如果出现脱氮早衰现象，每次每亩还要加尿素 0.5 kg 混合喷施。

喷施微肥。微肥是大豆生长发育过程中不可缺少的。如大豆缺镁，老叶呈灰绿色，叶脉间产生黄色斑点，应及时叶面喷施 0.5%硫酸镁溶液；大豆缺锰首先表现在新叶上，除叶脉外其余部分均呈黄色，要及时喷施 0.05%硫酸锰溶液；大豆缺钼，幼叶呈黄绿色，叶脉间显现缺绿症，并肿大向下卷曲，应及时喷施 0.05%钼酸铵溶液。叶面喷肥用量较少，可间隔 7~10 d 连喷 2~3 次。此外，大豆对硼也较为敏感，缺硼会影响正常的生长发育，造成花荚脱落，可分别在苗期和初花期各喷 1 次 0.2%的硼砂溶液。

187. 大豆生长发育后期为什么要进行根外追肥？

答：大豆生育前期主要吸收土壤上层的养分，生育后期（生殖生长）主要吸收耕层以下土壤中的养分。据测试，大豆根系对 10 cm 深养分吸收依次为：苗期>分枝期>开花期>结荚期，鼓粒期根系几乎不能利用 10 cm 深土层中的养分，而开花、鼓粒、成熟期需氮、磷、钾的量约占总量的 80%。这说明大豆需肥高峰期是在生殖生长阶段，即在生育后期。这些养分由根系从耕层以下土壤中吸取，而耕层以下土壤中养分转化释放能力远低于耕层，这就导致大豆需肥高峰期对养分的需求与土壤供肥能力之间存在不协调性。大豆根系（尤其侧根）主要集中在表层土壤中，到生育中后期很容易出现营养不足而早衰，成为限制大豆高产稳产的主要因素。所以，在大豆结荚鼓粒期根外喷施营养液，能缓和大豆需肥高峰与土壤供肥能力之间矛盾，加速同化产物的累积、转化和运输，同时促进根瘤菌的固氮作用和根系活力，提高根对养分的摄取能力。

188. **宁夏春大豆栽培应抓好哪些施肥技术环节?**

答:施足有机肥。大豆高产稳产以施有机肥为主。前茬肥力基础好,有机肥用足,大豆增产效果明显。

巧施氮肥。肥力中等以下的田块,适时适量施用氮肥有较好的增产效果。一般地块每亩施尿素 5 kg 或磷酸二铵 15 kg 作底肥;高肥田少施或不施氮肥,薄地用少量氮肥作种肥效果更好,有利于大豆壮苗和花芽分化。大豆开花前或初花期追施氮素化肥,每亩追施尿素 3~5 kg,有良好的增产作用。

增施磷肥。大豆需磷较多,一般每亩施过磷酸钙 15~20 kg 或磷酸二铵 8~10 kg。如果前茬施足了磷肥,土壤中不缺磷,种大豆时可不再施磷肥。

根外追肥,大豆进入花荚期是需要各种营养元素最多的时期,而鼓粒后期植株开始衰老,吸收能力下降,大豆常因缺肥而造成早衰减产。大豆叶片对养分有很强的吸收能力,叶面喷肥可延长叶片的功能期,且肥料利用率很高,对鼓粒结实作用明显,一般能增产 10%至 20%。每亩可用磷酸二铵 1 kg 或尿素 0.5~1.0 kg 或过磷酸钙 1.5~2.0 kg,兑水 50~60 kg 于睛天傍晚喷施,喷施部位以叶片背面为好。从结荚开始每隔 7~10 d 喷 1 次,连喷 2~3 次。

189. **无公害大豆生育期间的需水有什么特点?**

答:大豆的整个生育过程需水较多,各个生育时期的耗水量差异很大,播种到出苗大约占总耗水量的 5%。这一时期,如水分不足或中途落干,种子在土壤中很容易丧失生长能力,即使勉强发芽出苗也难以达到苗全苗壮。出苗到分枝约占 13%,这时正值大豆蹲苗扎根,若土壤水分过多,根不下扎,茎节细长,中后期易倒伏。这一时期除非特殊干旱,一般不宜灌水,应适当控制水分,促进根系深扎,增强抗倒伏能力。分枝至开花,耗水量约占 17%,此期主茎变粗伸长,复叶不断出现,分枝相继产生,根系向纵深发展。与此同时花芽也陆续分化,进入营养生长和生殖生长并行阶段。这一时期大豆对水分的要求开始增长,及时灌水对大豆生长发育均有促进作用。开花至鼓粒阶段,大豆需水最多,约占总耗水量的 45%,是大豆需水的关键时期,蒸腾作用强度在这个时期达到高峰,干物质积累量也直线上升。因此这个时期及时而充分的供给水分，是保证大豆高产的重要措施。大豆鼓粒至完熟，耗水量约占20%，这一时期若干旱缺水，则瘪粒、瘪荚增多，而粒重下降。这时如能灌鼓粒水，以水攻粒，对提高大豆产量和品质有明显促进作用。

190. 无公害大豆的生长发育对环境条件有什么要求？

答：光照。大豆是喜光作物，光照不足会影响大豆生长。大豆属短日照作物，日照缩短会促进大豆开花结实，相反则延长。因此，不同地区间引种时要考虑到大豆的光周期特性。

温度。大豆是喜温作物，春季当播种层地温稳定在10℃以上时，大豆种子开始萌动发芽。夏季气温在24~26℃，对大豆植株的生长发育最为适宜。当温度低于14℃时生长停滞，秋季白天温暖，晚间凉爽但不寒冷，有利于同化产物的积累和鼓粒。

水分。大豆产量高低与降雨量有密切关系。如东北春大豆区，大豆生育期间的降水量在600 mm左右，大豆产量最高。在500 mm次之，降水量超过700 mm或低于400 mm均造成减产。

191. 大豆开花结荚期对气象条件有什么的要求？

答：大豆开花结荚期所要求的温度条件，低温：17~18℃；适宜温度：22~25℃；高温：29℃。大豆开花至鼓粒历时20~40 d，开花结荚期要求较高的温度，适宜温度为22~25℃，低于17℃花芽不能进行分化，开花期间温度低于20℃落花严重。

大豆开花结荚以后，从营养生长进入旺盛生长阶段，是大豆一生中需水最多的时期，开花期需水量占总耗水量的47%，土壤湿度高于田间最大持水量的85%或低于70%，会使荚粒数减少。

192. 大豆开花结荚期田间管理的主攻方向是什么？

答：大豆开花期是大豆生长的关键时期，加强花期田间管理对于提高大豆产量和品质具有重要作用。可以采用以下技术措施加强大豆花期管理：(1)喷洒叶面肥，在大豆花期进行叶面追肥。第一次在大豆初花期，第二次在结荚初期，如施第三次，应该在大豆鼓粒初期进行。每亩用尿素0.2 kg加磷酸二氢钾0.066 kg兑水30 kg喷施。(2)中耕：花期大豆植株生长速度快，在高肥水地块极易形成“徒长型”倒伏减产。因此，要在大豆开花封垄前中耕，保持土壤良好的通透性，利于根系发育，增加侧根，控上促下，使个体发育和群体结构相适应，达到植株健壮发育，抗旱、抗涝、抗倒、增产之目的。(3)灌水：开花期是大豆需水的关键时期，应根据土壤墒情，及时浇水。(4)喷药：大豆在开花期对外界环境的抵抗力很弱，此时喷施化学药剂会杀伤花粉，伤害柱头，使花蕾脱落，秕粒增加，通常导致减产10%~15%。如在花期发生病虫害且必须用药时，最好选在16:00以后进行，并严格控制用药量与浓度。(5)化控：为防止大豆徒长倒伏，可在初花期每亩用15%多效唑(50 g兑水50 kg)进行叶面喷洒。如盛花期仍有旺长趋势，用药量可增加20%~30%进行第二次控旺。

193. 大豆鼓粒成熟期为什么要加强田间管理？

答：鼓粒成熟期大豆的营养生长逐渐停止，生殖生长旺盛，栽培技术上要达到保叶增粒重，荚多粒饱。鼓粒期对水分反应敏感，需水较多，若遇干旱应及时浇水；叶面喷肥，每亩用绿肥素5 g(1包)兑水50 kg，或用1%尿素和2%~3%的过磷酸钙混合液，于16:00后进行叶面叶背喷施，效果较好；8月下旬是豆荚螟、食心虫为害盛期，每亩可选用杀螟松或辛硫磷乳剂对水喷杀。

194. 防止大豆倒伏应采取什么技术措施？

答：倒伏对大豆产量有较大影响，倒伏越重，减产幅度越大，倒伏越早，减产越多。大豆倒伏的发生通常是由植株生长过于繁茂而引起的。一是根据种植品种特性和当地环境条件，确定合理的种植密度和种植方式，肥力好的地块密度不宜过大。二是合理施肥，氮、磷、钾比例协调，切忌氮肥过量。三是适时中耕，促进大豆根系发育，增强大豆抗倒能力。四是根据当地大豆长势、天气趋势等满况，适对施用植物生长调节剂。调节剂的作用主要是降低株高和节间长度，增加茎粗，因而增强大豆抗倒伏能力。

195. 大豆高产栽培应把握好哪些技术环节？

答：(1)良种良法配套。根据当地的气候、土地肥力、土壤性质、生育期、降水量、活动积温、生产水平、栽培模式等因素，因地制宜的选择抗逆性强、丰产性能好的大豆优良品种。(2)提高整地质量。坚持松、翻、耙、旋相结合的土壤耕作制；深松 30 cm 以上，春整地要及时镇压保墒，提高整地质量，达到无根茬，无垡沟，无坷垃。(3)适时播种。晚春播。一般 4 月中下旬开始播种。播期过早，温度低，出苗慢，容易烂种感病，造成缺苗，播种过晚，不能充分利用生育期，影响正常成熟；早夏播。夏播大豆在 7 月 20 日前播种结束，播期早产量高，播期晚，产量低，风险大。播种方式，一般采用机械精量点播、穴播、条播；播种质量，下籽要均匀一致，不重播、不漏播，覆土一致。(4)补种补栽。播种后要进行田间检查，发现缺苗严重的地方，及时补种补栽，采取就地移苗补栽，要多带土、多坐水，提高成活率；总之，要做到苗全苗壮。(5)深耕松土，增温提墒。当大豆子叶出土后，进行深松，“豆子顶瓣，不怕土盖”。深松好处很多：杀草效果好，灭草率 90%以上；可以蹲苗，促苗早生快发；提高土温 2~3℃；疏松、活化土壤，加速土壤有机质矿化；增温提墒，防止水分蒸发。(6)适时追肥。一般每公顷基施优质农家肥 15 t、三元复合肥 300 kg；当大豆第一片复叶展开时，每亩施尿素 3~5 kg，同时适量追施磷肥；大豆开花期是需肥高峰期，一般每亩施尿素 5~7 kg，增补钾肥 5~7 kg，补施粒肥，一般用 2%的过磷酸钙 0.5%的尿素溶液，每亩喷洒 50 kg。(7)合理密植。大豆长出 1~2 片真叶时，剔去疙瘩苗和拥挤苗，当长出 2~3 片真叶时，剔去瘦弱苗和杂苗。春大豆一般每亩留苗 1.2 万~1.3 万株，夏大豆一般每亩留苗 3.0 万~3.5 万株。(8)化学药剂除草。播后苗前施药，每公顷用 50%乙草胺乳油 2 500~3 000 ml。茎叶处理，当杂草 2~4 叶期，防除禾本科杂草，每公顷用 5%精禾草克乳油 900~1 500 ml；防除阔叶杂草，每公顷用 25%氟磺胺草醚水剂 1 000~1 500 ml，兑水 200 L 喷雾；或每公顷用 72%都尔 2 500~3 500 ml 加 48%广灭灵 800~1 000 ml 喷雾；8 月上旬草籽形成时，人工拔除田间大草。(9)化控防倒。大豆植株生长过旺，喷施多效烨等化控剂，保花保荚，防止倒伏。(10)防治病虫害。防治大豆根腐病可用种子量 0.5%的 50%多复合剂拌种。苗期害虫、红蜘蛛、蚜虫、大豆食心虫等，认真搞好田间预测预报，一旦发生，选择适宜对路农药，并结合其他措施，进行综合防治。

196. **大豆收获后种子贮藏应注意哪些技术环节?**

答:大豆种子含有较高的油分(17%~22%)和非常丰富的蛋白质(35%~40%),在高温、高湿、机械损伤及微生物的综合影响下,很容易变性,影响种子的生活力。因此,在贮藏大豆种子时,必须采取相应的技术措施,才能达到安全贮藏的目的。

水分含量要降至安全贮藏标准。大豆种子的安全贮藏水分含量为12%,如超过13%,就有霉变的危险。试验证明,大豆种子水分含量大于13%,库温达到25℃时就会发生红变,丧失种用价值。为了控制大豆种子水分含量,其收获通常应等到豆叶枯黄脱落、摇动豆荚时互相碰撞发生响声时收割为宜;收获的大豆种子要及时进行带荚暴晒,当荚壳干透有部分爆裂时,再行脱粒,这样不仅可防止种皮发生裂纹和皱缩,而且也有利于大豆种子的安全贮藏;收购时要严格进行种子水分检测,对水分含量不达标的大豆种子坚决不予收购,特殊情况必须收购的,要单库存放,选择晴朗微风天气及时摊晾,一定不能存放时间太长。

净度要达到国家标准。虫粒、霉粒、秕粒、破碎粒及杂物是大豆种子安全贮藏的隐患,因此对要收购的大豆种子必须进行精选,确保净度达到国家标准。

仓储条件要达标。种子仓库要具备坚固、防潮、隔热、通风密闭等性能。种子入库前,必须对库房进行彻底清扫,所有的机械器具也必须彻底清理干净,并要进行熏蒸和消毒。

197. **大豆籽粒产量是怎样的形成的?**

答:大豆生长发育的重要特点是生殖生长开始早,营养生长和生殖生长并进的时间长,一个生育期为125 d的有限结荚习性的品种,出苗后40 d开始开花。此时的生物产量占总生物产量的20%~25%。由此可见,大豆的大部分干物质是在营养生长和生殖生长并进的时期内积累起来的。大豆早熟品种在出苗50 d左右、晚熟品种在出苗75 d左右,荚中籽粒已经开始形成。整个籽粒形成期45~50 d,最初10 d增重较慢,中期增重较快,后期又较慢。若以每日每平方米土地籽粒平均增重9.9 g计算,每公顷籽粒平均日增重达99 kg左右。

198. 如何促进大豆早熟高产?

答:(1)选择合适的品种。选种时应选株高较矮,而且可以稀植的品种,这些品种对水分要求相对较少,干旱年份产量损失较少。

(2)加强田间管理。及时除草:杂草与大豆争肥争水,影响光合作用,不利于通风,所以要及时铲除杂草;适时铲趟:铲趟时要深铲多培土,增强土壤的通透性和保水保肥能力。

(3)施足底肥。在施用农家肥的基础上,化肥的施用量也不可少。磷肥能促进蛋白质的形成和提高水合能力,钾肥能改善作物的糖分代谢,增强植物的束缚水含量,维持正常光合作用。氮素不足也对抗旱不利,因此要合理施用氮肥。

(4)增施叶肥。及时喷施大豆叶面肥,可以补充大豆对微量元素的需要。微量元素中的硼与铜有助于大豆的抗旱作用,能增强大豆的抗逆性,促进大豆的根系生长,防早衰。叶肥中的氨基酸可以直接被大豆吸收利用,增加大豆的养分摄取量。

(5)注意防病、防虫。大豆的主要虫害有蚜虫、食心虫等。做到细心观察,对病虫害早发现、早治疗,把病虫害控制在早发期,以减轻对大豆的危害,确保稳产、高产。

199. 我国目前判定大豆成熟期的外观标准是什么?

答:我国目前判定大豆成熟期的外观标准是豆荚呈现固有色泽,籽粒变硬,摇动植株有响声的植株占观察总株数的50%以上。美国在20世纪70年代后期,R.肯特等提出,大豆籽粒开始收缩、豆荚呈褐色,籽粒含水率约44%时为成熟的标准。而用联合收割机收获达到田间损失最少的籽粒含水率为13%。日本、法国等也都认为,用机械收割大豆的最适含水率为14%,大豆籽粒含水率20%时,为人工收割大豆的最佳收获期。

200. 什么时期收获对大豆产量和品质最有利?

答:大豆收获应该在黄熟期后至完熟期之间进行。过早过晚收获都会降低大豆的产量和品质。而且适时收获应根据气候条件灵活掌握,如果大豆成熟期遇到气候干旱可适当早收,在黄熟期即可收获;如果大豆成熟期遇到雨水多、空气湿度大的年份应该适当晚收。人工收割在大豆植株叶片还有 10%未脱落时进行,并且应选择晴天早上收割;机械收割,应在植株叶片全部落净、豆粒归圆时进行。

201. 怎样进行大豆田间测产?

答:当大豆成熟时为了掌握当年的大豆生产水平,生产和管理人员常常进行田间测产。

选点取样。因为测产是取一部分地块上的产量来代表全田地水平,所以选点非常重要。选点一定要有代表性,测出的数据应能反映整个田间的真实性,不能出现偏颇。要根据测定地块面积的大小来确定取样点数、取样面积。测定地块面积大就要多选几点,面积小可以少取几点。如果取 3 点,可采用三角形取样法;取 5 点,可采取对角线取样;面积大可取 9 点,采取棋盘式取样法,每点可取 2 m^2。

测产。取点确定后,具体测产可在田间进行,也可取回室内实测。

(1)田间测产。如有一块大豆高产田,测产采取对角线取样,即 5 点,每点取 2 m^2(2 行,0.6 m 行距,1.67 m 延长米),数出每点的株数,根据 5 点的结果算出平均株数。在最接近平均值的行内连续取出有代表性的株数 10 株,分别数出单株粒数,再根据该品种的百粒重即可算出单位面积的产量。

大豆产量 (单位面积)(kg/hm^2)=每平方米株数×10 000×每株粒数×百粒重(g)/1 000×100

(2)室内测产。将选取的取样点上的所有植株拔回室内,把植株晒干脱粒,分别实测各点的产量,然后计算出单位面积的产量。

202. 大豆种子的生产有哪些程序?

答:大豆种子生产程序一般包括原原种生产、原种生产、大田用种生产。原原种是指最具有品种稳定性、典型性及生产能力的原始种子,品种纯度应达到 100%,净度>99.5%,发芽率>90% 以上。原原种由品种育成单位或育种者生产并提供。原种是指是指原原种直接繁殖的种子,保持了新品种的稳定性、典型性及生产能力。新的国家标准(GB 4401.2—2010)规定,原种的纯度不低于 99.9%,净度不低于 99.0%,发芽率不低于 85.0%,水分不高于 12%。GB/T 17318—1998《大豆原种生产技术操作规程》规定了大豆原种生产技术指标。大田用种是由原种扩繁而来，具有本品种稳定性、典型性和生产性能。大田用种可有原种扩繁一至三代，国家标准（GB 4401.2—2010）规定大豆大田用种的最低质量标准为品种纯度不低于98%，净度不低于99.0%，发芽率不低于85%，水分不高于12%。

203. **大豆良种繁殖采取什么方法？**

答：大豆是自花授粉作物，由于机械混杂、不良的气候条件和栽培条件以及天然杂交等原因，常常造成种性变劣。所以，不能长期使用自留种子，应每三年更换一次种子。因此，必须坚持提纯复壮，搞好良种繁育工作，才能保持优良品种的种性。

204. **良种繁育的任务是什么？**

答：良种繁育的任务主要有三个方面：一是品种更换。用经过区域试验表现突出的品种，替换生产上较差的品种。二是品种更新。用经过提纯复壮的原种，代替在生产上已经退化了的同一品种。三是良种繁育单位，为切实搞好良种繁育、精选加工、包装贮藏、标牌销售、确保良种纯度质量。

205. **怎样进行大豆品种提纯复壮？**

答：株系选择是大豆提纯复壮常用的方法。主要由单株选择、株系鉴定、混合高倍繁殖三个步骤组成。分设单株选择圃、株系比较圃和混合繁殖圃3个种质圃。

单株选择圃选择典型优良单株进行考种，单株脱粒。淘汰与原品种粒色、粒形、脐色等性状不一致的单株。

株系鉴定圃每1单株种成1行（株系）。淘汰与原品种不一致的株系。种植设计可采用每隔10~20行种1对照行（原品种）的方式。入选株系，作为下一年繁殖种。

混合繁殖圃把上述经株系鉴定、混合收获的种子等距稀植点播，进行高倍繁殖。

经以上3圃产生的种子，称作提纯复壮的超级原种。

混合选种在大豆成熟时，选择一定数量具备该品种典型性状的健壮优良单株，再经室内严格复选，混合脱粒，单独保存，作为下一年繁殖田用种。繁殖田采用先进栽培管理措施,并严格去杂去劣。

一株传选择具有原品种典型性状的优良单株，对其后代作精细培育繁殖。此法由单系收获种子扩大繁殖,年限较株系选择法稍长些。

206. 如何建立大豆种子繁殖田?

答:通过提纯复壮获得的大豆超级原种,由于种子量很少,需建立种子田,大量繁殖生产用种。种子田的面积大小由播种种子数量和种子田的亩产量来确定。一般种子田面积为生产田或上一级种子田面积的4%~5%即可。种子田的地块应选用地势平坦,排水良好,地力均匀,不重茬、迎茬的地块。增施农家肥,并按氮、磷配比施用化肥。加强田间管理,及时间苗,适时中耕,除草、培土,使土壤疏松无杂草。开花鼓粒期间,追肥1~2次,干旱时及时灌水,及时防治病虫害。在整个生育期间,根据形态性状,在苗期、花期、成熟期,严格去杂去劣。成熟后,适时收割,严格抓好收获、脱粒等易造成机械混杂的几个环节。

207. 大豆引种要注意哪些因素?

答:大豆品种适应区域较窄,俗话讲“千里麦、百里豆”。大豆引种首先要明确引种目标,弄清楚本地需要什么样的大豆品种。其次,要引种通过国家或省级审定且适合在本地区种植的大豆品种。再次,要从气候相似的地区引种。气候相似是指品种原产地和引入地的无霜期、光照、水分、温度等主要气候因素相似。大豆光照特性是形成大豆区域性的主要原因,而光照长短主要由地理纬度决定。纬度相近地区引种最易成功。大豆是对光、温敏感的作物,海拔高度不同,温度及无霜期有很大差别。地理纬度相差较大,由于海拔高低不同,可能形成两地区气候条件相似,引种也可能成功。第四要考虑两地的耕作栽培水平。大豆对肥水敏感,不同的自然条件和耕作栽培条件,形成了不同进化程度的生态类型(结荚习性、种皮色、脐色、粒大小等)。引入地区耕作栽培水平与原产地品种的生态类型相适应,就可以进行引种。第五要考虑病虫害及杂草危害情况。大豆病虫害及杂草也有一定的地域性分布。在两地间引种时,要充分了解病虫害及杂草危害程度。对于病害,除深入了解病害种类外,还应考虑病害的生理或株系类型。

经过2~3年的鉴定后再推广种植。大豆引种一般要先经过试验引种，在生育期等方面确实适合当地自然条件和栽培制度的要求、产量优于当地品种的前提下，才可在生产上扩大种植利用。

208. 宁夏从哪些地区进行大豆引种容易成功?

答：大豆种质的交换、引种和利用是提高大豆生产的一个重要途径。引种大大丰富了宁夏大豆的种质数量，同时也有效提高了大豆的单产水平和种质质量。

从东北地区引种。黑龙江地区的春大豆引入本区可春播或夏播，在宁夏一般表现早熟，产量较低，主要作为宁夏引黄灌区夏播大豆种植，或宁夏南部山区春播种植，如：黑河系列品种、合丰系列品种、垦丰系列的品种；吉林地区的春大豆引入宁夏引黄灌可春播，在宁夏表现为中、早熟，产量一般，如：公交系列、吉育系列品种；辽宁地区春大豆引入宁夏引黄灌可春播，在宁夏种植熟期适中，产量较高，如：铁丰系列品种、辽豆系列品种；从河北、山西中北部地区引入宁夏的春大豆，在宁夏引黄灌区可春播，熟期适中，产量较高，如：晋豆19、晋豆34、中黄30、冀豆17、承豆6号等。

从南方地区引入宁夏种植的大豆，一般生育期延长、熟期延迟。

209. 大豆种子包衣有什么作用?

答：首先，能有效地防治大豆苗期病虫害，可以缓解大豆重、迎茬减产现象；其次，促进大豆幼苗生长。特别是重、迎茬大豆幼苗，由于微量元素营养不足致使幼苗生长缓慢，叶片小，使用种衣剂包衣后，能及时补给一些微肥，特别是含有一些外源激素，能促进幼苗生长；再次，增产效果显著。大豆种子包衣提高了保苗率，减轻了苗期病虫危害，促进了幼苗生长，试验证明增产效果显著。

210. 使用大豆种衣剂应注意哪些事项?

答：第一，种衣剂的选型。要注意有无沉淀物和结块。包衣处理后种子表面光滑，容易流动。第二，正确掌握用药量。用药量大，不仅浪费药剂，而且容易产生药害，用药量少又降低效果。一般要依照厂家说明书规定的使用量（药种比例）。第三，使用种衣剂处理的种子不许再采用其他药剂拌种。第四，种衣剂含有剧毒农药，注意防止农药中毒（包括家禽），注意不与皮肤直接接触，如发生头晕恶心现象，应立即远离现场，重者应马上送医院抢救。

211. 种植大豆“不用施肥，不用管”吗？

答：大豆根系着生有密密麻麻的根瘤，根瘤菌有固氮作用。有些人认为“种植大豆不用施肥”，这种认知是错误的。过去大豆不施肥，亩产量仅100~150 kg。许许多多的大豆创高产事例告诉我们：不施肥很难达到亩产量200~300 kg。从大豆养分吸收规律及土壤养分平衡分析，适量增施氮、磷、钾肥及硼锌微肥是必要的，施肥时期掌握在大豆初花期。

212. 大豆巧施磷肥为什么会增产？

答：磷对大豆根系生长有促进作用也有利于大豆根瘤的形成。当土壤中磷的供应不足时，大豆根瘤菌虽然能侵入根中，但是不结瘤。钼肥是根瘤固氮必不可少的微量元素，土壤缺磷的情况下，单施钼肥反而使根瘤减少。磷对根瘤中氨基酸的合成以及根瘤中可溶性氮向植株其他部分转移都有重要作用。磷肥在土壤中移动性小，容易被吸附固定，因此磷肥应该与有机肥混合堆沤后，采用沟施、穴施等集中施用较好。每亩施用过磷酸钙15~25 kg，缺磷严重的土壤，用量可适当增加。

大豆播种时可用少量过磷酸钙拌种，以满足苗期生长和根瘤菌繁殖对磷的需要。用磷酸二氢钾进行叶面施肥，浓度为0.1%~0.2%，在初花期和终花期各喷1次，每次用100 g左右，也有一定增产效果。

213. 土壤肥力对合理施肥有什么指导意义？

答：植物生长的土壤因素大致包括土壤水分、土壤养分、土壤空气和土壤热量等。这些因素又称为土壤肥力因素。土壤肥力就是指土壤能够不断提供和协调作物对水、肥、气、热要求的能力。各种肥力因素之间是互相影响密不可分的。所以，土壤肥力是各种肥力因素的综合表现，是决定作物产量的重要因素之一。

土壤肥力是不断发生变化的，它可以变好也可以变坏，可以提高也可以衰退。各地高产稳产农田的建成是土壤肥力不断提高的例证；而土壤沙化和贫瘠化都是不重视培肥土壤、提高土壤肥力的结果。要按照土壤发生发展规律，科学地利用土壤和管理土壤，特别是因土种植和因土施肥，其中包括不同作物的轮作、倒茬和合理施用有机肥料、化学肥料，才能使土地越种越肥，实现 高产稳产。

214. 大豆缺氮症状及防治方法?

大豆自分枝期起，对氮的吸收与积累随着植株的增长而逐步增加，鼓粒期达到最大。

缺氮症状：大豆缺氮时，叶片变成淡绿色，生长缓慢，叶子逐渐变黄。严重时从下向上黄化，直至顶部新叶。在复叶上沿叶脉有平行的连续或不连续铁色斑块，褪绿从叶尖向基部扩展，乃至全叶呈浅黄色，叶脉也失绿。叶小而薄，易脱落，茎细长。下部叶片颜色开始变浅，呈淡绿色，以后逐渐变黄、枯干。

缺氮病因：前作施入有机肥少或土壤含氮量低，或降雨多，氮被雨水淋失及砂土、砂壤土阴离子交换少的土壤易缺氮。

防治方法：(1)增施有机肥，每亩施用酵素菌沤制的堆肥或腐熟的有机肥 1 000~2 000 kg，可预防大豆多种矿质元素缺乏症，也是重要的增产措施之一。(2)大豆花期保持土壤湿润。但田间灌水要防止大水串灌、漫灌，避免土壤养分流失。(3)在有机肥不足的大豆产区，补充化肥及微量元素，可防治大豆缺素症。在花期追施尿素，每亩可施尿素 5.0~7.5 kg，或每亩用 1%~2%的尿素水溶液 50 kg 进行叶面喷肥，每隔 7 d 左右喷 1 次，共喷 2~3 次，可预防或矫正大豆氮素缺乏症。

215. 大豆缺磷症状及防治方法?

大豆生长初期，磷肥的作用表现得不很明显，但在中期和后期，缺磷将影响氮的有效积累和蛋白质的合成。

缺磷症状：大豆植株早期缺磷叶色深绿，或呈浓绿或墨绿色，叶脉间失绿，从下向上黄化，之后叶脉因缺绿而死亡。缺磷植株瘦小，生长缓慢，叶形小，尖而狭窄，茎硬且向上直立，扬花期和成熟期延迟。开花后叶片呈棕色斑点，根瘤少，茎细长，叶厚，狭长，凹凸不平。严重缺磷，叶脉黄褐，茎及叶暗红，之后全叶呈黄色枯死。

缺素病因：当田间施用有机肥不足或地温低影响磷的吸收时，会出现缺磷症状。

防治方法:(1)增施有机肥,每亩施用酵素菌沤制的堆肥或腐熟的有机肥 1 000~2 000 kg,可预防大豆多种矿质元素缺乏症,也是重要的增产措施之一。(2)大豆花期保持土壤湿润。但田间灌水要防止大水串灌、漫灌,避免土壤养分流失。(3)在有机肥不足的大豆产区,补充化肥及微量元素,可防治大豆缺素症。每亩基施 15~25 kg 过磷酸钙,可预防大豆缺磷。叶面追肥可喷施磷酸二氢钾 500~600 倍液,或用 2%~4%的过磷酸钙水溶液进行叶面喷肥,每隔 7 d 左右喷 1 次,共喷 2~3 次。

216. 大豆缺钾症状及防治方法?

答:缺钾症是大豆上普遍发生的生理性病害,造成籽粒品质降低。

缺钾症状:缺钾 5~6 片叶时即出现症状,叶片黄化。首先在新叶尖端或边缘呈现黄色斑,逐渐扩大到叶片中部,或从下位叶向上位叶发展。叶缘开始产生失绿斑点,扩大成块,斑块相连,向叶中心蔓延,以后除主脉及支脉附近保持绿色外,都呈黄色,黄化叶难以恢复,叶薄,易脱落。中下位叶缘失绿变黄呈金镶边状。老叶尖部边缘变黄,叶脉组织突出皱缩,向下卷曲,叶柄变褐色。生育后期缺钾时,上部小叶叶柄变成棕褐色,叶片常下垂而死亡。缺钾严重的植株只能发育至荚期,根短、根瘤少,植株瘦弱,结荚稀,秕荚秕粒多,籽粒皱缩,呈畸形。

缺钾病因:如果土壤含钾量很低,对钾的反应也很敏感,对石灰及石膏中的钙较敏感,因此对钾的反应会因缺钙而受到限制。当土壤中速效氧化钾低于 90 mg/kg 时,就会出现缺钾。

防治方法:(1)增施有机肥。每亩施用酵素菌沤制的堆肥或腐熟的有机肥 1 000~2 000 kg,可预防大豆多种矿质元素缺乏症,也是重要的增产措施之一。(2)大豆花期保持土壤湿润。但田间灌水要防止大水串灌、漫灌,避免土壤养分流失。(3)精耕细作,避免连茬,减少钾肥损耗;发病初期及时追施草木灰或硫酸钾肥,有一定防治效果。(4)在有机肥不足的大豆产区补充化肥及微量元素,可防治大豆缺素症。每亩施 5 kg 硫酸钾或 80 kg 草木灰、窑灰钾肥,或出现缺钾症后喷 0.5%硫酸钾液 50 kg,可防治大豆缺钾症状。

217. 大豆的缺素症如何识别和补救?

答:大豆缺氮时,叶片变成淡绿色,生长缓慢,叶子逐渐变黄。每亩可施尿素 5.0~7.5 kg,或用 1%~2%的尿素水溶液进行叶面喷肥,每隔 7 d 左右喷 1 次,共喷 2~3 次。

大豆缺磷时,植株早期叶色深绿,以后在底部叶的叶脉间缺绿,株形小,叶小且薄,扬花期和成熟期延迟。每亩施过磷酸钙 12.5~17.5 kg,或用2%~4%的过磷酸钙水溶液进行叶面喷肥,每隔 7 d 左右喷 1 次,共喷 2~3 次。

大豆缺钾时,大豆老叶从叶片边缘出现不规则的黄色斑并逐渐扩大,叶片中部叶脉附近及其他部分仍为绿色。籽粒常皱缩、变形。每亩用 0.1%~0.2%的磷酸二氢钾水溶液进行叶面喷肥, 每隔 7 d 左右喷 1 次, 共喷 2~3次。

大豆缺铁时,早期上部叶片发黄并有点卷曲,叶脉仍保持绿色,严重缺铁时,新长出的叶子包括叶脉在内几乎变成白色,而且很快在靠近叶缘的地方出现棕色斑点。老叶变黄枯而脱落。可用 0.4%~0.6%的硫酸亚铁水溶液进行叶面喷肥。

大豆缺锰时,大豆生长停滞,叶脉中间有淡绿至白色斑,最后出现缺绿症,但这时叶脉仍为绿色。可用 0.01%~0.02%的硫酸锰水溶行叶面喷肥。

大豆缺锌时,大豆幼叶逐渐发生褪绿病。褪绿病开始发生在叶脉间,逐步蔓延到整个叶片,而看不见明显的绿色叶脉,可用 0.1%~0.2%的硫酸锌水溶液进行叶面喷肥。

大豆缺硼时,大豆生育变慢,幼叶变为淡绿色,叶畸形,节间缩短。茎尖分生组织死亡,不能开花。可用 0.1%~0.2%的硼砂水溶液进行叶面喷肥。

大豆缺钼时,大豆叶色淡黄,生长不良,表现出缺氮症状,严重时中脉坏死,叶片变形。可用 0.05%~0.10%的钼酸铵水溶液进行叶面喷肥。叶面喷肥的具体时间应在无雨无风天的 16:00 以后, 把植株功能叶片喷洒均匀即可。

218. 如何施好大豆种肥？

答：大豆出苗后，由于种子中的含氮物质已基本用完，而这时根瘤尚未形成，或者固氮能力还弱，苗期常会出现缺氮现象。播种时用少量氮肥作种肥，对幼苗有促进根、叶生长的作用。大豆田施用有机肥时，一定要先腐熟，防止带菌、带毒和烧苗；施用化肥时一定要将种子与肥料隔离开来，以免烧种、烧苗。

219. 大豆叶面追肥要注意什么？

答：叶面喷肥以氮肥为主，搭配少量磷、钾肥，或再搭配微量元素和生长调节剂。使用中应注意：选择国家正式审批和授权的大豆叶面专用肥产品，并注意保质期；喷肥最佳阶段为大豆生长发育中、后期；避开烈日高温时段早晚喷施。若喷肥时叶片上有水珠或露珠，会降低肥液浓度，达不到施肥效果；若在烈日高温时喷肥，空气湿度小，不仅肥液挥发浪费多，而且肥液喷施后很快变干，叶片难以吸收，会使肥料利用率降低，有时还会因叶片上的肥液水分蒸发过快、浓度迅速增高造成“烧叶”。一般喷施 1~3 次，且每次喷施一般应间隔 7~10 d。其他注意事项：一是叶面肥必须充分溶解并搅匀；二是叶面喷肥应以叶背为主，叶面为辅；三是有的叶面肥可以与肥料或农药混用，但也有许多不能随意混用；四是杜绝用挥发性很强的肥料做叶面肥。

220. 叶面喷施尿素应注意什么？

答：不要在暴热的天气或下雨前喷施，以免烧苗或损失肥效。喷施时间以每天清晨或午后进行为宜，喷后隔 7~10 d 再喷一次。对禾谷类作物或叶面光滑的作物喷施时，要加入 0.1%的黏着剂（如洗衣粉、洗洁净）等。否则，效果不好。用于叶面喷施的尿素、缩二脲的含量不能高于 0.5%，含量高容易伤害叶片。作物种类不同，要求喷施尿素溶液的浓度也不同，一般禾谷类作物要求喷施浓度为 1.5%~2.0%，在花期喷施时，浓度还要低一些。叶菜类的蔬菜和黄瓜的喷施浓度为 1.0%~1.5%。苹果、梨、葡萄等果树以 0.5%为宜。番茄以 0.3%为宜。

221. 大豆生产上如何使用植物生长调节剂？

答：多效唑可以控制大豆株高，缩短节间长度，增加茎粗，防止倒伏，可增加单株分枝数和荚、粒数，提高结实率和粒重，促进顶荚的形成，一般增产幅度为12%以上。在始花后7 d左右喷施，长势好的宜适当提早在始花前施用。每亩用15%多效唑可湿性粉剂50~100 g，加水50 kg稀释后均匀喷施其叶片的正反面。喷用浓度无限结荚型品种可高些，有限结荚型品种宜低些；长势差的田块宜高些，长势差的宜低些。

亚硫酸氢钠是一种光呼吸抑制剂，在大豆上施用能减少光呼吸对养分的消耗，并改善株型，促进大豆根系的生长和增加根瘤数，保花保荚效果好，增产在10%以上。施用方法：在初花期和盛花期分别喷用1次，每次每亩用亚硫酸氢钠10 g，加水75 kg稀释后，选择在下午阳光不太强烈时喷洒叶片。

222. 大豆化控应注意哪些事项?

答：大豆化控是一项高产稳产的新技术，它必须以品种和其他农艺措施为基础，同其他栽培技术相配合才能发挥作用。

生长调节剂有的能促进生长，有的能抑制生长，应根据大豆的长势选择适当的剂型。不同品种、地力、环境条件和大豆生育状况，大豆化控的目的和要求不同。旱薄地，长势差、发育不良的地块需要促进型的生长调节剂；高肥、群体大、长势旺的豆田，要控制旺长、防治遮阴倒伏，需要抑制性的生长调节剂。

严格掌握使用浓度和方法，根据化控种类、使用时期、使用方式和气候因素，确定适宜的使用浓度。浓度大容易发生药害，浓度低起不到作用。注意环境因素的影响，叶面喷洒时应避开风雨天气，喷后6 h遇到雨天就要重新喷施。加强田间管理措施的配合，使用抑制性化控制剂，必须同适时播种、适当增加密度和增加肥水等措施相结合，否则，会影响产量。

防止发生化控药害。一定要把握好使用时期、掌握好使用浓度和剂量防治药害发生。

223. 大豆根瘤是怎么产生的?

答：大豆的根瘤是由大豆根瘤菌在适宜的环境条件下侵入根毛后产生的。大豆扎根后，根系产生一种能诱使根瘤菌趋向根尖的分泌物，使带鞭毛的根瘤菌趋集于根毛附近，然后，根瘤菌从根毛尖端侵入根部，被侵入的根部皮层细胞因受刺激而加速分裂，细胞数量增多，组织膨大，形成根瘤。

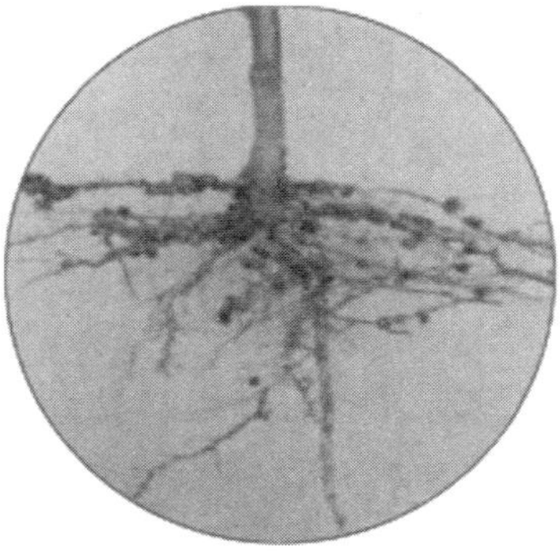

图 2-19　大豆根瘤

根瘤呈圆形或卵圆形。初期为绿色，逐渐变成粉红色，发育后期变成褐色。大小不等，一般直径 1~5 mm。

224. **大豆根瘤菌是一种什么样的生物菌？**

答：大豆根瘤菌剂是一种好气性细菌，广泛存在于土壤中，靠腐烂的作物根茬等维持生活，从中吸取养分。市场上生产的根瘤菌是活的微生物制剂，是绿色环保生物肥，选用高活性的大豆根瘤菌株，采用独特配方，经先进的发酵浓缩工艺加工而成。

豆科植物共生固氮是自然界中最强的生物固氮体系，大豆从根瘤菌中得到的氮素营养可占大豆一生氮素营养的 30%~65%。试验证明：大豆接种根瘤菌后，每年每亩大豆可从空气中固定纯氮 4~20 kg，相当于提供 10~40 kg 尿素，使大豆增产 10%以上，每亩节本增效 20~50 元。由此看来，应用大豆根瘤菌剂，是低能耗、无污染、廉价的氮素供应形式，不但可以通过生物固氮为大豆作物提供氮素营养，减少化学氮肥的施用，降低生产成本，而且有利于提高大豆产量和品质，提高土壤肥力，减少氮肥对土壤和地下水的污染，保护环境。

大豆播种前接种根瘤菌，是国际上公认的生物固氮技术，国外一些国家早就把这项技术当做常规施肥技术，而且接种面积达 100%，而我国对这项技术的应用只占大豆播种面积的 1%。大豆重迎茬面积大，导致大豆根系根瘤减少，固氮能力减弱，病害加重，单产减少。所以，应用这项技术，将对大豆高产、稳产、可持续发展以及保护生态环境具有促进作用。

225. **大豆根瘤菌的使用方法？**

答：大豆根瘤菌拌种。拌种应在大豆播种前一天进行，以奥龙奇康牌大豆根瘤菌剂为例，亩用量 150 ml，拌种前先将保护剂与根瘤菌剂混合均匀后，即可拌种。拌种方法是先将种子倒入容器中或塑料布上，然后把混合好的菌剂均匀喷洒在种子表面,混拌均匀,使每粒种子都粘上足够数量的菌剂,阴干后及时播种。

大豆根瘤菌接种的方法:一是用大豆根瘤菌剂拌种阴干后,配合氮、磷、钾肥机械播种;二是大豆根瘤菌剂,配合氮、磷、钾肥和种子同时机械播种,大豆出苗后根系直接接种大豆根瘤菌。

226. 使用大豆根瘤菌应注意什么?

答:大豆根瘤菌剂拌种时在室内阴凉、避光处进行,菌剂开袋后必须立即使用,一次用完,拌种的根瘤菌剂不能兑水使用,拌种过程中切忌将种皮碰破,容易造成烂种。

如果使用种衣剂,必须先拌种衣剂,待完全阴干后再拌根瘤菌剂,种衣剂与菌剂不能同时混合使用。拌种阴干后应及时播种,如遇阴雨天不能播种,可在阴凉避光环境下保存。

227. 根瘤菌对大豆生长发育有什么影响?

答:大豆根瘤菌以大豆光合作用产物为能源,将空气中的氮素转变成大豆生长发育所需要的营养元素,根瘤菌与大豆是共生固氮的关系。大豆苗期大豆根瘤菌固氮很少,大豆开花至鼓粒初期是大豆根瘤菌固氮的高峰,以后由于豆粒发育消耗了大量植株光合产物,限制了对根瘤菌养分的供应,根瘤菌逐渐衰老,固氮能力下降。

大豆根瘤菌在大豆生长中起着非常重要的作用。大豆一生需氮量60%左右是大豆根瘤菌提供的,其余的由土壤和肥料提供。而大豆籽粒中的氮素,根瘤菌提供80%左右,土壤和肥料中的氮素大部分供给大豆根、茎、叶的生长。

228. 大豆不长根瘤菌的原因是什么?

答:大豆不长根瘤可能与土壤条件有关。有机质太少或缺微量元素。不妨试试增施有机肥,并施用含钼的微量元素。为保险起见,也可接种根瘤菌肥。

229. 大豆根瘤菌对大豆的生长起什么作用?

答:大豆根瘤菌对大豆的生长起互利共生的作用,为大豆提供氮源,促进大豆正常生长发育。

230. 种植大豆多年的地块还有必要使用大豆根瘤菌肥吗?

答:多年种植大豆的地块,田间土壤会存在相当数量的根瘤菌,但多数是低效或无效根瘤菌株。随着大豆品种更新速度的加快,土壤中与新品种匹配的根瘤菌的比例在下降。这两个因素均会导致根瘤菌固氮效果下降。因此,多年种植大豆的地块,使用根瘤菌仍非常必要。

231. 为什么说有机肥料具有化肥不可替代的重要作用?

答:(1)有机肥料改善了土壤理化性状,提高了土壤肥力;(2)促进了土壤微生物的活动;(3)养分全面,肥效持久;(4)便于就地取材,降低了施肥成本;(5)维护和促进了土壤养分平衡。

232. 如何正确区别三大微生物肥料的标准?

答:微生物菌剂对应的标准是《农用微生物菌剂》GB 20287—2006,包括农用微生物菌剂和有机物料腐熟剂两大类产品。

农用微生物菌剂的主要技术指标是:有效活菌数(cfu)≥2.0 亿/g(ml)(颗粒≥1.0);其中复合菌剂,每一种有效菌的数量不得少于 0.01 亿/g(ml);以单一的胶质芽孢杆菌制成的粉剂产品中有效活菌数不少于 1.2 亿/g。农用微生物菌剂有杂菌率的要求,液体≤10%,粉剂≤20%,颗粒≤30%。粉剂的含水量要求≤35%,颗粒的含水量≤20%。

有机物料腐熟剂的主要技术指标是:有效活菌数(cfu)≥0.5 亿/g(ml),(液体≥1.0);纤维素酶活(以农作物秸秆类为腐熟对象测定纤维素酶活)≥30 U/g(ml),蛋白酶活(以畜禽粪便类为腐熟对象测定蛋白酶活)≥15 U/g(ml)。农用微生物菌剂和有机物料腐熟剂的保质期均为 6 个月(液体剂型的为≥3 个月)

复合微生物肥料对应的标准是《复合微生物肥料》NY/T 798—2004。复合微生物肥料是指特定微生物与营养物质复合而成,能提供、保持或改善植物营养,提高农产品产量或改善农产品品质的活体微生物制品。

其主要技术指标是:有效活菌数(cfu)≥0.2 亿/g(ml)(液体≥0.5);含两种以上微生物的复合微生物肥料,每一种有效菌的数量不得少于 0.01 亿/g(ml)。

总养分($N+P_2O5+K_2O$),%≥6.0%(液体≥4.0)。这里还有一条,总养分

应该不超过 25%。虽然标准里没有明确规定，但是管理部门目前是按照这个标准执行。下一版的标准修订后应该会出现相应的数据。复合微生物肥料同样也有杂菌率的要求，液体≤15%，粉剂和颗粒≤30%。粉剂的含水量要求≤35%，颗粒的含水量≤20%；复合微生物肥料的保质期为 6 个月（液体剂型的为≥3 个月）。

生物有机肥对应的标准是《生物有机肥》NY 884—2012 生物有机肥指特定功能微生物与主要以动植物残体（如畜禽粪便、农作物秸秆等）为来源并经无害化处理、腐熟的有机物料复合而成的一类兼具微生物肥料和有机肥效应的肥料。

其主要技术指标是：有效活菌数（cfu）≥0.2 亿/g，有机质（以干基计）≥40%，水分≤30%。生物有机肥的保质期为 6 个月，对杂菌率没有要求。

233. 菜用大豆品种与普通大豆品种有什么区别？

答：菜用大豆即毛豆（以下简称“毛豆”），是指在豆荚鼓粒后期尚未转黄色前采收，以鲜豆作为蔬菜食用的专用大豆品种，其营养丰富、味道鲜美。毛豆一般具有以下特征：荚比较大，荚长大于 4.5 cm，宽大于 1.3 cm，百荚鲜重不小于 280 g，每 500 g 鲜荚个数不多于 175 个；粒大，干种子百粒重不小于 25 g，鲜百粒重不小于 60 g；荚和种子颜色为浅绿色，荚上茸毛少，多为灰色，脐色较浅；口感香甜，质地柔糯，具有较好的风味。毛豆的可溶性糖含量在 3.5%以上，富含游离氨基酸和多种维生素。而普通大豆则是以收获干籽用的大豆的总称，一般荚果偏小，鲜豆粒偏硬，口感也不如专用毛豆品种香甜柔糯。

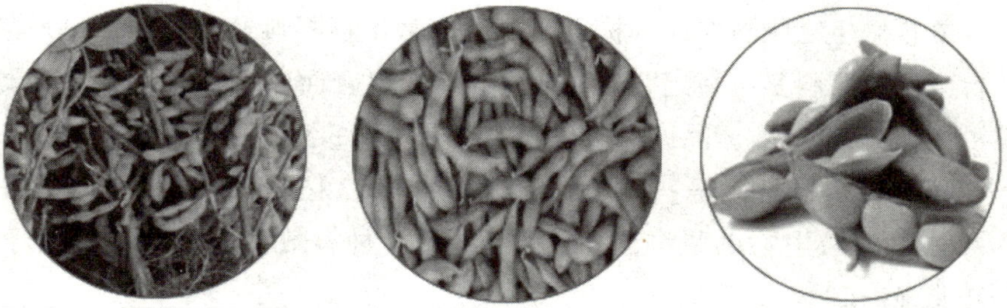

图 2-20 鲜食大豆（枝、荚、粒）

234. 菜用大豆具有哪些植物学特征?

答:菜用大豆(以下简称“毛豆”)根系较发达,但主根不明显,部分侧根同主根同样伸长,粗细也与主根相仿,侧根的再生能力弱。所以,栽培中多直播,不耐移植。

图 2-21　菜用大豆特征

毛豆分矮生和蔓生两种，因种类不同，分枝和开花结果习性各异。矮生型毛豆主枝短,4~6 节后生长点变为花芽而封顶，但分枝力较强，第一个叶腋中除抽出一条侧枝外,尚可再萌动发生新的侧枝,一级侧枝上又可形成二级侧枝,构成中后期产量。株高及分枝能力强弱因品种和栽焙条件而异。蔓生毛豆,生育初期茎蔓生长极为缓慢,从第 3~4 节起开始抽蔓。主蔓生长势较旺,基部腋芽不易萌发成侧枝。当主蔓受伤或人工摘心后,顶端优势被削弱,茎部迅速抽生侧枝,某些品种分枝力较强,茎部 2~3 节即可抽出侧枝。

235. 菜用大豆的品质标准是如何划分的?

答:划分菜用大豆的品质标准一般可以分为四种,即外观品质、食味品质、营养品质和卫生品质。其中外观品质最为重要,在决定消费者购买菜用大豆时起主要作用。同时,食味品质和营养品质是必需的,并影响产品的价格。

236. 菜用大豆的栽培技术与普通大豆有什么不同?

答:菜用大豆栽培技术既与普通大豆相似,又具有本身的特点,较一般大豆更为精细。菜用大豆在选用品种时更应注重对外观商品性的要求,栽培技术也需要围绕生产优质高产的菜用大豆为主要目标，综合考虑品种的光温反应特性、上市季节、市场余缺、鲜销或速冻加工用途来选用适宜的品种、播期、综合栽培技术,达到菜用大豆“一高两优”。

237. 鲜食菜用大豆什么时间采收比较合适?

答:鲜食菜用大豆(毛豆)适宜采收期的确定是保证鲜食品质的关键,并直接影响产量和经济效益。菜用大豆最适宜收获期为豆粒 80%充实饱满，成品荚率达到80%以上，外观色泽鲜绿、豆粒鲜嫩时，一般在开花后45 d左右。过早采收，籽粒太嫩，水分过多，内含物少，口感差，产量低。过迟采收，籽粒老化失水，品质明显下降。采收时应该选择早晨和傍晚，此时气温较低，营养物质倾向于在籽粒集聚，品质最佳。

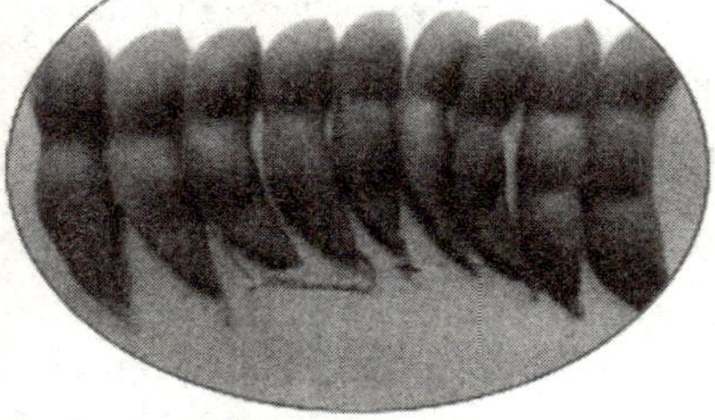
图 2-22 鲜食大豆荚

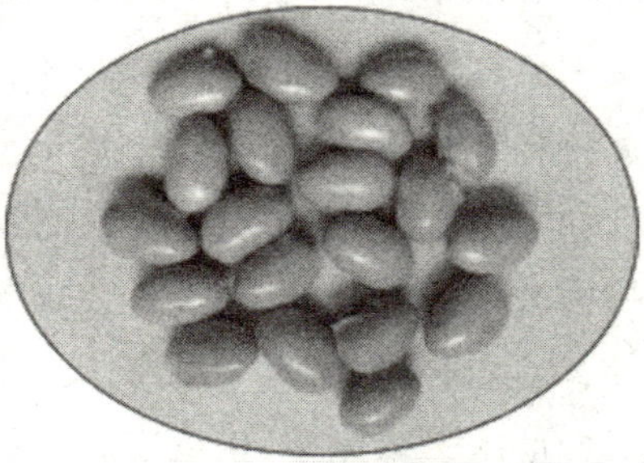
图 2-23 鲜食大豆粒

238. **收获鲜食菜用大豆有什么要求？**

答：菜用大豆适宜的收获期较短，一般7~10 d。采摘的菜用大豆在常温下保鲜的时间也较短，超过3~5 d，容易在荚壳内后熟老化，失去原有的风味。因此，在菜用大豆产业开发中，必须引进保鲜贮藏技术。

239. **发展专用型菜用大豆生产有什么意义？**

答：国际市场上，日本对菜用大豆（毛豆）的消费量最大，其次是新加坡、荷兰、加拿大、美国、澳大利亚等国。我国香港的消费也很大。如果瞄准国际市场，适当发展专用型菜用大豆生产，每公顷鲜荚产量可达6 000 kg（400 kg/666.7 m^2），鲜荚采收后速冻加工出口，前景十分广阔。菜用大豆除了加工出口外，国内市场也十分畅销。因此，发展菜用大豆生产是农民增收致富的门路。

240. **大豆重迎茬为什么会减产？**

答：大豆最忌重茬，原因是大豆根群分泌一种酸性有毒物质，连作使大豆缺钼；残存在土壤中的根瘤为土壤中增加不少氮素，连作会使大豆养分单一；氮素过多还会阻碍磷钾的吸收。另外大豆的病虫害有专一性，连作加重了病虫危害。重茬大豆植株生长迟缓，矮小，叶色发黄，易感染病虫害，致使大豆荚小，粒小，产量低，一般重茬减产20%~30%。

241. 防治重茬大豆减产的措施有哪些?

答:(1)轮作倒茬。建立合理的轮作制度,这是解决大豆重茬减产的最有效措施。在土壤耕作上以深松为主体,松、翻、耙相结合,改善土壤理化性能,促进大豆很好的发育。在地块选择上不种重茬,避开病虫害严重地块。(2)品种选择。大豆良种是减轻大豆重茬危害的重要措施。在同一地块上,不仅更新品种可以起到缓解重茬危害的作用,就是同一品种,及时更换也能起到减轻重茬危害的效果。(3)科学施肥。增施有机肥和生物肥是减轻重茬的关键措施之一。因此,要多施有机肥,科学施用生物菌肥,培肥地力,消除板结,活化土壤,促进大豆良好发育,增强抗逆性,提高产量,改善品质。(4)病虫防治。大豆重茬会使某些病虫害发生加重,因此,要有针对性地采取防治措施。首先,要搞好病虫测报,准确地掌握病虫发生动态,及时作出预测预报;其次,备好药械、农药、培训好防治员,一旦病虫害发生,及时防治;再次,进行综合防治。(5)栽培技术。进一步完善推广大豆增产的各种栽培模式,把种子、施肥、耕作、植保等各种行之有效的增产措施合理地组装起来,科学地加以运用,是减轻大豆重茬危害,促进大豆生产发展的一项主要措施。

242. 大豆花而不实的原因及对策?

答:大豆生产中经常会出现有花无粒的现象,我们叫它花而不实。造成花而不实的原因除品种选择不当外,主要还有以下几点:(1)播种过早或过晚。(2)开花后气象因素不利。大豆生长中遇到高温或低温都会使大豆光合作用下降,呼吸作用增强,制造养分少,消耗多,不利于大豆开花结实。(3)土壤营养元素比例失调。硼是促进大豆花荚形成生长的重要微量元素,缺硼可诱发大豆花而不实。(4)施肥不当,氮肥底肥过量,营养生长旺盛,植株高,分枝多,田间通透性差造成花而不实。

为避免出现花而不实,生产中可进行叶面喷肥。大豆叶片对养分有很强的吸收能力,可延长叶片的功能期,对开花结实作用明显。每亩可用磷酸二氢钾 50~100 g 兑水 50 kg,于晴天傍晚喷施,喷施的部位以叶片背部为好。开花开始每隔 7~10 d 喷 1 次,连喷 2~3 次。如遇缺硼地块可加硼 100 g 与磷酸二氢钾同时喷施平衡养分,促进结实提高产量。

243. 大豆落花落荚的根本原因是什么?

答:大豆花荚脱落是一种自然现象,是不同器官之间在生长发育上相互矛盾的结果,严重影响大豆产量的提高。每株大豆蕾及花荚脱落数一般占总花数的45%~70%。脱落比例大致是:花朵占50%,幼荚占40%,花蕾占10%,花荚脱落与品种类型有关。据研究,有限生长习性品种花荚脱落率较低,约38%;无限生长习性品种花荚脱落率较高,约60%。

大豆花荚脱落的根本原因是生长发育失调。营养生长和生殖生长在很长一段时间里是交错进行的,在苗期生长过旺的情况下,营养生长甚至在开花结荚期仍占优势,成为养分分配的中心,致使生殖生长受到抑制。另外,大豆具有养分局部分配的特点,当枝叶繁茂,株间郁闭时,被遮阴的叶片光合作用减弱,光合产物不足也是造成花荚脱落的原因之一。在营养生长过弱的情况下,养分积累少,花芽分化不能正常进行,已形成的花荚也因养分不足而脱落,后期形成的花荚更因处于"饥饿状态"而脱落。引起大豆花荚脱落的外界因素,主要是由于机械损伤和病虫危害,还有温度太低造成的冷害等,其他如土壤水分过多或过少,养分不足或氮肥过多,种植密度过大,造成株间光照不良等都是引起花荚脱落的原因。

244. 如何实现大豆的增花保荚?

答:实现大豆的增花保荚除了需要协调大豆的营养生长与生殖生长,应用生长调节剂外,还应从两个方面着手:一是培育生理上光合效率高,生态上叶片透光率高,株型较收敛因而群体透光好的品种类型,提高大豆在单位面积上的干物质生产量和经济系数;二是提高栽培技术,改善大豆群体的生态条件,保花保荚必须做好大豆的需光保叶,构成良好的源(叶片)-库(豆荚)系统。在此同时应及时防治病虫,抗御自然灾害。

245. 实现大豆增花保荚的技术措施有哪些?

答:(1)合理密植。这是协调植株个体与群体之间的矛盾,充分利用地力和光能,获得大豆高产的中心环节。合理密植能使单位面积上的群体充分发育,达到对光能利用率和土地利用率的最高程度,由于单位面积内荚数、粒数和粒重的增加,而获得高产。在过于密植的条件下,植株严重郁闭,底部叶片过早黄枯,丧失光合作用能力,导致养分供给不足,使花荚大量脱落。具体密度应根据土壤肥力、水利条件、品种特性而定，一般以 1.2 万~1.5 万株/亩为宜。(2)巧追花肥。开花结荚期，需要大量的养分，光靠施用的基肥和种肥，往往不能满足需求。因此，在初花期进行追肥，特别是瘠薄地，幼苗发育瘦弱，不能及时封行的田块，每亩追施尿素 8~10 kg。也可根外喷肥，每亩喷施 0.3%磷酸二氢钾溶液 60~70 kg，也可用 50 kg 水加 20~25 g 钼酸铵，制成溶液，叶面喷施，效果尤为显著。(3)适时排灌。开花、结荚期，正是营养生长和生殖生长最旺盛时期，也是需水的关键时期。水分不足，严重影响蒸腾和光合作用，会造成幼荚大量脱落。当大豆生长缓慢，叶片老绿，中午叶片萎蔫，即为大豆缺水表现，应及时灌水。如遇暴雨后，田间积水，要及时排除，防止涝灾。(4)防止徒长。由于部分田块水肥条件好，加之密度偏大，枝叶徒长，田间郁闭。对此，要予以控制，开花期可用 15%多效唑 40 g 加水 60 kg 进行喷施。也可用 0.2%的矮壮素喷施，抑制徒长。(5)防治病虫危害。大豆的病害主要是叶斑病，在发病初期和结荚初期，用 70%甲基托布津可湿性粉剂 800~1 000 倍液，或 50%多菌灵可湿性粉剂 600~800 倍液喷雾防治。主要虫害有大豆食心虫、豆荚螟、大豆蚜虫等，可用杀虫剂喷雾防治，减少因病虫造成的落花落荚。总之，种植大豆只要根据落花落荚产生原因，做到及时预防，及早发现，并采取相应技术措施加以防治，就可以保证大豆高产稳产优质。

246. 大豆荚而不实的原因有哪些?

答:大豆荚而不实的原因主要是种植制度不当、施肥不合理及不良的气候条件所造成的。

选用品种或种植制度不当。一般说来，偏晚熟而抗性较差的品种，由于灌浆时温度已较低，严重影响灌浆速度，因此诱发形成荚而不实的现象。大豆重迎茬种植造成土壤养分中硼的含量急剧降低，由于硼是促进大豆荚形成生长的重要微量元素，它的缺乏诱发大豆荚而不实。同时，重迎茬种植大豆会导致大豆病虫危害加重，从而诱发荚而不实的现象。不合理的栽培措施。播种较晚大豆根系集中于土壤上层，遇上后期干旱，引起荚而不实。苗期管理不及时，土壤板结，草荒苗弱易诱发荚而不实。密度过大，会影响大豆植株的通风透光，从而减弱光合作用，加重这种灾害。施氮肥不足，引起大豆徒长，枝叶茂盛，贪青晚熟，荚而不实。不良气候条件。如大豆生长期雨水较多，根系长期浸于水中，造成根系吸收能力减弱，植株生长缓慢，无法产生足够的有机物质充实豆荚，导致大豆荚而不实的现象。而在大豆结荚鼓粒期，干旱、高温、低温会使大豆光合作用降低，呼吸作用增加，制造物质少，消耗物质多，造成大豆荚而不实。

247. 防止大豆倒伏的技术措施有哪些？

答：防止大豆倒伏的发生应根据当地自然生态条件和土壤耕作制度，因地制宜地制定有效的栽培措施，以期获得高产。

（1）选择优良品种。大豆品种的抗倒伏性是大豆高产、稳产的重要条件之一，也是防止大豆倒伏的根本措施。根据地力选用适当的品种，中高肥，土地相对较好的地块应选用植株比较矮小、茎秆粗壮，抗倒耐肥的早熟品种；中低水肥的地块适合选用植株较高，茎秆较细的品种，这样的品种属于耐瘠品种，不易倒伏，如果种到高水肥地块则会徒长出现倒伏。

（2）合理密植。大豆密植容易徒长倒伏，降低产量，适宜的播种密度，可以促使大豆出苗后充分利用光能和地力，苗壮抗倒伏，因此，要根据当地环境条件和种植品种特性确定合理的种植密度。通常肥力好的地块宜稀植，肥力较差地块宜密植；早熟的品种和斜形叶品种更适于密植。

（3）合理施肥。为保证大豆各生育时期对氮、磷、钾的需求，应根据苗情和天气，注意氮、磷、钾肥配合施用，以使植株生长健壮，不出现倒伏现象，要控制氮肥的施量，切忌氮肥过量。最好的办法就是依据土壤测定结果，结合大豆对氮、磷、钾的需求，计算出氮、磷、钾施用数量，做到合理施肥。

（4）适时中耕。中耕结合培土可以防止杂草，改善土壤通气性，使大豆根瘤活力增强，促进大豆根系发育，根部的支固能力增加，抗倒能力提高。

（5）化控技术。植物生长调节剂的主要作用是降低株高和节间长度，增加茎粗，增强大豆抗倒伏能力。大豆倒伏多是由植株生长过于繁茂引起，在大豆生长发育的关键时期，根据大豆长势、天气情况适时适量施用植物生长调节剂，可抑制大豆过快生长，促进增产。多效唑、矮壮素、烯效唑、碘苯甲酸是抑制大豆生长常用的调节剂，在初花期以前施用效果较好。

（6）适时打顶。利用作物生长“顶端优势”的原理，打顶也可起到矮化壮秆防倒作用。大豆植株徒长，可割去顶尖 10~20 cm，一段时间后，打顶后的植株下部又会长出许多花芽，不仅抗倒还增产。

248. 大豆倒伏后的防治措施有哪些？

答：大豆倒伏后，植株相互压盖，造成叶片重叠，影响光合作用，植株体内对养分、水分运输的输导组织不畅通，严重影响大豆的正常生长发育，这也是大豆减产的主要原因之一。倒伏后的大豆豆秆较脆，韧皮组织无法再生，要及时扶起倒伏轻的，并培土施肥，促使新根迅速下扎，可施用钾肥增强大豆植株抗倒伏能力。倒伏严重的大豆植株尽量不要动，要在叶面喷施抗逆性强的叶面肥，增强植株抵御病虫害能力。

249. 大豆为什么会产生空秕粒？

答：大豆的秕粒是在结荚鼓粒阶段种子得不到足够的营养物质而形成的。一个豆荚内秕粒产生的位置多在荚的基部和中部，顶端产生较少。在不太干旱的情况下，全部秕粒的荚很少，2，3，4 粒荚中有一个秕粒的往往较多，而在干旱条件下，如果不及时灌溉，就会产生较多的秕粒。大豆秕粒产生的原因，一般认为是叶片功能衰退或营养生长过旺使叶片制造的有机物不足，运送到种子内的物质较少；也有认为主要原因是缺乏水分供应或供应不足，或因高温干旱的综合影响，使营养物质的运输受阻滞。此外，病虫危害，如大豆感染病毒后，往往产生青棵不实。从种子开始鼓粒，大豆生育期已进入后期，各种生理功能逐渐衰退是必然的现象。但衰退过早和过快，形成种子所需要的营养物质就会严重不足，有的种子就停止发育而成秕粒。

250. 防止大豆秕粒产生的技术措施有哪些？

答：防止秕粒的产生，应从选育良种，注意轮作倒茬，施用有机肥，增施磷肥，认真做好大豆生育后期的田间管理，防止病虫害对植株的侵染。同时，要根据气候和土壤水分状况，掌握好灌溉和排水等技术措施。（1）增施有机肥和磷钾肥。单一使用氮肥，易出现疯长现象，引起荚而不实。夏大豆出苗后一定要追施一定量的有机肥和三元复合肥。对秕荚发生严重的田块更应增施磷钾肥，减少秕荚。（2）喷施叶面肥。大豆缺硼极易引起荚而不实。生产上应在大豆初花期后每隔 10 d 喷洒一次 0.1%~0.2%的硼砂、0.5%~1.0%的尿素溶液，连喷 2~3 次；盛花期喷施磷酸二氢钾 0.2%~0.5%，不仅可预防植株脱肥，也可预防秕荚。叶面肥应在无风的阴天或晴天下午喷施，以喷洒叶背为主。(3)合理灌溉。在大豆花荚鼓粒期，遇干旱、土壤墒情不足的情况下应及时灌溉防旱，以满足大豆鼓粒期对水分的需求，减少秕荚。(4)注意防治病虫害。从大豆苗期开始必须重视蚜虫的发生，防治要早。花荚期特别注意大豆食心虫、豆荚螟的防治，提高结荚率。(5)轮作换茬。建立合理的土壤耕作制度，避免重茬种植，可防止土壤养分失调，减少病虫和杂草的危害，减少空秕率。

251. 大豆机械收获应注意什么？

答：合理调整收获机械，减少损失。包括：减少漏割，尽量采用大豆收获专用割台，控制割茬在 4~6 cm，如果出现集堆现象，可调整割台的底部拖板；减少抛枝、掉枝损失，合理调整拨禾轮转速或在喂入量允许的情况下提高车速；减少炸荚损失，保证割刀锋利，割刀间隙符合要求；减轻拨禾轮对大豆植株的打击和刮碰，控制未脱净损失；合理控制脱粒滚筒的转速、脱粒间隙，控制夹带损失；风扇的风量尽量调大，同时将颖壳筛的开度调到最大，尾筛角度调高。

合理使用收获机械，提高作业质量。适时收获，收获的最适宜时期是在完熟初期；正确选择、调整脱粒滚筒转速和间隙；正确调整喂入链耙、籽粒升运器、杂余升运器等刮板链条松紧度；尽量避免脱粒滚筒、复脱器等输送部位的堵塞。

252. 用小麦联合收割机收割大豆如何避免籽粒破损？

答：在使用不当地情况下，小麦联合收割机收获大豆造成大豆籽粒破损率在 30%~70%。使用小麦联合收割机收割大豆要注意以下问题：

(1)收割大豆前，一定要购买和更换厂家配套收获大豆的专用主轮，降低脱粒部分的转速，变小麦收割为大豆收割；

(2)调节脱粒部分间隙；

(3)适期收获，避免大豆籽粒过于干燥；

(4)收获后要注意晾晒，防止霉变；

253. 大豆高产栽培要注意什么？

答：科学耕作。土壤的肥力大小对大豆能否高产起着关键的作用。因此，为了保证土壤具有相应的肥力，就必须对土地定时、定量的进行耕翻，对土地的耕翻不仅能让土地长期保持肥力，还能在耕翻的过程中清除土壤中的害虫。具体耕翻的方法为：如果地块在此之前没有经过耕翻等工作，就要在本次耕翻的时候进行深入、细致、全方位的耕翻。

优良品种。大豆种子的质量好坏能够直接决定大豆能否生长、能否增产，所以说种子的选取可以说是大豆高产栽培的关键。大豆种子的选取，首先要考虑到大豆在当地的生长情况以及当地的气候、温度等情况，其次还要结合土壤条件，也不能盲目种植所谓的“优种”。

合理密植。对种植密度、混植等进行严格控制。大豆的种植要严格控制密度，密度既不能过大，也不能过小。种植密度过大，会影响整个适宜推广种植区域的通风、透光性，也会影响其营养吸收；种植密度过小，浪费土地，达不到应有的产量水平，造成严重的资源浪费，甚至有收不抵支的情况。如果大豆与其他作物间作套种，应该注意间作套种的种植规格。

科学施肥、合理灌溉。大豆生长所需肥料，与其他作物略有不同，由于大豆拥有能把空气中的氮元素转化为氮肥的特性，因此，大豆在种植过程中并不需要过多的氮肥，施肥的时候应注意大豆的生育时期、施肥的数量。

图 2-24　高产大豆新品系

254. 大豆栽培有哪些核心技术？

答：(1)播前整地技术。播前整地包括播前进行的土壤耕作，如：平翻、耙茬、深松及耙、耱、镇压等农机措施。

（2）播前灌溉技术。对于墒情不好的地块，有灌溉条件的，可在播前1~2 d灌水1次，浸湿土壤即可，以利播后种子发芽。

（3）播前药剂除草技术。播前采用机械喷施除草剂，进行大田封闭除草。氟乐灵等除草剂可在播前进行土壤喷雾。用氟乐灵可有效防除1年生禾本科杂草和某些1年生阔叶草。

（4）品种选择技术。要结合当地生产情况进行选择生育期适宜，高产稳产、抗病抗倒、品质优良的品种。精选净度要求达97%以上，纯度98%以上。

（5）种子处理技术。为防治蛴螬、地老虎、根蛆、根腐病等苗期病虫害，常用0.3%~0.4%多菌灵加福美双（1:1）或用0.3%~0.5%多菌灵加克菌丹（1:1）拌种。要注意采用根瘤菌拌种后，不能再拌杀虫剂和杀菌剂。

（6）播种技术。播种行距一致，播种深度3~5 cm，覆土均匀。土壤水分是大豆出苗好坏的关键因素，一般情况下先浇足底墒水，再播种就能确保全苗。一般亩播量3~4 kg。分枝多、株型松散类型的品种，留苗密度小一些；反之，株型紧凑、分枝少，以主茎结荚为主的品种，留苗密度大一些。整地质量差，土壤墒情差，或种子发芽率低，应选择较大播量；反之，选择较小播量。种子粒大，播量适当增加；反之，适当减小。土壤地力、水肥条件好的地块留苗密度宜小些；反之，宜大些。

（7）种植密度。植株高大、分枝多、株型松散的品种类型，适宜种植行距60 cm左右；反之，种植行距要缩小到50 cm左右。另外，土壤水肥条件好，行距适当加大；水肥条件差，行距适当缩小。

（8）防除杂草。一是结合中耕人工除草，既疏松了土壤，又起到了培土防倒作用；二是化学除草，出苗后，常用除草剂有精禾草克、盖草能、稳杀得、苯达松等。

（9）田间管理技术。①苗期。主攻方向：苗全、苗匀苗壮。技术措施：施足底肥，用复合肥15~20 kg。疏密补稀：及时间苗，防止“疙瘩苗”“拥挤苗”。苗期一般不追肥浇水，蹲苗防倒。对于特殊干旱年份或底肥不足或有缺肥症状，要及时浇水追肥。及时中耕除草。防治地老虎、蛴螬、金针虫等地下害虫和苗期蚜虫、红蜘蛛、棉铃虫、造桥虫、菜青虫等害虫。②开花期。主攻方向:健壮、防旺、增花、增荚。开花期高产长相:开花期封垄,结荚期透光。技术措施:关键期追肥,开花期至花后 10 d,根据田间长势适时、适量追施尿素 5~10 kg。对于密度大,节间长,有疯长趋势的地块,开花初期喷施抑制剂(多效唑)防止旺长。结荚期喷施抗逆性调节剂或微肥,增花、增荚、增粒重。结荚期防治棉铃虫、造桥虫、菜青虫、豆荚螟等要掌握最佳时期、应用高效低毒农药、复合用药的原则。③鼓粒期。主攻方向:保绿叶、防落荚、防秕荚、增粒重。鼓粒期高产长相:荚多粒多,高而不倒。技术措施:喷施抗逆性调节剂或微肥,保绿叶、防落荚、增粒重。结荚鼓粒期,温度高,蒸发快,及时浇水 。掌握“无风快浇,风大停浇”的原则,防治后期倒伏。拔除田间杂草。④成熟期。主攻方向:粒粒归仓,保质增效技术措施。⑤适时收获。整株豆荚、豆粒呈现品种原有色泽,叶片发黄脱落,干物质积累不再增加时,籽粒水分下降,为大豆成熟期。成熟后就可人工收获,机械收获可以晚一些。防丢粒:要调试好收割机,发现丢粒,找出原因,及时解决。防混杂:在收获、运输、晾晒、筛选过程中,采取有力措施防止混杂。

图 2-25 人工除草

图 2-26 机械中耕除草

255. **为什么大豆品种会混杂退化?**

答:优良品种在种植过程中,由于播种、收获,晾晒、贮存等环节,都会发生混杂退化,使之不能持久地发挥良种的增产作用。“混杂”是指混进其他品种,造成不纯。“退化”是指由于种种原因,品种本身发生变异,好的种子变坏，产量降低，失去栽培价值。

256. 大豆品种混杂退化的原因是什么？

答：(1)机械混杂。主要是由于播种、收获、脱粒、运输、晾晒、贮藏时用具及场所清扫不干净，以及保管不慎混进其他品种而造成的。

(2)生物学混杂。就是自花授粉作物，杂交率也在4%以内，同时还有天然杂交的机会；异花授粉作物就更容易了。自然杂交其后代就会出现分离，其中有的变好，有的变坏，不注意选择就会混杂退化。

(3)不良栽培条件的影响。由于环境条件的变化，使良种的某些优良性状发生不好的变异。

在这些原因中，主要是机械混杂。由于机械混杂，就容易发生生物学混杂，而生物学混杂就打破了原来遗传物质的结构，动摇了原品种的遗传性，因而易受环境条件的影响发生自然变异。

257. 我国在大豆杂交种研究方面取得了哪些成就？

答：杂交种在世界主要粮食作物中都已普遍推广应用，对发展农业生产发挥了划时代的作用。长期以来，世界范围内大豆单产每年提高只有0.5%。各国科学家为解决大豆低产问题、寻找杂交优势利用方法付出了极大的努力，但由于大豆这种自花授粉作物的特殊性，使其杂交优势利用成为难以攻克的难题。以吉林省农科院孙寰研究员为首的课题组，从1983年开始进行大豆杂交种研究，利用我国野生大豆资源丰富的优势，通过远缘杂交方法，获得了世界首例大豆“细胞质-核互作不育系”。此项成果1993年通过中国和美国专家的鉴定。

258. 国内外油分含量最高的大豆品种——冀黄13号

答：冀黄13号是河北省大豆育种专家张孟臣带领科研人员选育成功的高油大豆品种。国家农业部油料及制品质量监督检验测试中心、谷物品质监督检测中心连续两年测定，冀黄13号脂肪含量分别为24.04%、24.1%，高于普通大豆4~5个百分点，比国外进口转基因大豆高2~3个百分点，为国内外油分含量最高的大豆品种。同时，冀黄13号蛋白质含量39.75%，超过国家双高(高油、高蛋白)优质大豆63%的育种攻关目标，解决了高油品种蛋白质含量低的难题。冀黄13号是非转基因大豆，在国际市场上，非转基因大豆的价格高出转基因大豆15%~20%。冀黄13号因此更有市场竞争力。2003年国家“十五”期间第一个大豆一等后补助奖、“863计划”课题也都把“绣球”抛向冀黄13号。

259. 国内第一个无豆腥味大豆新品系——93103-1

答：大豆脂氧化物酶LOX催化不饱和脂肪酸氧化产生醛、酮等有害物质，使大豆产生豆腥味，影响了豆制品的开发利用。山东省农科院作物研究所科技人员自1991年引进LOX缺失材料，并重点开展了LOX缺失遗传改良研究。在国内育成了第一个具有应用价值的无豆腥味大豆品系93103-1，产量约200 kg/666.7 m^2，比引进材料高60多千克，百粒重18 g左右，比引进材料高6 g，品质优，且表现抗病、抗倒伏、不早衰。项目于1999年年底通过了山东省科委组织的专家鉴定，达到了国内领先水平。

260. 大豆自留种要注意什么？

答：多年自留种会使品种退化。大豆退化表现为种子纯度降低，整齐度降低，特别是成熟期不一致，抗病性减弱，产量降低。大豆退化原因：①机械混杂或人为混杂。在大豆种子生产、运输、贮藏和销售过程中，随时随地都有可能发生品种混杂，特别是在同时种植、运输、贮藏两个或两个以上品种时，极易造成机械混杂。②生物学混杂。虽然大豆天然异交率低，但某些昆虫如蓟马发生严重时，仍有一定的天然异交机会，因天然杂交而产生的杂交种，会使变异株增多，使一个优良品种成为混杂品种。③不良的环境也会使大豆产生不良变异，使优良大豆品种变劣。需要更换品种或进行种子提纯复壮。

种子提纯复壮。留种的地块一定要去杂去劣，具体方法是依据品种特性，将不同花色的植株去除，依据叶型、植株结荚和生长形态等不同及时去弱、病、杂株，选择纯度较高、健壮整齐植株留种。待成熟后分别收获、晾晒、贮存。

干旱地不能留种。干旱地种植的大豆由于缺少水分，多数会长成硬实粒。硬实粒主要表现为种皮蜡质积累过多，影响水分吸收而不易膨胀。这样的种子将导致出苗不齐、不全。因此，干旱地种植的大豆不能留作种子。

安全贮存大豆种。通过晾晒豆种水分含量须在12%以下方能贮存，如超过 13%，就有霉变的危险。贮存的大豆，还在进行后熟作用，会释放出湿热，应及时通风散湿，以防止霉变、红变等异常现象发生。

豆种不宜与化肥或农药同贮。以免挥发性气体进入种胚，造成大豆种子活力的丧失。

261. 什么是大豆的 DUS 测试？

答：根据新种子法要求，申请审定和登记的植物新品种要求有特异性、一致性和稳定性(DUS)测试报告，目前全国农业技术推广服务中心和各省种子管理部门已经按此要求执行。审定作物只接收玉米、大豆和小麦三个作物。新品种特异性、一致性和稳定性测试提交样品最晚送样日期为 4 月 15 日。一般情况下：小麦 2 000 粒/年，其他种子作物 600 粒/年。种子类可一次提交三年样品，两份测试，一份留存备查（分开包装，每个包装袋内外各有一个品种信息标签，注明植物种类、品种名称、育成单位、育种人、联系电话）。最晚送样日期之前收到付款确定为当年试验任务。

262. 宁夏大豆高产高效栽培有哪些地方标准？申请了哪些专利？

答：目前，宁夏大豆生产上有 4 部地方标准，分别是《春大豆栽培技术规程》《西瓜套种大豆栽培技术规程》《玉米间作大豆栽培技术规程》《引黄灌区夏播大豆栽培技术规程》已由宁夏回族自治区质量技术监督局发布实施。申请国家发明专利 4 项，分别为：一种利用大豆雄性核不育材料选育春大豆新品种的方法；一种中药材菟丝子高产种植方法；玉米间作大豆的种植方法；一种菠菜套种大豆高产种植方法。

第三部分　大豆病虫草害防控技术

263. 大豆害虫分哪几类?

答:大豆害虫种类很多,到目前为止,根据文献记载结合 2008 年以来在全国各地进行大豆害虫调查的结果,已知我国大豆害虫种类共计 404 种。在这些害虫中,按照寄主范围不同可分为杂食性害虫、狭食和专食性害虫 3 大类群。按照生态型划分,可分为根栖、蛀茎、刺吸、食叶和蛀粒 5 种类型。在众多的害虫中,危害较大、种类最多的是大豆蚜等刺吸类害虫和蛴螬、地老虎、食心虫等咀嚼式害虫。应用杀虫剂是目前普遍采用而且防治效果较好的方法。

264. 大豆虫害和大豆害虫有什么不同?

答:虫害和害虫是两个不同的概念。虫害是由于害虫取食或产卵等行为导致农作物形成较大经济损失的表现形式。所谓害虫是指其行为活动对人类利益有害的一类生物,主要包括部分昆虫、螨类等节肢动物及其某些软体动物等类群。

265. 大豆虫害形成需要哪些条件?

答:(1)足够的虫源基数;(2)有利的环境条件;(3)适宜的寄主生育阶段。

266. 宁夏大豆的害虫有哪些?

答:宁夏大豆苗期主要害虫有:蛴螬、小地老虎、大豆蚜虫;成株期主要害虫有:大豆红蜘蛛、蚜虫等;荚期主要害虫有:大豆食心虫、豆荚螟等。

267. 害虫防治的主要方法有哪几类?

答:农业害虫的防治方法,根据作用原理和应用技术,可分为 5 大类,即植物检疫、农业防治、生物防治、化学防治和物理机械防治。

268. 为什么要进行植物检疫?

答:植物检疫是防止危险性病、虫、草害传播蔓延的最有效方法。各种植物病原菌、害虫、杂草等都有一定的地理分布范围,但也有远距离传播和扩大发生的可能。它们的传播主要有自然传播和人为传播两种途径,人为传播主要是通过植物、植物产品及其包装、运输工具等传播。这些病害在原产地往往由于受天敌、植物抗性和长期形成的农业生产体系的抑制,其发生与危害一般不会引起人们的重视;而一旦传入新的地区,如果环境适宜,又缺乏有效的天敌控制等防治措施,常在短期内爆发,造成灾害。植物检疫的作用和意义非常重大。

269. 如何防治大豆地下害虫?

答:毒土法。在大豆播种期,采 30%毒死蜱微囊悬浮剂 7.5 kg/hm^2 采用毒土法防治,毒土用量为 450 kg/hm^2。毒土配置:取沙性土过 20 目筛子,药土总体比例为 1:60,先将微胶囊制剂按药土比 1:10 拌匀,之后将该毒土均匀拌入剩余土中,将制好的毒土随肥施入土中。也可采用拌种法,药剂用量为 30%毒死蜱微囊悬浮剂 1.5 kg/hm^2。

毒肥法。采用毒肥缓释颗粒剂土壤处理方法进行防治,使用 0.5%毒死蜱微胶囊复合毒肥(N–P–K 含量 15%–15%–15%),每公顷施用量 150 kg,随免耕覆秸播种机播种施肥过程施入土壤。

药剂拌种。可用 30%毒死蜱微囊悬浮剂按药种比 1:50 拌种,以保护种子和幼苗。

270. 如何防治地老虎?

答:物理防治,成虫发生期可利用黑光灯、糖醋液、带叶杨树枝、性诱剂等诱杀成虫,降低发生基数。也可在田间插放稻草或麦草把诱卵,每 5 d 集中处理 1 次,可减少卵量。

化学防治:①种子处理和土壤处理参见蛴螬防治。②毒饵诱杀,用切碎的新鲜菜叶或杂草在 90%晶体敌百虫 100 倍液中浸泡 10 min,制成毒饵，亩施用量为 30~40 kg，在傍晚撒施于作物幼苗旁边；或用 90%晶体敌百虫 0.5 kg，加水 2.5~5.0 kg，喷在 50 kg 粉碎炒香的棉籽饼、油渣或麦麸上制成毒饵，亩施用量为 4~5 kg。③田间喷雾施药关键时期是幼虫进入 3 龄以前。常用的药剂有 90%晶体敌百虫、50%辛硫磷乳油、2.5%溴氰菊酯乳油、20%杀灭菊酯乳油等。也可用 5%抑太保乳油、20%除虫脲水剂等对天敌安全的新型杀虫剂。

图 3-1　小地老虎

271. 如何防治蛴螬？

答：蛴螬是金龟子幼虫的通称。在我国农田发生的蛴螬种类主要是暗黑鳃金龟、铜绿丽金龟和大黑鳃金龟等。防治蛴螬可采取以下几项措施。

农业防治：实行秋翻地，降低虫源基数。

化学防治：①种子处理。可以使用种衣剂或采用药剂拌种、闷种。使用种衣剂一般种药比约为 40:1；药剂拌种或闷种为每 600~1 000 kg 大豆种子用 50%辛硫磷乳油 1 kg，先将药剂与 100 kg 水搅拌均匀，然后与种子拌匀，堆闷 12~24 h。②土壤处理。可将农药均匀撒施或喷雾于地面，然后犁入土中，或将农药与粪肥、肥料混合施入，也可将颗粒剂与种子混合施入以及用毒土盖种、条施、沟施或穴施等。

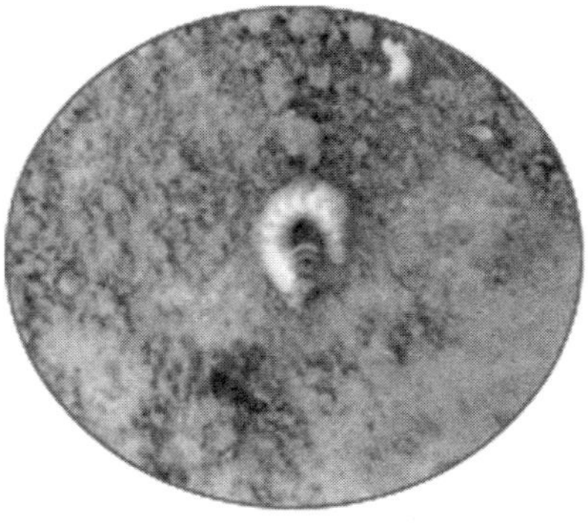

图 3-2　蛴螬

272. 农药使用的主要方法有哪些？

答：（1）喷雾；（2）喷粉；（3）撒施；（4）毒土；（5）拌种；（6）涂抹；（7）灌淋；（8）熏蒸。

273. 农药施用时间如何确定？

答：判别防治害虫的适期，应在 2~3 龄期前用药，有的应在卵块孵化顶峰期前后用药，可达到最好的防治效果。害虫幼龄期在3龄前体壁很薄，体壁上还长有很多的微毛，微毛着生部位的表皮很薄，药剂就很容易透过这一层，而且这时虫体小，损害轻，活动领域小，抗药（耐药）力弱。虫龄增大期虫体内的脂肪量也增加了，具备积累或分解农药的作用。害虫体内脂肪含量越高，这种作用就越明显，抗（耐）药性也就越强。

害虫天敌对药剂反应比较敏感的时期，应尽量少用药或不用药，以保护天敌，维持田间生态平衡。

杂草敏感期施用除草剂通常应在杂草敏感期用药。对于以种子滋生的杂草，幼芽期和幼苗期对除草剂较为敏感，因此，这一时期经常是除草剂用药的适期。通常在播后苗前或杂草1~2叶期为好。当使用广谱灭生性除草剂时，如草甘膦、农达等，应在杂草茂盛生长期较为敏感时用药，除草效果显然，并且持效期长。如果防除春季和夏季农田杂草时，应在杂草盛发初期喷施除草剂最好。

选择作物对药剂有较强抗性时喷施，免得引起作物药害。

依据农药安全使用标准，在安全间隔期内施药，免得农药残留超标，造成不良结果。

274. 用好大豆除草剂要注意哪些事项？

答：（1）药剂喷洒要均匀。坚持标准作业，喷洒均匀，不重，不漏。

（2）整地质量要好，土壤要平细。

（3）混土要彻底。混土的时间与深度，应根据除草剂的种类而定。

图 3–3　大豆田间杂草

（4）把安全性放在首位，选择安全性好的除草剂及混配配方。

（5）根据杂草种类选择除草剂和合适的混用配方。

（6）根据土壤质地、有机质含量、pH 和自然条件选择除草剂。

（7）选择了除草剂还必须选择好的喷洒机械，配合好的施药技术。

（8）要采用两种以上的混合除草剂，同一地块不同年份间除草剂的配方要有所改变。

275. 为啥大豆多用苗后除草剂？

答：苗后除草是苗前除草的继续和发展，具有杀草率高、节省能源、使用方便、安全性强、对后茬影响小等特点。防除不同的杂草应施用具有针对性地选择除草剂进行化学防治。

276. 大豆田杂草是如何分类的？

答：大豆田杂草可分一年生禾本科杂草、阔叶杂草和多年生杂草。

277. 大豆田常见一年生杂草有哪些？

答：稗草、狗尾草、金狗尾草、马唐、野燕麦、牛筋草、野黍等。

278. 大豆田阔叶杂草有哪些？

答：藜（灰菜）、苍耳（老苍子）、反枝苋（野苋菜）、龙葵（黑悠悠）、风花菜、香薷（野苏子）、狼巴草（鬼叉）、鸭跖草（兰花菜）、苘麻（麻果）、马齿苋、猪毛菜、菟丝子、猪殃殃等。

279. 大豆田多年生杂草有哪些？

答：问荆（节骨草）、苣荬菜（曲麻菜）、刺儿菜（小蓟）等。

280. 大豆害虫为什么会产生抗药性？

答：长期使用单一药剂防治同一种害虫，会导致这种昆虫群体发展成为新的种群，后者对该杀虫剂的忍受能力超过杀死正常群体的大多数个体的药剂剂量。

281. 防治大豆病虫害的方法主要有几种？

答：（1）农业防治；（2）生物防治；（3）物理防治；（4）药剂防治。

282. 大豆蚜虫在田间数量为什么会迅速增加？如何防治？

答：大豆蚜在田间不需要经过雌雄两性个体交配即可繁殖后代。在高温、干旱条件下繁殖速度较快，每头无翅型蚜虫平均日产若蚜 5~6 头，一共可产出多达 50 头若蚜，每 3~6 d 1 代。在 6 月末至 7 月末气温高、降雨少的天气条件下，大豆蚜快速繁殖，导致蚜虫数量迅速增加。同时在大豆蚜数量较多时，会出现一种有翅型的蚜虫，可以田间迁飞，使大豆蚜在全田快速扩散，数量迅速增加。

图 3–4 大豆蚜虫

防治方法。生物防治：保护、利用瓢虫、草蛉、食蚜蝇、蚜茧蜂等益虫、有益微生物控制蚜虫。药剂防治：当有蚜株率达 10%或平均每株有蚜虫 3~5 头时，进行化学防治。3%啶虫脒可湿性粉剂每亩 30~50 g，兑水 50 L 喷雾；10%吡虫啉可湿性粉剂 2 000 倍液；50%抗蚜威可湿性粉剂每亩 6~8 g，兑水 25~30 L 喷雾。抗蚜威有利于保护天敌，但由于蚜虫易产生抗药性，应注意轮换使用。

283. **地老虎的发生有什么规律，如何防治？**

答：地老虎属鳞翅目夜蛾科。以幼虫为害大豆，将茎基部咬断，造成作物严重缺苗断垄，甚至毁种。地老虎成虫体长 15~18 mm，翅展 42~45 mm，灰褐色。前翅有明显的灰白色宽边，环形纹、肾形纹皆为灰褐色。幼虫体长 43~46 mm，腹部背面毛片后面 2 个比前面 2 个稍大，臀板黄褐色，体表光滑无颗粒。地老虎幼虫白天潜伏土中，夜晚出土为害。1 年发生 1 代，以 1 龄幼虫卵壳内越冬。第 2 年 4 月幼虫破壳而出，先取食荠菜、灰菜、刺菜、苣买菜等杂草。待大豆出苗后为害大豆，6 月上、中旬是幼虫为害盛期，6 月下旬开始化蛹，7 月上中旬为化蛹盛期。要深翻灭卵，秋后在有地老虎虫卵的地块，实行深翻，卵翻入 15 cm 以下土层中后死亡 70%，可大大降低越冬虫卵基数。

药剂防治可用：①毒饵诱杀。用 80%敌百虫可溶性粉剂 0.5 kg、豆饼 50 kg、水 50 kg 配成毒饵。先将豆饼粉碎、炒香，然后用水溶化敌百虫再与豆饼混拌均匀，于傍晚撒在被害田，用量 15~20 kg/hm^2。幼虫夜出活动取食毒饵后中毒死亡。②用农药加入包良剂防治。用总含量不低于 30%~35%，且克百威含量不低于药剂总含量10%的种衣剂，进行种子包衣。

284. 大豆食心虫有什么特征？如何防治大豆食心虫？

答：大豆食心虫又称小红虫，属鳞翅目小卷叶蛾科，俗名大豆蛀荚蛾。大豆食心虫幼虫共分4龄，初产时淡黄色，入荚脱皮后变为乳白色，末端幼虫体长8~10 mm，老熟后呈红色，略呈圆桶形；成虫红褐色，体长5~6 mm，雄蛾颜色较浅，雌蛾较深。大豆食心虫以幼虫为害大豆籽粒为主，幼虫蛀入豆荚，取食豆粒，轻者吃成兔嘴，重者可把豆粒吃掉大半，形成虫口破瓣，严重时豆粒被吃光。一般年份虫食率10%左右，严重年份可达34%~40%，甚至80%以上，造成严重减产和大豆品质的下降。

大豆食心虫的防治方法。农业防治：因大豆食心虫喜欢将卵产在密生茸毛多的豆荚上，所以建议选用豆荚毛少、早熟的大豆品种；同时，为减少越冬的虫源，秋收后宜及时耕翻土地。化学防治：用2.5%功夫乳油或其他菊酯类杀虫剂，用背负式喷雾器将喷头朝上从豆根部向上喷，使下部枝叶和顶部叶片背面着药。

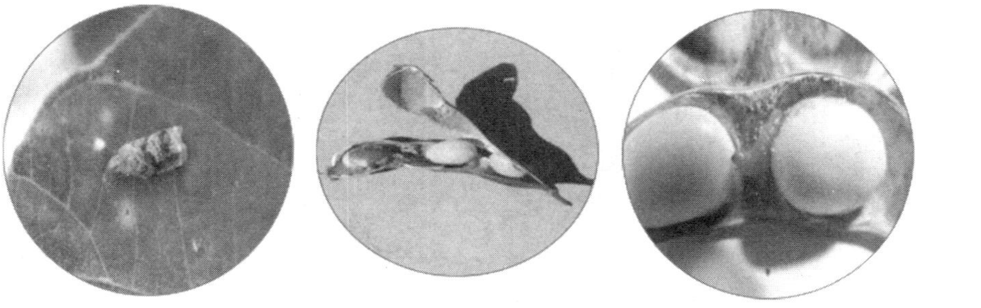

图3-5　大豆食心虫及危害症状

285. 如何防治大豆红蜘蛛？

答：为害大豆的红蜘蛛即为棉红蜘蛛，俗名火龙、火蜘蛛。红蜘蛛在全国各地均有发生，特别是在我国黄淮流域和北方大豆主产区为害较重，如逢干旱年份为害更重。据调查，近几年来大豆红蜘蛛的危害已上升为主要地位，一般使大豆减产20%~30%，严重地块减产70%~90%。大豆红蜘蛛在大豆整个生育期均可发生，以成螨、若螨为害叶片，多在叶片背面结网，在网中吸食大豆汁液，受害叶片最初出现黄白色斑点，以后叶面出现红色大型块斑，重者全叶卷缩、脱落，甚至光秆。受害豆株生长迟缓，矮化，叶片早落，结荚量少，结实率低，豆粒变小，造成大豆减产。7~8 月份为害达到高峰，杂草多或植株稀疏长势差的地块发生严重。

防治方法：(1)以防为主，采取农业防治法。施足底肥，及时除净杂草，干旱时及时灌水，有条件的进行水旱轮作，可减轻发病。(2)化学防治。首先要加强田间虫情检查，控制点片发生阶段。发现有叶片出现零星黄白斑危害状时应立即用药防治，可选用 25%炔螨特乳油 3 000 倍液喷雾，或 20%扫螨净、螨克乳油 2 000 倍液等喷雾，连喷 2~3 次。干旱时要加大喷液量。(3)生物防治。10%浏阳霉素乳油 1 000~2 000 倍液，1.8%阿维菌素乳油、2.5%华光霉素 400~600 倍液喷雾。

286. 大豆病害主要有哪几种？

答：目前已经发现的大豆病害有 30 余种，其中在我国侵染大豆的真菌性病害有 23 种，普遍发生的有霜霉病、灰斑病、根腐病等；病毒性病害主要有花叶病等。由于我国南方和北方气候条件不同，大豆病虫害发生的种类和严重程度有一定的差异。

287. 宁夏大豆生产上主要有哪几种大豆病害？

答：宁夏大豆病害主要有花叶病毒病、菌核病、霜霉病、疫霉根腐病等。

288. 如何识别和防治大豆根腐病？

答：大豆在整个生育期均可感染大豆根腐病，造成苗前种子腐烂，苗后幼苗猝倒和植株枯萎死亡。刚刚出土的大豆幼苗感染根腐病，最初病状为子叶节处水渍状软腐，渐变棕褐色，细缩。子叶上出现棕褐色略凹陷的病斑。大豆真叶展平至开花期，病害主要发生在第一节间处，并随生育进程可向上部节位扩展，在茎的一侧或环绕茎秆凹陷细缩，剖开茎部可见髓组织变褐病株叶片枯黄，叶柄下垂不脱落，感病严重的植株枯黄死亡，感病品种成株期茎秆浅褐色，水渍状，一直可延伸到 10~11 节位，维管束变褐，中空易折。病株荚数明显减少，空荚、瘪荚较多，籽粒多不饱满，根部的须根和主根下半部均已腐烂，病株极易从地中拔出。防治措施：(1)加强检疫，使用无病种子。(2)选用对当地小种具抵抗力的抗病品种。(3)加强田间管理，及时深耕及中耕培土；雨后及时排除积水防止湿气滞留。(4)因该菌只侵染大豆，在发病地块轮作，时间不应少于 4 年。(5)药剂防治：50%安克可湿性粉剂、25%甲霜灵可湿性粉剂按种子重量的 0.2%进行拌种；田间发病后，可用 50%安克可湿性粉剂 1 500 倍液、25%甲霜灵可湿性粉剂 600 倍液进行喷雾防治，7 d 喷 1 次，连喷 3 次。

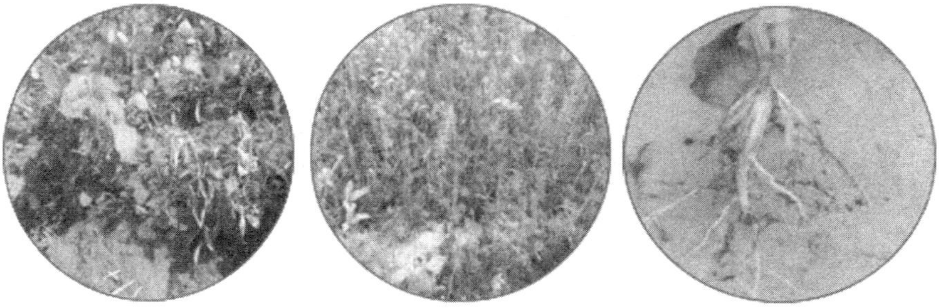

图 3-6　大豆疫霉根腐病(苗期、枯死、根部)症状

289. 如何识别大豆菌核病？

答：大豆菌核病主要浸染茎秆，7 月下旬开始发病，浸染初期茎秆上有褐色病斑，以后病斑上有白色棉絮状菌丝体及白色颗粒，后变黑色颗粒(菌核)。纵剖病株茎秆，可见黑色圆柱形老鼠屎样的菌核，病株枯死后呈灰白色。药剂防治用 50%速克灵可湿性粉剂 1 000 倍液或 40%核菌净 1 000 倍液或 50%甲基托布津 500 倍液喷雾。

只要发现病株就要马上喷药防治，如果不及时防治，造成大面积扩散就损失大了。发病初期开始喷洒 40%多·硫悬浮剂 600~700 倍液或70%甲基硫菌灵可湿性粉剂 500~600 倍液、50%混杀硫悬浮剂 600 倍液、80%多菌灵可湿性粉剂 600~700 倍液、50%扑海因可湿性粉剂 1 000~1 500 倍液、12.5%治萎灵水剂 500 倍液、40%治萎灵粉剂 1 000 倍液、50%复方菌核净 1 000 倍液。或选择 50%速克灵可湿性粉剂每公顷用药量 1 500 g，兑水喷雾；40%纹枯利可湿性粉剂 800~1 200 倍液。50%农利灵可湿性粉剂每公顷用药量 1 500 g，兑水喷雾；25%施保克乳油，每公顷 1 050 ml，兑水喷雾。一般于发病初期防治一次，7~10 d 再喷 1 次，但一定要喷得均匀周到，才能取得较好效果。

图 3–7　大豆菌核病症状

290. 如何识别大豆花叶病毒病?

答:大豆花叶病毒病的症状主要有花叶和坏死两大类。花叶类表现为病毒感染初期,嫩叶叶脉透明,中后期出现黄绿相间的花叶、严重的出现叶片起疱、皱缩、增厚发脆、向下反卷,植株矮化、产生无茸毛光荚等症状;坏死类型感染,初期叶片上出现褐色枯斑或叶脉坏死,随后坏死连成一片,最终导致叶片脱落。个别品种感染后,顶部褐色坏死,俗称"顶枯"。感染病毒的大豆结出的籽粒上出现多种形状的褐色或黑色斑纹。

种子所带病毒是来年发病的病源,蚜虫的传播造成病毒的扩散,清除带毒种子较困难,但在大豆苗期及时拔除田间带毒种子长出的病苗,并及时消灭蚜虫在一定程度上可减少病毒扩散和危害。推广抗花叶病毒品种是最经济有效的防治方法。

图 3–8　大豆花叶病毒病叶片症状

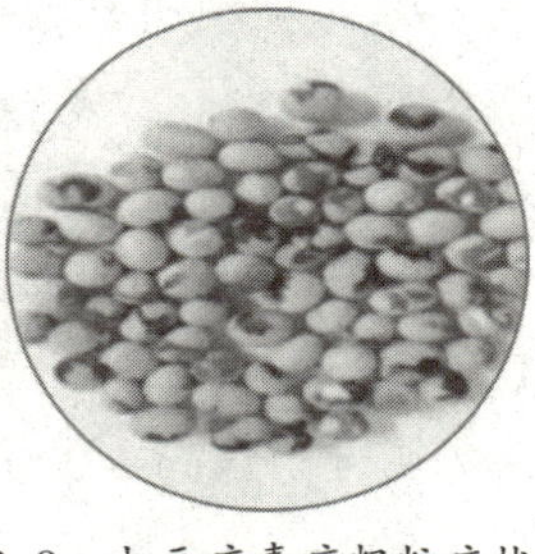

图 3–9　大豆病毒病籽粒症状

291. 大豆花叶病毒病发病的原因有哪些?

答:种子带毒。病原物为花叶病毒,病毒颗粒为线状。大豆花叶病的初侵染源主要是带毒种子,带毒种子长出的植株,成为田间再侵染的毒源,并且大豆花叶病毒很容易接触传染。感染病毒病的大豆种子,褐(黑)斑粒多,种子褐(黑)斑粒率在10%左右。

蚜虫传播。大豆花叶病毒媒介昆虫主要是大豆蚜。温度高降水少,大豆植株体液浓度高、营养丰富对蚜虫的繁殖有利。蚜虫数量越大、出现越早,早期病株越多,花叶病发生越重。近几年大豆蚜虫的发生量较大,为大豆花叶病毒的发生提供了传播媒介,2000—2003年蚜虫的发生量为每百株大豆有蚜虫近万头,有蚜株率在90%以上。

292. **大豆花叶病毒病发病表现出哪些主要症状?**

答:大豆花叶病的病叶症状。在叶片上呈典型的花叶症状,一般在嫩叶上花叶症状明显,而在老叶上则不明显。常见的花叶症状有三种:一是重花叶型,病叶呈黄绿相间的斑驳,皱缩严重,叶脉褐色弯曲,叶肉呈泡状突起,暗绿色,整个叶片的叶缘向后卷曲,后期叶脉坏死,植株矮化;二是皱缩花叶型,病叶呈黄绿相间的花叶而皱缩,叶片沿叶脉呈泡状突起,叶缘向下卷曲常使叶片皱缩呈歪扭的不正形,植株矮化,结荚少;三是轻花叶型,叶片生长基本正常,肉眼观察有轻微淡黄色斑驳,摘下病叶透过日光见有黄绿相间的斑驳。一般抗病品种或后期感病植株多表现此症状。

大豆苗期症状。一般是在真叶上出现明脉现象,不久变为花叶状,病株节间缩短,植株矮化。种子带毒植株矮化较重,而后期由蚜虫传毒感病的植株则矮化现象不明显。

大豆籽粒上病斑症状。常从脐部开始出现放射状或不规则形的褐色或黑色斑纹,斑纹的有无和轻重与感病时期有关,带毒种子长出的病株所结的种子斑纹明显,种子传播带毒率高,后期由蚜虫传毒而感病的植株,特别是开花以后感病的植株,种子上的斑纹常不明显。但种子带毒与否并不完全决定于斑纹的有无,无斑纹的种子并不一定不带毒。

293. **大豆花叶病毒病如何防治?**

答:精选大豆种子。播种前要严格筛选种子,人工仔细挑选出感病的大豆粒,清除褐(黑)斑粒,尽量减少初侵染源。

治蚜防病。大豆花叶病的发生流行与蚜虫的发生数量和高峰出现的早晚关系密切,因此做好虫情调查和预测,及时喷药灭蚜,将蚜虫消灭在点、片阶段,是防治大豆花叶病的关键。防治大豆蚜虫的方法主要有:每公顷用10%吡虫啉可湿性粉剂300~450 g、3%莫比朗乳油450 ml，兑水450 kg喷雾；或每公顷用2.5%绿色功夫乳油600 ml、20%辉丰快克乳油300~450 ml，兑水450 kg均匀喷雾。

药剂防病。大豆苗期结合中耕及时拔除病株。同时，在发病前或发病初期开始喷药防治病毒病，每公顷用2%菌克毒克水剂1.70~2.25 kg，兑水450 kg喷雾，做到均匀喷雾，无漏喷，连续施药2次，每次间隔7~10 d；或每公顷用20%病毒A可湿性粉剂900 g，兑水450 kg喷雾，均匀喷雾，每隔7~10 d喷1次，连喷3次。另外，在7—8月份，还可以结合防治大豆蚜虫喷施防治病毒病的药剂。

294. 如何识别大豆炭阻病？如何防治？

答：大豆炭疽病是一种真菌病害，主要侵染大豆的叶、茎、豆荚和种子，苗期和成株期均可发病。苗期侵染可以导致幼苗死亡，缺苗断垄。成株期主要为害茎及荚，也为害叶片或叶柄。茎部染病初生褐色病斑，其上密布呈不规则排列的黑色小点。荚染病小黑点呈轮纹状排列，病荚不能正常发育。苗期子叶染病现黑褐色病斑，边缘略浅，病斑扩展后常出现开裂或凹陷；病斑可从子叶扩展到幼茎上，致病部以上枯死。叶片染病边缘深褐色，内部浅褐色。叶柄染病病斑褐色，不规则。病菌侵染豆荚可以导致种子侵染。被侵染的种子萌发率低，影响种子质量。

病菌在大豆种子和病残体上越冬，翌年播种后即可发病，发病适温25℃。病菌在14℃以下或35℃以上不能发育。生产上苗期低温或土壤过分干燥，大豆发芽出土时间延迟，容易造成幼苗发病。成株期温暖潮湿条件利于该菌传播侵染。植株在整个生长期都是感病的，特别是在大豆开花期到豆荚形成期。在这一时期使用药剂防治最为有效。

防治措施：(1)选用抗病品种和无病种子。(2)合理轮作。实行与非豆科蔬菜轮作两年以上，以减少田间病菌来源。(3)药剂防治播种前用种子重量0.5%的50%多菌灵可湿性粉剂或50%扑海因可湿性粉剂拌种，拌后闷几小时。也可在开花后喷25%炭特灵可湿性粉剂500倍液或47%加瑞农可湿性粉剂600倍液。

图 3-10 大豆炭阻病症状(植株、豆荚)

295. 宁夏大豆田间的杂草有哪些种类?

答:无论发达国家还是发展中国家,大豆生产都面临着除草问题。杂草危害是大豆减产的主要原因之一。据调查,当前大豆草害面积达 52%~86%,中等以上危害面积达 28%~64%。大豆田单双子叶杂草混合发生,草相复杂,特别是多雨年份,杂草种类多,发生期长,杂草出苗不一致,造成大豆田杂草防控困难。大豆在我国的种植面积仅占主要作物播种面积的 6.1%,但大豆田除草剂的配套比较完善,不同施药时期,针对不同的防除对象,都有一些好的适用的品种。

宁夏大豆田间杂草从防除的意义上可将其分为三大类，即一年生禾本科杂草、一年生阔叶杂草和多年生杂草。常见的主要杂草种类有一年生禾本科杂草:主要有稗草、狗尾草等;一年生阔叶杂草:主要有藜(灰菜)、刺蓼、苍耳、铁苋菜、马齿苋、菟丝子等;多年生杂草:主要有刺儿菜(小蓟)、大蓟(大刺儿菜)、打碗花等。

296. 宁夏哪些地区栽培药用大豆菟丝子?

答:宁夏局部地区大豆菟丝子作为药用栽培。主要收获菟丝子作为中药材的产区,如:银川市兴庆区的月牙湖乡等乡镇,平罗县的陶乐镇、高仁乡、红崖子乡、头闸乡、宝丰镇等地区,红寺堡区、贺兰县、永宁县、中宁县、青铜峡市的部分乡镇,采取菟丝子寄生大豆的栽培管理办法。主要收获大豆为主的产区,菟丝子是严重危害大豆的草害之一,防治方法主要是采取局部发生人工摘除，大面积发生采用耕作措施和农药防治等办法解决大豆菟丝子的危害。

297. 大豆被菟丝子寄生后大豆的产量性状有什么变化?

答:大豆被菟丝子寄生危害后,大豆百粒重比正常种植的百粒重明显减少。据银川大豆综合试验站对当地主栽的3个大豆品种被菟丝子危害的试验分析,主栽大豆品种承豆6号被菟丝子寄生的覆盖度较高,被寄生性较强,属于严重寄生品种,大豆基本没有产量;其次为中黄30,大豆百粒重15.8 g,产量1 473.9 kg/hm²,属于中等寄生品种;晋豆19被菟丝子寄生覆盖度比较低,大豆百粒重17.92 g,产量1 040.4 kg/hm²,属于轻度寄生品种。

298. 怎样选择和使用大豆苗前化学除草剂?

答:大豆苗前除草应该选择芽前除草剂,广灭灵为大豆播后苗前化学除草的首选药剂。另外广灭灵残效期短,对下茬安全。如与乙草胺、豆磺隆混配使用,除草效果更佳。大豆播后苗前化学除草不可选用茎叶处理和飘移性较强的除草剂,如克阔乐等。

大豆播后苗前化学除草的配方是:用48%广灭灵乳油70 ml+59%乙草胺乳油100 ml+70%豆磺隆可溶性粉剂2 g,兑水30 kg可喷施1亩。配制混配农药时,先将农药按标准加入器具内,再把粉剂农药用少许清水稀释成母液后加入器具,最后加入定量清水,不能先将器具加满水后再加入药液,防止因水药不充分溶和而喷施不均导致药效差。

春播大豆一般年份多风少雨,土壤墒情较差,所以在应用苗前除草剂时,一定要注意土壤要保持一定湿度。

299. 大豆田间化学药剂除草应注意哪些技术要点?

答:播前土壤处理。大豆播种前2~3 d,每亩用48%氟乐灵乳油100 ml加80%茅毒可湿性粉剂120 g兑水40 kg均匀喷雾,并及时混土5~7 cm深。

播后苗前封闭处理。时间要求短而严,必须抢在豆苗拱土之前喷药。每亩用50%乙草胺乳油200 ml兑水30 kg均匀喷雾。由于乙草胺对已出土的杂草无效,因此用药宜早。也可选用10%氯嘧磺隆可湿性粉剂10~12 g,兑水50 kg均匀喷于地表。

出苗后茎叶处理。在前面二个时间段没有用药或防效不佳时,就要采取出苗后茎叶处理的方法来补杀。在大豆 1~3 片复叶，杂草 2~5 叶期用药。每亩用 10%喹禾灵乳油 100 ml 或者用 12.5%盖草能乳油 50~70 ml 兑水 40 kg 均匀喷雾。如果大豆土里阔叶杂草多要同时防治时，还须加用每亩 25%虎威水剂 50~60 ml 或者 44%莠灵水剂 80~100 ml。

注意一点：随着杂草叶龄的增大，应适当加大用药量。

300. 大豆田早期刺儿菜怎样防除？

答：春季先于大豆出苗的刺儿菜等，大豆拱土前用农达等内吸传导型灭生性除草剂进行茎叶处理，可将其连根杀死；大豆出苗后每亩可用豆爽 85~120 g，兑水 40~50 kg，进行茎叶喷雾处理。

301. 使用土壤封闭除草剂应注意哪些技术问题？

答：(1)精细整地，地面无枯枝、残茬，无大土块。

(2)量准土地面积，称准用药量。

(3)天气干旱时，结合中耕施药后要浅混土 2~3 cm、或淌蒙头水。

(4)避开低温降雨天气施药，温度过低，将严重影响药效。

(5)选择无风天气施药。

(6)作物拱土前 3~5 d 用药效果最佳。

302. 为什么使用土壤封闭除草剂要精细整地？

答：整地质量差，地表有秸秆残株和大土块会影响除草剂分布，无法形成均匀完整的药层，同时加重了除草剂的挥发和光解，严重影响药效。

303. 天气干旱会影响大豆苗后除草剂的使用效果吗？

答：在长期干旱条件下，多数杂草叶片表面的蜡质层加厚，气孔关闭，影响药剂进入杂草体内，从而降低除草效果。另外，干旱也会使空气湿度降低，喷药时挥发严重。所以一般空气相对湿度低于 65%时，不宜喷施苗后除草剂，清晨或傍晚喷药效果会好些。

304. 气温过低对使用苗后除草剂有影响吗？

答：气温过低时，不宜使用苗后除草剂。选择性除草剂被作物吸收后，作物可将其分解为无活性的物质，对作物不构成危害，杂草也不能将所吸收的除草剂分解，产生中毒导致杂草死亡。当气温过低时，作物的代谢缓慢，不能将吸收的除草剂及时分解成无活性物质，从而产生不可恢复的药害。

305. 苗后除草剂为什么有的见效快有的见效慢?

答:除草剂在植物体内的传导性可以分为传导型和触杀型两类。传导型除草剂被杂草吸收后,通过输导组织在杂草体内进行横向、纵向传导,将杂草连根杀死。所以这类除草剂杀草速度较慢,但是杀草彻底,斩草除根;触杀型除草剂被杂草吸收,接触药液的杂草会迅速死亡,阻止了药剂在植物体内传导,所以见效快,但不能连根杀死。防除多年生杂草时只能选用传导型除草剂,不能选用触杀型除草剂。

306. 乳油型除草剂为什么要选择含量高的?

答:乳油型的除草剂是由原药、乳化剂、溶剂加工而成。目前生产上常见溶剂有:甲苯、二甲苯、甲醇、乙醇等。含有这些有机溶剂的除草剂施入土壤和作物中,不但影响作物生长发育,而且对土壤微生物、土壤结构都造成很大破坏。除草剂含有的有机溶剂越多,危害越大。而高含量的乳油制品加入的有机溶剂很少,对土壤和作物的危害很小,所以高含量的乳油制品好。如90%乙草胺乳油、80%去草胺乳油的除草效果和安全性要明显好于50%乙草胺乳油、60%丁草胺乳油。

307. 农药使用要避免哪些误区?

答:农药是指用于预防、消灭或者控制危害农业、林业的病、虫、草和其他有害生物以及有目的地调节植物、昆虫生长的化学合成或者来源于生物、其他天然物质的一种或几种物质的混合物及其制剂。

误区一:含量越高就越好。农民在选用农药的时候,往往会以为含量越高越好,而且从登记实践上也确实有一些企业将原药登记成制剂来销售。但从绝大多数情况来看,农药药效的发挥一般是与助剂协同发挥的,比如提高其附着、渗透等作用。制剂中原药含量过高或者直接使用原药,一般会降低药效的发挥。在实际使用中,要达到同样的效果反而要增加有效成分的绝对用量。市场上会有这种需求,主要是因为没有各种助剂加入成本低,因而售价便宜。虽然省了一点钱,但影响效果,得不偿失,不应提倡。

误区二:药效越快越好。任何一种农药都有其作用机制,其药效的发挥有其自身规律，根据结构的修饰以及助剂的不同，效果会有一定差别，但都有一个合理的范围。然而为了追求药效快，不少产品通过添加隐性成分来突出自己产品的效果，尤其是添加禁限用农药所带来的安全及环境风险尤其大。

误区三：随意变更用量。农药在使用过程中有一个安全用量以及合理用量的问题，过量过度过频用药都会带来很多问题，既造成了浪费，导致病虫害对农药的抗性增加，还容易造成农药残留超标等问题。所以不能随意改变用量，要严格按照农药使用说明书上的剂量使用。

308. 除草剂混用有什么优势？

答：(1)避免重复作业，除草及时，节省劳动力；(2)扩大杀草谱，取长补短，提高防效或延长持效期；(3)防止杂草产生抗药性，延长除草剂品种的使用寿命。

309. 除草剂混用需要注意什么？

答：(1)混用品种之间不影响药剂的物理性状，且不发生不良化学反应，保证正常药效或增效。(2)不同品种混用后，不能使作物发生药害。(3)混用要合理。包括品种间搭配合理，成本合理，混用应省工省时，提高经济效益。(4)注意品种间的拮抗作用，保证混用的效果。

310. 推荐使用的大豆田间除草剂主要有哪些药剂？

答：苗前推荐有精异丙甲草胺、异丙甲草胺、异丙草胺、甲草胺、异噁草松、噻吩磺隆、噁唑磺草胺、90%乙草胺、丙炔氟草胺、2,4-D异辛酯、嗪草酮。其中酰胺类对大豆安全性从好到差的顺序为：精异丙甲草胺=异丙甲草胺=甲草胺>异丙草胺>90%乙草胺>50%乙草胺。

苗后推荐：精吡氟禾草灵、烯禾啶、精喹禾灵、高效氟吡甲禾灵、精噁唑禾草灵、喹禾糠酯、烯草酮、氟磺胺草醚、灭草松、乳氟禾草灵、三氟羧草醚、异噁草松。其中二苯醚类对大豆的安全性从好的顺序：氟磺胺草醚>乳氟禾草灵>三氟羧草醚>乙羧氟草醚。

防治一年生禾本科杂草稗草、野燕麦、狗尾草选用精吡氟禾草灵、烯禾啶、精喹禾灵、高效氟吡甲禾灵、精噁唑禾草灵、喹禾糠酯、烯草酮。

311. 大豆不同生育期适用的除草剂有哪些?

答:(1)大豆春季播前、播后苗前选用精异丙甲草胺、异丙甲草胺、异丙草胺、甲草胺、异噁草松、噻吩磺隆、噁唑磺草胺、90%乙草胺、丙炔氟草胺。

(2)大豆拱土期选用精异丙甲草胺、异丙甲草胺、异噁草松、噻吩磺隆。

(3)大豆真叶期选用异噁草松、灭草松,精吡氟禾草灵、烯禾啶、精喹禾灵、高效氟吡甲禾灵、精噁唑禾草灵、喹禾糠酯、烯草酮。

(4)大豆1片复叶期选用异噁草松、灭草松、氟磺胺草醚、精吡氟禾草灵、烯禾啶、精喹禾灵、高效氟吡甲禾灵、精噁唑禾草灵、喹禾糠酯、烯草酮。

(5)大豆2~3片复叶期异噁草松、灭草松、精吡氟禾草灵、烯禾啶、精喹禾灵、高效氟吡甲禾灵、精噁唑禾草灵、喹禾糠酯、烯草酮、乳氟禾草灵、三氟羧草醚、甲氧咪草烟、氟烯草酸。

312. 仲丁灵防治大豆菟丝子苗前苗后都能用吗?

答:目前国内登记用于大豆田防除菟丝子的除草剂只有仲丁灵一种。连云港立本农药化工有限公司的48%仲丁灵乳油,登记用于大豆田茎叶处理防除菟丝子,每公顷纯药推荐用量1 440~1 800 g。江苏金凤凰农化有限公司的敖盖(48%仲丁灵乳油),登记用于大豆、花生田喷雾防除菟丝子及一年生杂草,每公顷纯药推荐用量1 440~2 160 g。

仲丁灵又名丁乐灵、地乐胺,为选择性萌芽前除草剂,药剂进入植物体内后主要抑制分生组织的细胞分裂,从而抑制杂草幼芽及幼根的生长,导致杂草死亡。使用地乐胺一般要混土,以提高药效,混土深度3~5 cm。在低温季节或用药后浇水,不混土也有较好的效果。茎叶处理防治菟丝子时,喷雾力求均匀,使菟丝子缠绕的茎尖均能接触到药剂。仲丁灵对皮肤、眼睛及黏膜有轻度刺激作用,施药时应注意安全防护。

313. 大豆寄生性杂草菟丝子的防治技术?

答:菟丝子为旋花科一年生草本植物,是大豆田恶性寄生性杂草,与大豆同时成熟或稍早成熟。成熟后落入土中的种子以及混杂在大豆种子和有机肥中的种子，是主要的初侵染来源。菟丝子常比大豆迟出苗 20 多天，种子发芽适宜的土温为 25℃左右，适宜的土壤含水量为 15%~30%。

防治菟丝子，应因地制宜地采取综合性的措施。播前筛选或风选清除豆种中的菟丝子种子。发生重的田块宜轮作换茬，与禾本科作物轮作 3 年以上，与水稻轮作 1~2 年就可以。深耕 10 cm 以上，将菟丝子种子深埋，可以减少发生量。菟丝子种子经过畜禽消化道后仍有生命力，带有菟丝子的畜禽粪肥充分腐熟后才能入田。菟丝子出苗后 2~3 d 内找不到合适的寄主就会死亡，大豆宽行条播种植可以降低菟丝子幼苗成活率，减轻危害。经常踏田检查，及时将受菟丝子侵染的豆株拔除，并将菟丝子残体清除并带出田外。

用地乐胺、乙草胺进行土壤封闭处理，对菟丝子均有良好的防效，关键是要适墒用药，在田面形成严密的药层。另有资料介绍，每亩用 43%甲草胺 250 ml，或 72%异丙甲草胺 150 ml，或 50%利谷隆 150 ml，加水 30~50 kg 喷施进行土壤封闭处理，也是防除菟丝子的有效方法。

大豆对草甘膦的耐药性较强，而菟丝子对草甘膦很敏感。据有关资料介绍，可以用 41%农达 400 倍液，或 10%草甘膦 100 倍液，对准受菟丝子侵染的大豆植株喷施。药液不要喷到其他植株上，以免产生药害。茎叶处理防除菟丝子，应在菟丝子转株危害前施药，隔 10~15 d 查治一次，共治 2~3 次。大豆田施用草甘膦，技术要求高，在小面积试用成功并取得经验后再扩大应用面积。

图 3-11　大豆生长苗期被菟丝子寄生症状

图 3-12　大豆生长中期被菟丝子寄生症状

图 3-13　大豆生长后期被菟丝子寄生症状

314. 草甘膦、百草枯和草铵膦三大灭生性除草剂有什么区别?

答:草甘膦是一种非选择性、无残留灭生性除草剂,对多年生根杂草非常有效,广泛用于橡胶、桑、茶、果园及甘蔗地。主要抑制植物体内的烯醇丙酮基莽草素磷酸合成酶,从而抑制莽草素向苯丙氨酸、酪氨酸及色氨酸的转化,使蛋白质合成受到干扰,导致植物死亡。草甘膦是通过茎叶吸收后传导到植物各部位的,可防除单子叶和双子叶、一年生和多年生、草本和灌木等 40 多科的植物。草甘膦入土后很快与铁、铝等金属离子结合而失去活性,对土壤中潜藏的种子和土壤微生物无不良影响。

百草枯是速效触杀型灭生性除草剂, 对植物绿色组织有很强的破坏作用,杂草叶片着药后 2~3 h 即开始受害变色。该药无内吸传导作用,只能使着药部位受害,不能损坏植物根部和土壤内潜藏的种子,因而施药后杂草有再生现象。不能穿透栓质化后的树皮。一经与土壤接触,即被吸附钝化。百草枯因具有见效快、耐雨水冲刷、性价比高等优势,深受青睐,但其毒性强,对人毒性极大,且无特效解毒药,口服中毒死亡率 100%,目前已被禁用。

草铵膦是非选择性触杀型除草剂,是谷氨酰胺合成抑制剂,具有部分内吸作用。施药后短时间内,杂草体内铵代谢陷于紊乱,细胞毒剂铵离子在体内累积,与此同时光合作用被严重抑制,达到除草目的。除草效果较好,杀草谱广,持效期长达 1 个月,能除掉小飞蓬等已对百草枯、草甘膦产生较强抗性的杂草。不破坏土壤结构,不伤作物根系。药物与土壤结合后可迅速被土壤微生物分解,施药 1 天后播种各种作物安全。草铵膦作为新一代速效型灭生性除草剂,在生产上已得到高度认可。

草胺磷为磷酸类非选择性触杀型除草剂,是谷氨酰胺合成抑制剂,具有部分内吸作用。适用于果园、葡萄园、非耕地防除双子叶杂草和禾本科杂草。防除阔叶杂草应在杂草旺盛生长始期施药,防除禾本科杂草应在分蘖始期施药。草甘膦为内吸传导型广谱灭生性除草剂。该药杀草谱广,对 40 多科的杂草有防除作用,包括单子叶和双子叶、一年生和多年生、草本和灌木等植物。

315. 草甘膦与草铵膦都是除草剂，使用上有什么不同？

答：一是作用方式不一样。草甘膦是甘氨酸类，为内吸传导型广谱灭生性除草剂，阻碍蛋白质合成，同时通过茎叶传导到地下部分，强力破坏深性根杂草的地下组织。草铵膦是膦酸类，通过抑制谷氨酸合成酶，导致植物体内氮代谢紊乱，铵过量积累，叶绿体解体，从而使植物光合作用受抑制，最终导致杂草死亡。

二是传导方式不一样。草甘膦是内吸传导灭生，草铵膦是触杀灭生。

三是除草效果不一样。喷施草甘膦后一般要 7~10 d 见效；草铵膦见效较快，正常气温下一般 3 d 见效。

四是除草对象不一样。草甘膦对 160 多种杂草有防除作用，包括单子叶和双子叶、一年生和多年生、草本和灌木等植物，但它对抗性恶性杂草如牛筋草、小飞蓬等，效果不是很明显；草甘膦一般不能用于浅根或根系暴露在外的作物，如香菜、胡椒、葡萄、木瓜等；

草铵膦为广谱、触杀型、灭生型、非残留除草剂，使用范围很广，只要做到不喷到作物上，行间施药要加装盖或罩，原则上草铵膦可以用在所有作物上。草铵膦能快速杀死 100 种以上的禾本科和阔叶杂草，特别是对耐受草甘膦的部分恶性杂草，如牛筋草、马齿苋、小飞蓬等效果非常好，成为禾本科与阔叶杂草的克星。

五是安全性能不一样。草甘膦是一种灭生性除草剂，一般用药 7 d 后才能播种移栽，使用不当会给农作物带来安全隐患，特别是用其防除田埂或果园杂草时，最易出现漂移药害。要强调的是，草甘膦在果园除草使用时，对果树根系有一定破坏，长期使用会导致果树黄化等现象。草铵膦在施用 1~4 d 即可播种移栽。草铵膦低毒、安全、快速、环保、追肥增产，对土壤、作物根系和后茬作物无影响，持效期长，几乎适用于所有作物除草，在土壤中易降解，对作物安全，不易转移，更适用于在敏感期或雾滴飘移无法完全避免的玉米、水稻、大豆、茶园、果园等的除草使用。

草甘膦因其高效、低价、人体代谢快等优势，在很长一段时间内应该还有一定市场。但草甘膦的问题主要是抗药性问题。采用混配使用是一个不错的对策。

草铵膦因其卓越的防效及良好的环保性能而较易接受。对生态要求更安全的茶园、农场、绿色食品基地等，对草铵膦的需求也越来越大。草铵膦市场前景良好，主要问题还是价格太高。目前市场上 1 t 草甘膦价格大约在 2 万元，1 t 草铵膦价格大约在 15 万元。所以说，草铵膦的推广，价格差距是巨大的制约因素。

316. 草甘膦能防治大豆菟丝子吗?

答：大豆菟丝子是大豆上一种寄生性杂草，又名无根藤。大豆播种出苗以后，土壤中的菟丝子种子也开始萌发，幼茎伸出土面以后，寄生在大豆植株上吸收营养，导致大豆开花结荚减少，严重时，大豆整株枯萎，对大豆产量和品质均有很大的影响。以往我们对菟丝子的防治，分别在苗前或苗后利用乙草胺、拉索、地乐胺等药剂，效果虽然有，但不太理想。近年来，大豆产区的农民，利用草甘膦防治菟丝子，取得了比较好的效果。防效一般都在 85%以上。

利用草甘膦防治菟丝子的原理，主要是利用寄生与寄主两种植物对草甘膦耐药性的不同，即大豆对草甘膦有较强的耐药性，能忍受一定计量范围的药液浓度，而菟丝子的耐药能力却很差。方法是在菟丝子出苗后不久，危害大豆初期，田间点片发生期，发现有菟丝子生长中心时，用 10%草甘膦 400 倍稀释液喷洒在发病中心的大豆植株上，喷药要均匀，不要漏喷。喷药后 10~15 d，菟丝子大量死亡。但药后 3~4 d 大豆的幼叶开始黄化，即有轻微药害表现，但对其生长发育没有大的影响，约 7 d 后黄化株率停止扩展，10 d 左右幼叶全部变绿，恢复正常生长。另外，还要注意的是，由于菟丝子在田间不断发生，所以应在首次用药后的两周左右，要再查治 1 次，以达到彻底防治的目的。

317. 如何防治大豆田恶性杂草——三棱草的发生?

答：香附子又称为莎草、旱三棱、雷公头等，是多年生草本植物，喜湿凉，其地下球茎产生根茎，根茎长出新的球茎，新球茎萌生幼草，一株接着一株，连绵不断地生长。叶片线形，叶长与秆等长，宽约 6 mm 有叶鞘，花单性，雌雄同株，花序通常 10~15 cm 小穗 3~10 个，雄性小穗顶生，雌性小穗侧生，抽穗期在夏秋。在生长期内，能在短时间内以数倍甚至几十倍的数量快速繁育生长,迅速占领地面,对作物的争肥争水能力极强。

药剂防治:(1)41%灭草松。灭草松在大豆田使用时期为大豆苗后1~3片复叶期,阔叶杂草3~5叶期。每亩用48%灭草松100~200 ml。灭草松是大豆苗后防除阔叶杂草除草剂当中对大豆最安全的药剂,且对后茬作物无残留药害。在阔叶杂草及莎草出齐幼苗时施药,均匀喷洒,使茎叶充分接触到药剂。灭草松在高温晴天时活性高、除草效果好,反之阴天和气温低时效果差;施药后8 h内下雨会影响效果;在极度干旱和水涝的田间不宜使用灭草松,以防发生药害。

(2)25%氟磺胺草醚。豆苗后1~3片复叶时,杂草1~3叶期,每亩用25%水剂68~132 ml,兑水20~30 kg,均匀喷雾杂草茎叶。能有效地防除大豆、花生田阔叶杂草和香附子,对禾本科杂草也有一定防效。在土壤中持效期长,药量偏高,对后茬敏感作物(白菜、谷子、高粱、甜菜、玉米、小米、亚麻等)有不同程度的药害,在推荐剂量下,不翻耕种玉米、高粱,都有轻度影响。用量较大或高温施药,大豆可能会产生灼伤性药斑,一般情况下几天后可正常恢复生长,不影响产量。

(3)41%草甘膦异丙胺盐。对大豆田香附子较大,发生密度较大,前期又未及时防治的田块,可在大豆成熟前7~10 d(一般中熟品种的大豆在9月中旬),每亩用41%草甘膦异丙胺盐AS 250~300 g,兑水30~40 kg,均匀喷洒杂草茎叶和大豆中上部叶片上,既能有效防治香附子,又能促使大豆叶片脱落,有利于大豆早熟,方便机械收割。

318. 烯草酮、精喹禾灵和吡氟甲禾灵三种农药使用上有什么区别?

答:烯草酮广泛适用于大豆、油菜等多种阔叶作物田,对看麦娘、早熟禾、日本看麦娘、稗草、野燕麦、狗尾草、马唐等禾本科杂草均有良好的防效。烯草酮属内吸传导型选择性苗后除草剂,能被植物叶片迅速吸收(一般施药后1 h即被杂草吸收),传导到根部和生长点,抑制植物支链脂肪酸的生物合成。施药后杂草生长缓慢,丧失竞争力,幼嫩组织早期黄化,随后其余叶片萎蔫,直至死亡。

精喹禾灵又叫精禾草克、闲锄。其作用机制是通过杂草茎叶吸收,在植物体内向上和向下双向传导,积累在顶端及居间分生组织,抑制细胞脂肪酸合成，使杂草坏死。对阔叶作物田的禾本科杂草有很好的防效。精喹禾灵在土壤中降解半衰期在 1 d 之内，降解速度快，主要以微生物降解为主。

吡氟甲禾灵是一种苗后选择性除草剂，具有内吸传导性，茎叶处理后很快被杂草叶吸收输导到整个植株，因抑制茎和根的分生组织而导致杂草死亡。其药效发挥较快，喷洒落入土壤中的药剂易被根吸收，也能起杀草作用。对苗后到分蘖、抽穗初期的一年生和多年生禾草，有很好的防除效果。对阔叶草和莎草无效。对阔叶作物安全，药效较长，一次施药基本控制全生育期和禾草危害。该药在土壤中降解决，对作物无影响。

319. 用好大豆除草剂要注意什么?

答：(1)药剂喷洒要均匀。坚持标准作业，喷洒均匀，不重，不漏。

(2)整地质量要好，土壤要平细。

(3)混土要彻底。混土的时间与深度，应根据除草剂的种类而定。

(4)把安全性放在首位，选择安全性好的除草剂及混配配方。

(5)根据杂草种类选择除草剂和合适的混用配方。

(6)根据土壤质地、有机质含量、pH 和自然条件选择除草剂。

(7)选择了除草剂还必须选择好的喷洒机械，配合好的施药技术。

(8)要采用两种以上的混合除草剂，同一地块不同年份间除草剂的配方要有所改变。

320. 土壤处理防除单子叶杂草技术?

答：氟乐灵持效期长是该药的主要优点，适宜防除春播大豆田因受降水墒情影响分批发芽的杂草。一次用药，一季无草，在一段时间内是大型农场的首选药剂。但它遇光易分解，用药后需混土并间隔 3 d 以上播种；又因存在使用不方便和易错过播种墒情的缺点，已被其他药剂替代，豆田现已很少应用。

乙草胺有多种含量和不同剂型，复配药剂多，播后苗前喷施不需混泥土，使用方便并且防效好，近 30 年来一直是大豆田大量使用的药剂，也是取代氟乐灵的主要品种。该药剂对大豆安全性欠佳，尤其在低温高湿情况下，如超量使用，很易造成伤根、烧苗、皱叶，导致大豆早期生长受抑制，后期又贪青晚熟，影响荚果数量和千粒重，从而造成减产。预测该药剂在豆田应用量已达峰值，市场可能会趋于下滑。

异丙甲草胺播后苗前使用，可以与多种药剂复配使用。安全性明显优于乙草胺，正常用量不会出现伤根、烧苗、皱叶，利于健苗早发。

甲草胺的安全性表现很好，缺点是活性低，持效期短，不能有效防除豆田杂草，从而“昙花一现”。

321. 土壤处理防除双子叶杂草技术?

答：嗪草酮药后杂草能萌发，但出土后叶片退绿，最终因营养枯竭而死。该药剂杀草谱宽，防效好，能与多种药剂复配，使用方便，为东北大豆产区主要应用的复配剂之一，美国用药量也很大。但土壤有机质在 2%以下，pH 在 7 以上，在砂质土壤及低洼地片，药剂淋溶会造成大豆叶片退绿、皱缩、黄化、坏死，在低温和雨水大的气候条件下也易出现药害，应用时要注意气候环境条件。

噻吩磺隆对大豆安全性高，对后茬作物高度安全，能杀死常见一年生双子叶杂草，可与多种药剂复配，使用方便。在较干旱条件下用药应浅混土。持效期短是该药剂的最大缺点。可与其他药剂混用。

扑草净在黄淮豆区用于复配药剂，使用方便，可提高防效，并有兼除单子叶杂草的作用。在有机质含量低的沙质土不易使用，高温条件下要控制好用量，避免产生药害。

2,4-D 丁酯，该药剂在大豆田应用时利用位差、时差选择在大豆出苗前喷药，可防除已出土的双子叶杂草，具有活性高、防效好的突出优点，又是东北“三菜”和问荆的有效防除抑制药剂。大豆播后苗前，杂草出土后，要尽早应用并控制好药量，在砂质土壤如遇低温高湿气候时也易产生药害。众所周知，该药具有飘移危害的致命弱点，最近农业部因其高风险已出台拟禁用政策。

另外，氯嘧磺隆也有很好除草效果，但因残效期太长，易造成药害，影响后茬作物种植，农业部早已禁止应用，不再批准生产此药剂。

322. 茎叶处理防除单子叶杂草技术？

答：该类药剂都属芳氧基苯氧基丙酸类或环己烯酮类，共同特点是对大豆安全，用药量幅度大，用药时期宽，杀草谱广，显效时间略慢，耐雨水冲刷，内吸性强，死草彻底不反弹。各药剂之间又均具自己的特点，这是我们准确选择最佳药剂的重要依据。

精喹禾灵又称精禾草克，该产品是当前应用量最大的一个品种，成本低于同类其他产品。市场上有5%、8.8%、15%、20.8%等多种规格的药剂，为选择应用提供方便并降低了农业生产成本。防效不足是由于它耐低温性能、杀大龄草的效果、对难治杂草防除的彻底性比同类优秀药剂产品差。因长期广泛应用，疑似对马唐、旱稗已产生抗性，单位面积用药量日趋增大。

精吡氟禾草灵又名精稳杀得，该产品的突出特点是内吸性好于其他同类药剂，提高用量后对难治的狗尾草属、芦苇、茅草均表现出很好效果，应用后大豆叶片不出现失绿斑点。因用药量偏大、单位面积成本高而限制了其市场发展。

高效氟吡甲禾灵又名高效盖草能，该产品突出特点是显效时间快，对50 cm高的大龄草杀伤效果明显好于同类产品的其他药剂，适用于田间草龄不一致的杂草防除。耐低温性能好于精喹禾灵，但差于烯草酮。

烯禾啶又名拿捕净，该产品在草龄6叶期以下，能表现出很好的除草效果。对大龄草效果较差，相对应用空间较小。

烯草酮与同类产品比，选择性好，内吸性强，杀草彻底。

323. 茎叶处理防除双子叶杂草技术？

答：氟磺胺草醚，该产品是大豆田茎叶除草复配剂的主要品种之一。显效速度快，杀草广谱，对大豆田常见一年生双子叶杂草防效突出，对难治的恶性双子叶杂草也有很好的防效。可混性好，可与多种药剂复配；不足之处是不能彻底杀死多年生双子叶杂草的根茎。

苯达松是目前大豆田用于防除双子叶杂草最安全的药剂，防除苍耳最为有效，也是防除大豆田莎草类最好的药剂，对后茬无残留药害，方便轮茬种植。

乙羧氟草醚活性高，用量小，成本低，对常见双子叶杂草都能显效。不足之处是最佳用药量较难掌控，用量小时杂草易复活，防除不彻底；用量大时易对大豆造成药害。

三氟羧草醚又名杂草焚，杀草谱广、显效快、防效好、无后茬残留药害。不足之处是用药条件要求较高，弱苗、病苗、低洼田块、超量应用、混配不当以及在某些敏感大豆品种上使用易产生药害。

乳氟禾草灵又名克阔乐，活性高、用量少、显效快，对一年生双子叶杂草防效很好。不足之处是难控制适宜用量，易造成大豆烧叶。

氯酯磺草胺又名豆杰，活性高、用量小，每亩用有效成分 2 g，防效较好，对苣荬菜、刺儿菜的防效与抑制性明显优于其他药剂，并能防除较难治的苘麻、蓼、苍耳等。田间水分适宜，草龄 8 叶以下，利于发挥药效。当严重干旱，气温超 28℃时用药易产生药害。

324. 土壤茎叶处理防除单、双子叶的有效药剂?

答：异噁草松又名广灭灵，杀草谱宽，单、双子叶杂草都有效，对双子叶杂草防效好于单子叶杂草，对难治的恶性杂草刺儿菜、大蓟、苣荬菜、鸭跖草、问荆有较强的抑制作用。用药适期宽，既可土壤处理，又可茎叶喷雾；可混性好，可同酰胺类、二苯醚类、芳氧基苯氧基丙酸类、环己烯酮类药剂复配。不足之处是残效期长。该药剂一般作复配剂，不单独应用。

咪唑乙烟酸又名咪草烟、普施特，与单剂比较，该产品是大豆田杀草谱最宽的药剂，对龙葵有特效。既可土壤处理，又可茎叶早期喷雾，对弱苗、病苗易产生药害，现已不是主要应用品种。

325. 影响大豆田苗后除草药效的因素有哪些?

答：大豆田苗后除草都是采用茎叶处理方式，一般土壤条件对药效影响不大，但施药时的温度、湿度、风速等气候条件对药效影响却非常大。

温度。施药时温度过高，一是杂草气孔关闭，影响对药剂的吸收，另外药剂挥发快，叶片来不及吸收药剂，造成有效成分的损失，从而影响药效。二是大豆对触杀型除草剂，如氟磺胺草醚、三氟羧草醚、乙羧氟草醚等药剂的吸收快，易产生药害。施药时温度过低，大豆自身新陈代谢缓慢，对除草剂的降解能力差，也容易产生药害。施用茎叶处理除草剂适宜的温度是

15~25℃,低于13℃,高于28℃不宜施药。

空气相对湿度。在长期干旱条件下,杂草叶片气孔关闭,蜡质层增厚,影响药剂吸收,从而降低除草效果。施用茎叶处理除草剂,空气相对湿度低于65%就会影响药效。

风速。风速过大会造成雾滴飘移、喷雾不匀,影响药效或造成药害,喷药时要求风速在每秒4 m以下。应在15:00之后至10:00之前喷药,晚间喷药最适宜。

施药时期。大豆苗后除草一般都用防除禾本科杂草的药剂和防除阔叶杂草的药剂混配,以扩大杀草谱。防除禾本科杂草药剂多为高选择性内吸传导型除草剂,对大豆较安全,施药时期对药效影响较大。除阔剂多为触杀型除草剂,大豆不同生育期对药剂敏感程度不同,除影响药效外,还涉及对大豆的安全性。一般在大豆子叶期(两片豆瓣刚出土期)不能用药(异噁草松除外);

大豆一片复叶期可选用异噁草松、灭草松、氟磺胺草醚;

大豆两片复叶期可选用异噁草松、氟磺胺草醚、灭草松、三氟羧草醚、乙羧氟草醚等药剂。一般施药时期均不能晚于大豆3片复叶期,特别是如果在大豆2片复叶期后使用三氟羧草醚, 大豆叶片接触药剂面积大且对药剂的抗性减弱,会加重药害,造成生育期拖后,贪青、晚熟。

苗后除草剂最佳施药时期在稗草3~5叶期、阔叶杂草2~4叶期(一般株高5 cm左右),防除鸭跖草必须在3叶前,3叶后已难防除。施药过早,杂草出苗不齐,后出杂草接触不到药剂不能被杀死;施药过晚,大豆的抗性减弱,杂草抗性增强,防除难度增大,需增加用药量,既增加了成本,又容易造成药害。

326. **农药品种按用途分为几类?**

答:可分为杀虫剂、杀菌剂、杀螨剂、杀鼠剂、除草剂、杀软体动物剂和植物生长调节剂等。

327. **农药根据防治对象及作用方式分哪几大类?**

答:(1)杀虫剂

甲维盐。胃毒作用为主兼有触杀作用。杀虫速度较慢,持效期长,昆虫类害虫为 10~15 d，螨类为 15~25 d。对鳞翅目害虫、螨类，鞘翅目及同翅目害虫，蓟马类有极高活性，不易使害虫产生抗药性。

吡虫啉。具有触杀、胃毒和内吸，害虫麻痹死亡。速效性好，残留期长达 25 d 左右，温度高杀虫效果好；易被作物吸收，并向顶分配，有根吸作用。

虫酰肼。促进鳞翅目幼虫蜕皮，对高龄和低龄的幼虫均有效。害虫 6~8 h 停止取食（胃毒作用），比蜕皮抑制剂的作用更迅速，3~4 d 开始死亡；无药害，对作物安全，无残留药斑。

马拉硫磷。具有触杀和胃毒作用，有一定的熏蒸和渗透作用。对害虫击倒力强，高温时效果好；残效期短；对高粱、瓜豆类和梨、葡萄、樱桃等一些品种易发生药害，应慎用；采果前 10 d 停用。

灭幼脲。初龄幼虫期用药，虫龄越大，防效越差。具有胃毒作用，能侵入昆虫和卵的表皮发生作用，但无内吸作用；在植物叶背面喷药；药效期长达 30 d 以上，耐雨水冲刷；对天敌安全，对鳞翅目及蚊蝇幼虫活性高；药后 3 d 开始死亡，5 d 达死亡高峰；对成虫无效。

喹硫磷。具有胃毒和触杀作用，无内吸和熏蒸性能。有良好的渗透性，有一定杀卵作用，在植物上降解速度快，残效期短；防除咀嚼和吮吸害虫效果良好。

啶虫脒：具有触杀和胃毒作用。能有效防治半翅目中的蚜虫、叶蝉、粉虱、蚧壳虫和鳞翅目中的潜叶蛾、小食虫以及鞘翅目的天牛、蓟马等各类害虫；颗粒剂做土壤处理，可防治地下害虫；速效，持效期长，可达 20 d 左右。

噻嗪酮。主要是抑制害虫的几丁质合成和干扰新陈代谢，药后 3~7 d 才能见效，对成虫没有直接杀伤力，但可缩短其寿命，减少产卵量。对半翅目的飞虱、叶蝉、粉虱及介壳虫类害虫有良好防治效果，药效期长达 30 d 以上。

辛硫磷。杀虫谱广，击倒力强，以触杀和胃毒作用为主，无内吸作用，对磷翅目幼虫很有效，对虫卵也有一定的杀伤作用。土中残留期长，适合于防治地下害虫；黄瓜、菜豆对辛硫磷敏感，易产生药害，高粱敏感，不宜喷撒使用；玉米田只能用颗粒剂防治玉米螟，不要喷雾防治蚜虫、黏虫等。

杀扑磷。触杀、胃毒和渗透作用。能有效防治咀嚼式和刺吸式口器害虫，对介壳虫有特效，对螨类有一定的控制作用；残效期 10~20 d；果园中浓度不可太高，否则会引起褐色病斑。

联苯菊酯。杀虫、杀螨剂，胃毒和触杀；作用迅速，持效期长；活性比其他菊酯类药剂高几倍，蔬菜收获前 4 d 停用；低温下更能发挥药效，春秋两季使用。

灭多威。具有触杀和胃毒作用，同时是一种极佳的杀卵剂，并能渗透到植物体内，随体液由下往上移动。

毒死蜱（乐斯本、氯吡硫磷、毒丝本）。广谱，胃毒、触杀和熏蒸。对地下害虫效果好，鞘翅目、鳞翅目害虫及害螨，瓜类苗期敏感。

氯氰菊酯。触杀、胃毒作用，还有驱避作用，击倒力强，杀虫速度快。对鳞翅目害虫有特效，并对蚜虫、小绿叶蝉有效；对螨类、盲蝽防效差。残留期较短，穿透力较弱，对果实内部污染较少。

溴氰菊酯。触杀作用，兼有胃毒、驱避和拒食作用。鳞翅目幼虫有特效，对螨类无效；穿透性很弱，仅污染果皮。

三氟氯氰菊酯（功夫、PP321）。对害虫和螨类有强烈的触杀和胃毒作用，也有驱避作用；耐雨水冲刷；不可做土壤处理。

氟氯氰菊酯（百树菊酯、百树得）。触杀和胃毒。多种鳞翅目幼虫有很好的效果。杀卵，拒避作用。

苏云金杆菌。具有胃毒作用。药效较缓慢，残效期 10 d 左右，温度愈高，效果愈好。

阿维菌素。广谱的抗生素类杀虫、杀螨剂。具有胃毒和触杀，驱避性作用。

丁醚脲。硫脲杀虫、杀螨剂，具内吸和熏蒸作用。在紫外光下转变为具杀虫剂虫活性的物质，宜在晴天时使用；抗性的蚜虫、大叶蝉和烟粉虱等；控制小菜蛾、菜粉蝶和夜蛾为害。

除虫脲。害虫的几丁质合成酶受到抑制，导致成虫不育，对幼虫、蛹、成虫、卵都有毒杀效果；对鳞翅目、双翅目的幼虫防治效果更为显著。

氟铃脲。杀虫和杀卵活性高，速效。尤其对防治棉铃虫，多种鞘翅目、双翅目、同翅目昆虫，抑制害虫的吃食速度；具有较快的击倒力。

(2)杀螨剂

杀螨剂是用于防治害螨的药剂。有专一性杀螨剂和兼有杀虫作用的杀虫杀螨剂。

哒螨灵。广谱、高效、触杀性。可用于卵、若螨和成螨；速效和残效期长；正反两面均应喷洒均匀。

炔螨特。触杀和胃毒。对卵效果差，20℃以上使用效果好，20℃以下效果随着温度递减；残效期可达 15~25 d。在高温、高湿条件下使用，必须采用低浓度。

噻螨酮。对植物表皮层有穿透性，无内吸传导作用。有强烈的杀卵、杀若螨的特性，对成螨无效，但对有抑制孵化的作用。非感温型杀螨剂，药效可保持 50 d 左右，药效发挥较迟缓，施药应适期偏早的原则。可与波尔多液、石硫石剂等多种农药混用。对叶螨防效好，对锈螨、瘿螨防效差。

三唑环锡。触杀作用强，广谱，可杀灭若螨、成螨和夏卵，对冬卵无效。对光稳定，残效期长，对作物安全。对甜橙在 32℃以上时喷雾，对新梢嫩叶会引起药害，在高温季节应避免使用。

甲氰菊酯。有一定杀螨活性但不含氟的神经毒剂。残效期较长，驱避其取食和产卵，非感温型。能有效防治鳞翅目害虫，不具备专用杀螨剂作用。残效期在 10 d 左右。

(3)杀菌剂

甲基硫菌灵。广谱，保护和治疗。用于防治灰霉病、白粉病、炭疽病、褐斑病和叶霉病等；灌根，防治枯萎病；可与石硫合剂等碱性农药混用，但不能与含铜制剂混用，或前后紧接使用，也不能长期单独使用。大豆结荚期喷雾防治灰斑病。

多菌灵。广谱，保护和治疗。对许多子囊菌和半知菌都有效，防治瓜类枯萎病、蔓枯病、炭疽病、白粉病、霜霉病和叶斑病等；幼穗形成期至孕穗期喷药可防治纹枯病。

霜霉威。抑制病菌细胞膜。对霜霉病、疫病、猝倒病有优异的效果。适用于叶面喷雾和土壤处理，促进作物生长；用于喷施要保持土壤湿润。

恶霉灵。土壤消毒杀菌。能被根吸收及在根系内移动，在植株内代谢产生两种糖苷，提高生理活性；腐霉病、镰刀菌等引起的土传病害，如猝倒病、立枯病、枯萎病、菌核病等；湿拌或闷种易发生药害，应严格控制用药量，以防抑制作物生长。

福美双。有机硫类保护性杀菌剂，广谱性杀菌剂，中等毒性。有一定渗透性，在土壤中持效期较长；对作物安全性较低，幼叶、幼果期易发生药害。目前主要用于防治葡萄白腐病、炭疽病，梨黑星病、黑斑病，苹果早期落叶病，枣褐斑病、烂果病，蔬菜立枯病、根腐病、叶斑病、灰霉病等。

（4）除草剂

异丙甲草胺（都尔、杜尔、甲氧毒草胺、稻乐思）。选择性芽前土壤处理剂；芽鞘（单子叶）或幼芽、幼根（双子叶）吸收；花生、大豆、蔬菜、玉米、甘蔗、瓜地等旱地作物除草；药后一定要保持土壤湿度。

二甲戊乐灵（施田补、除草通、胺硝草）。抑制分生组织细胞分裂。不影响杂草种子的萌发，在杂草种子萌发过程中幼芽、茎和根吸收药剂后而起作用。大豆、玉米、棉花、烟草、花生和多种蔬菜及果园中防除一年生禾本科杂草和某些阔叶杂草，防除单子叶杂草效果比双子叶杂苹效果好；先浇水后施药。

精稳杀得（精吡氟禾草灵）。内吸传导型的选择性茎叶处理剂。茎、叶吸收，并被水解成酸；可用于阔叶作物，防除禾本科杂草；作用速度慢，持效期可达 45 d 左右；湿度较高时除草效果好。

高效盖草能（高效吡氟氯禾灵、精盖草能、高效吡氟）。内吸传导型的选择性除草剂。茎叶处理，残效期长；夏天 1 周见效，冬季 20 d 才能见效。可用于阔叶作物田，防除禾本科杂草；对阔叶杂草和莎草科杂草无效。收获前 60 d 停止用药。

精禾草克（喹禾灵、禾草克）。内吸传导型选择性除草剂。2 d 即新叶变黄，1~2 h 即使遇雨，也不影响除草效果。用于阔叶作物，如瓜类、大豆、花生和蔬菜地，防除禾本科杂草；对莎草科杂草和阔叶杂草无效。

（5）杀线虫剂

杀线虫剂用于防治植物病原线虫的药剂，如噻唑磷等。

(6)杀鼠剂

杀鼠剂用于防治害鼠的药剂。如敌鼠钠盐、氟鼠酮等。

(7)植物生长调节剂

植物生长调节剂用于促进或抑制植物生长发育的药剂,如赤霉素、乙烯利等。

328. 什么叫农药剂型?什么叫农药制剂?

答:工厂里生产出来的未经加工的农药称之为原药,一般有原粉和原油两类。将原药与多种辅助料加工,使之具有一定组分和规格的加工形态,称之为剂型;一种剂型可制成多种不同含量,不同用途的产品,称之为制剂。

329. 农药常见剂型有哪些?

答:常见剂型有粉剂、可湿性粉剂、乳油、颗粒剂、胶悬剂、水剂等。

330. 农药常规的施用方法有哪些?

答:有喷粉法、喷雾法、毒饵法、种子处理法、土壤处理法、熏蒸法、熏烟法、烟雾法、施粒法和飞机施药法等。

331. 农药混合使用应注意哪些问题?

答:科学混用可以同时防治几种病虫草害、节省时间、降低劳动力成本,防止或延缓病菌害虫产生抗药性,改进药剂性能,延长残效期,取长补短,发挥各自特长。

332. 什么样的天气不宜使用农药?

答:刮大风、下雨、高温、高湿等天气条件下不宜使用农药,否则会降低药效、增加环境污染和产生药害的机会。

333. 什么是农药的持效期?

答:农药施用后,能够有效地防治病虫草鼠害所持续的时间。

334. 怎样提高农药的防治效果?

答:(1)掌握病虫发生规律,抓住最佳防治期;(2)喷药均匀周到;(3)准确掌握使用浓度和单位面积用药量。

335. 怎样防止病虫草产生的抗药性?

答:(1)坚持综合防治的对策;(2)轮换使用不同类型的农药;(3)农药

混合使用;(4)添加增效剂;(5)掌握最佳防治时机,争取一次见效,减少使用次数和浓度。

336. 农药毒性的含义是什么?

答:极少量的农药就能对人体、家畜、家禽及有益动物产生直接或间接毒害或使其功能受到严重的破坏,农药的这种性能称之为毒性。

337. 有机磷农药的缺点有哪些?

答:有机磷农药一般持效期短(7~10 d),使用量大,易使病虫草产生抗药性;特别易发生中毒事故。

338. 菊酯类农药的主要优缺点是什么?

答:菊酯类农药的主要优点是用药量小,主要缺点是病虫草特别容易产生抗药性。

339. 什么时间施药最好?

答:从安全角度考虑,一般在 8:00~10:00,16:00~20:00 为宜,大风或降雨天气应停止施药。

340. 哪些农药容易引起人中毒?

答:常见的剧毒、高毒农药,如对硫磷(1605)、甲基对硫磷(甲基1605)、甲胺磷、甲拌磷、久效磷、1059、氧化乐果、敌敌畏等有机磷杀虫剂和涕灭威、灭多威、克百威等氨基甲酸酯杀虫剂,都易引起中毒。

341. 农药中毒的症状表现有哪些?

答:轻度表现为全身疲倦无力、头晕、头痛、恶心、食欲不振等,中毒症状为流涎、胸闷、腹痛、呕吐、出汗、呼吸困难等,重度症状表现为行动不稳、瞳孔缩小、呼吸困难、血压下降、心跳加快、大小便失禁、昏迷等。

342. 农药中毒后可采取哪些急救措施?

答:尽快将患者移至通风阴凉处,解开衣钮,反复用水和肥皂清洗皮肤、手、足等污染物,并用 1%小苏打漱口。经口误服入人体后,应立即采取用手指刺激患者咽喉,或服用 1%硫酸铜进行催吐,及时送医院治疗。严重者应立即送医院治疗。

343. 什么是杀虫剂的胃毒、触杀和熏蒸作用?

答:胃毒作用是药剂通过害虫取食而进入消化系统使害虫中毒死亡。

触杀作用就是药剂通过虫体的表皮渗入虫体内使害虫中毒死亡。熏蒸作用就是某些药剂在一般气温下挥发成有毒气体，然后经害虫的呼吸系统进入虫体内,使害虫中毒死亡。

344. 拟除虫菊酯杀虫剂有哪些特点?

答:优点是高效、广谱、低毒、低残留,缺点是大多数没有内吸作用和熏蒸作用,害虫易产生抗药性。

345. 沙蚕毒素类农药(杀虫双、杀虫单、杀螟丹)有哪些特点?

答:杀虫广谱。同时,具有触杀、胃毒和熏蒸作用;低毒低残留,属于神经毒剂,与其他农药不产生交互抗性。

346. 使用沙蚕毒素类农药,应特别注意什么问题?

答:药害问题。白菜、甘蓝等十字花科蔬菜幼苗对杀螟丹、杀虫双敏感,特别是夏季更敏感。豆类、棉花等对杀虫环、杀虫双特别敏感,易受药害。此外,它们对家蚕有很强的毒杀能力,且持效期长,要防止污染桑叶和蚕具。

347. 阿维菌素杀虫剂有哪些特点?

答：阿维菌素是由阿佛曼链霉菌经液体发酵加工而成的抗生素类杀虫杀螨剂。具有高效、广谱、持效期长,对天敌安全,害虫不易产生抗药性,易降解,无残留,对作物无药害等特点。

348. 阿维菌素杀虫速度快吗?

答:阿维菌素以胃毒作用为主,兼有触杀作用。药剂进入虫体后,主要是阻碍运动神经信号的传递,使虫体麻痹,不活动,不取食,2~4 d 死亡。实际上作用快,实效快,但“见”效较慢。

349. 什么是杀菌剂?

答:杀菌剂是用于防治真菌、细菌等病菌引起病害的一类农药。

350. 杀菌剂的杀菌作用和抑菌作用有何区别?

答:杀菌作用是杀菌剂真正把病菌杀死。抑菌作用是杀菌剂抑制病菌生命活动的某一过程,使之不能发展,并非将病菌杀死。

351. 除草剂按作用性质分为哪两类?

答:分为非选择性除草剂和选择性除草剂两类。前者对所有植物都有杀伤作用,不分作物和杂草统统杀光。后者能杀死全部杂草或部分杂草,但对作物没有伤害。

352. 除草剂按作用方式分为哪两类?

答:一类是触杀性除草剂,药剂喷施后,只能杀死直接接触到药剂的杂草部位;另一类是内吸性除草剂,可以被杂草的根、茎、叶或芽等部位吸收,并在植株体内输导运送至全株,从而使之枯死。

353. 昆虫的生活史中包括哪四个时期?

答:昆虫的生活史一般包括卵、幼虫、蛹、成虫四个时期。

354. 害虫主要在什么时期为害?

答:害虫主要在幼虫期为害庄稼。幼虫按发育阶段的大小一般分为 6 龄,最重时可达 8 龄,一般 1~2 龄幼虫取食量小,3~4 龄食量增加,5 龄以后取食量大增,为害最甚。在卵、蛹、成虫期一般不为害庄稼。

355. 农药按来源可分为哪几类?

答:农药按来源可分为矿物源农药、生物源农药和化学合成农药三大类。

(1)矿物源农药。矿物源农药是指由矿物原料加工而成,如石硫合剂、波尔多液、王铜(碱式氯化铜)、机油乳剂等。

(2)生物源农药。生物源农药是利用天然生物资源(如植物、动物、微生物)开发的农药。由于来源不同,可以分为植物源农药、动物源农药和微生物农药。①植物源农药。植物源农药是天然植物加工制成,如除虫菊素、烟碱、鱼藤酮、川楝素、油菜素内酯等。此类农药一般毒性较低,对人、畜安全,对植物无药害,有害生物不易产生抗药性。植物源农药还包括植物体农药。主要指转基因抗有害生物或抗除草剂的作物,如我国已经大面积推广应用的抗虫棉等。②动物源农药。动物源农药主要分三大类:一是动物产生的毒素,它们对害虫有毒杀作用,如海洋动物沙蚕产生的沙蚕毒素是最典型的动物毒素,已成为杀虫剂的一大类型。二是由昆虫产生的激素,包括脑激素、保幼激素、蜕皮激素等。它们具有调节昆虫生长发育的功能。昆虫信息素又称昆虫外激素,具有引诱、刺激、抑制、控制昆虫摄食或交配产卵等功能。三是动物体农药,指商品化的天敌昆虫、捕食螨及采用物理或生物技术改造的昆虫等。我国对赤眼蜂、蚜茧蜂、丽蚜小蜂等多种天敌昆虫的研究及应用已取得了进展。③微生物农药。微生物农药包括农用抗生素和活体微生物。农用抗生素是由抗生菌发酵产生的,具有农药功能的代谢产物。如多抗霉素、浏阳霉素、阿维菌素等。活体微生物农药是有害生物的病原微生物活体。如白僵菌、苏云金杆菌、核型多角体病毒等。微生物农药一般对植物无药害,对环境影响小,有害生物不易产生抗药性。

(3)化学合成农药。化学合成农药是由人工研制合成的农药。合成农药的化学结构非常复杂,品种多,生产量大,应用范围广。现已成为当今使用最多的一类农药。目前园艺、果树、花卉生产中使用的农药大都属于这一类。

356. 农药稀释兑水换算法?

答:稀释方法,百分比浓度是指100份药肥液或药肥粉中含药、肥的份数用"%"表示。如2%的尿素,表示在100 kg尿素溶液中有尿素2 kg,水98 kg。

倍数浓度:指1份农药的加水倍数,常用重量来表示,如配制700倍的50%多菌灵,是用1份50%的多菌灵,加700份水搅拌而成。

换算方法:百分比浓度换算成ppm浓度的换算公式是1份农药的加水份数=农药的百分数×1 000 000/欲配制的ppm数。例如,将含量为40%的乙烯利配成2 000 ppm溶液1 kg,乙烯利的加水量为40%×1 000 000÷2000=200份。

换算成倍数浓度:用百分数除以ppm数,将小数点向后移4位,即得出所稀释倍数。例如,40%的乙烯利1 000 ppm,换算成倍数浓度时,用40÷1 000=0.04,小数点向后移4位。即得400倍。

兑水方法:几种农药混用时,不是每加一种药都加1次水,而是各种药都用同1份水来计算浓度。例如,配制500倍的尿素加1 000倍的甲基托布津,是用2份尿素加1份甲基托布津加1 000份水。另外,兑水时,应先配成母液,即先用少量温水将药液化开,再加水至所需浓度,充分溶解,以提高药效,防止药害。

357. 怎样正确稀释农药?

答:掌握正确稀释农药的方法对防止污染有着重要作用。其操作方法有以下几种:液体农药的稀释药液量少时可直接进行稀释。正确的方法是在准备好的配药容器里盛好所需要的清水,然后将定量药剂徐徐倒入水中,用木棍等轻轻搅拌均匀即可使用。若需要配制较多的药液量时。最好采取两步配制法:即先用少量的水将农药原液稀释成母液,再将配制好的母液按稀释比例倒入准备好的清水中,充分搅拌均匀。

可湿性粉剂的稀释采取两部配制法，即先用少量水配制成较为浓稠的母液,然后再倒入盛有水的容器中进行最后稀释。但要注意两步配制所用水量要与理论所用水量相等。

粉剂农药的稀释主要是利用填充料进行稀释。先取填充料(草木灰、米糠稗),将所需的粉剂农药混入搅拌,再反复添加,直到达到所需倍数。

颗粒型农药的稀释利用适当的填充料与之混合，稀释时可采用干燥软土或同性化肥作填充料,按一定的比例搅拌均匀即可。

358. 如何正确使用除草剂?

答:根据不同土壤特性、微生物种类、气候及灌溉条件选用不同的除草剂。如含氯磺隆成分的除草剂在土壤中主要通过水解作用降解,遇到大田为碱性土、用药当年降水量少、土壤干旱等情况,它们在土壤中的残留期往往延长,后茬作物易受害;反之,酸性土、土壤湿润或灌水农田,则残留期缩短,后茬作物相对安全。

大田播种前,应了解前茬施用过的除草剂是否对后茬作物有药害。如前茬施用过含氯磺隆、甲磺隆成分的除草剂,如麦草宁、麦草灵等,则后茬不能种植玉米、大豆、棉花、花生等作物,也不能作秧田。近年来,一些地方使用苯磺隆(又名巨星、阔叶净)后,对下茬花生产生了不同程度的药害,造成花生出苗困难,生长缓慢,产量降低。

改善施用方法,减少土壤残留量。一是用药量要准确,喷洒要均匀,不漏喷、不重喷。如连年施用含有氯磺隆成分的除草剂,不仅对后茬作物造成药害,而且对当季作物也有药害。二是使用时期要灵活。可在作物播前、苗前土壤处理,也可苗后喷雾。目前,普施特、广灭灵、阿特拉津应采用苗后早期喷雾,以达到降低用量、降低残留的目的。出苗后使用时,加助剂或增效剂,以提高药效、降低用药量。三是合理施药。氯磺隆与2,4–D丁酯混用,可使氯磺隆用药量减少50%。普施特土壤处理可与氟乐灵、乙草胺、甲草胺、赛克津等混用。用普施特、广灭灵进行带状喷药,可减少用药量30%以上。

359. 除草剂混合使用必须严格遵循哪些原则?

答:(1)混用的除草剂灭杀草谱不同。(2)混用的除草剂使用适期与方法必须相同。(3)除草剂混合后不能发生沉淀、分层现象。(4)除草剂混合后其用量为单一量的1/3~1/2。此外,对于不能互相混用的除草剂,采用分期配合使用的方法,也可以达到杀灭杂草的目的。

360. 使用除草剂应注意的事项有哪些?

(1)严格掌握作物对除草剂的敏感性。不同的作物对除草剂的敏感程度各异,如果不根据作物对除草剂的敏感性选用药剂,即便使用的是对农作物安全的除草剂,有时也易产生药害。一般防除阔叶杂草的除草剂对双子叶作物敏感,防除禾本科杂草的除草剂对禾本科作物敏感。例如,2,4-D丁酯、二甲四氯等对阔叶杂草效果好,但对阔叶农作物,如棉花、油菜、瓜类、豆类、花生、马铃薯、烟草等很敏感,容易产生药害。乙草胺适用于玉米、花生、棉花、大豆等阔叶类作物,但对小麦却易产生药害。盖草能、稳杀得、禾草克等防除阔叶农作物田间的禾本科杂草效果好,但对禾本科农作物,如小麦、水稻、谷子、玉米等药害严重。

(2)严格掌握作物敏感期和施药时期。农作物在不同的生长发育时期对杀虫剂、杀菌剂的敏感程度不一样,对除草剂的敏感度更不一样。在正常情况下,农作物在发芽、3叶前及扬花灌浆期对除草剂特别敏感,这几个时期容易产生药害。芽前除草剂只能通过杂草的胚根、芽鞘或下胚轴吸收,而杀死杂草;在杂草出苗后使用,一般无除草效果或除草效果很低。芽后除草剂也要在杂草或作物的某一生育阶段使用才能安全有效,如盖草能在杂草3~5叶期使用对禾本科杂草防除效果通常在90%~100%,但在5叶期以后使用效果较低。

(3)严格选用除草剂的种类。除草剂有以下几种类型,应“因草制宜”选用。①选择性除草剂:此类除草剂在一定剂量范围内使用,可以有选择地杀灭某些有害植物,而作物安全。在作物地里正确使用,可以达到只杀灭杂草而不伤害作物的目的。②灭生性除草剂:此类除草剂对所有植物均有灭杀作用,如克无踪、五氯酚钠、草甘膦等。此类除草剂限于休闲田、空闲地的灭草。③触杀型除草剂:此类除草剂只伤害植株接触到药剂的部位，对没有接触到药剂的部位无影响，如克无踪、敌稗、除草醚等。④内吸传导型除草型：此类除草剂的有效成分可被植物的根、茎、叶吸收，并迅速传导到全株，从而杀灭有害植物，如草甘膦、盖草能、稳杀醚等。

(4)严格掌握除草剂的用量和浓度。除草剂的选择性是在一定用药量范围内的选择性，故即使是有选择性的除草剂，超出了规定的用量范围对作物也会产生药害。如60%丁草胺乳油在水稻秧田用量超过0.15 L/666.7 m^2，棉花苗床48%氟乐灵用量超过为0.1L/666.7m^2，10%恶草灵在水稻秧田用量超过0.3 L/666.7 m^2，在水稻移栽后10 d内50%威罗生用量超过0.3 L/666.7 m^2等都会造成农作物药害。2，4–D丁酯对小麦具有一定选择性，但用量过大时，则同样会杀死小麦或使小麦植株严重畸形，影响产量。此外，除草剂的用量是否适当还受到作物种类、土壤质地、气候条件和施药方法等因素的影响。如高浓度使用除草剂时，切不可重喷，否则易造成局部施药浓度过大，而发生局部药害。

361. 什么是有害生物绿色防控？

答：有害生物绿色防控是指通过推广应用生态调控、生物防治、物理防治、科学用药等绿色防控技术，以达到保护生物多样性，降低病虫害暴发概率为目的，是降低农药使用风险，保护生态环境的有效途径。

362. 国家大豆产业技术体系的主要任务是什么？

国家大豆产业技术体系是农业部、财政部首批启动建设的现代农业产业技术体系之一，主要任务是面向我国大豆产业技术需求，开展全局性、区域性、基础性、前瞻性和关键性技术研究，重点解决大豆生产波动、自给率下降和豆农收益不稳的问题，提升科技创新能力，推动大豆产业的发展。

国家大豆产业技术体系由国家大豆产业技术研发中心和综合试验站两个层级构成。国家大豆产业技术研发中心依托中国农业科学院作物科学研究所，由育种与种子、病虫害防控、栽培与土肥、机械、加工及产业经济共6个功能研究室组成，聘任26位专家为岗位科学家，涵盖了大豆产业链的各个环节。国家大豆产业技术体系根据大豆优区域布局规划，在东北、黄淮海（含西北）及南方大豆主产区建立30个综合试验站，形成技术集成、展示与示范网络。

第四部分　大豆新品种、新技术推荐及大豆科学家

一、宁夏引黄灌区春播大豆推荐品种

1. 宁豆 4 号

审定编号:宁种审 9816。

选育单位：系宁夏农林科学院农作物研究所，于 1989 年定系育成。1998 年 4 月经宁夏农作物品种审定委员会审定通过。

特征特性:属北方春大豆中、晚熟品种,生育期 133 d。该品种株形收敛,直立生长，平均株高 90 cm,分枝适中,3~5 个,主茎节数 14.6 节,白花,披针叶,茎着生灰色茸毛，成熟后荚浅褐色,不易裂荚,以 2~3 粒荚居多。种皮黄色有光泽,圆粒,脐浅褐色,籽粒无斑点。单株结荚套种条件下 50 个左右,单种 80~180 个。百粒重 20~22 g。

产量水平:1991 年参加套种产量鉴定试验,平均产量 171 kg/666.7 m^2,比宁豆 1 号增产 25%;1992 年参加农作物研究所品种比较试验，折合产量 218 kg/666.7 m^2，比宁豆 1 号增产 26%;1993~1994 年参加全区春大豆品种区域联合试验，平均比宁豆 1 号增产 38.7%，并表现出非凡的抗病能力;1995 年参加春小麦套种大豆生产示范，产量 112.5 kg/666.7 m^2，比宁豆 1 号增产 20%;1996~1997 年套种生产示范,平均产量 126.7 kg/666.7 m^2,比宁豆 1 号增产 18%,单种平均产量 248 kg/666.7 m^2,最高达 300 kg/666.7 m^2。

品质分析:粗蛋白含量 36.90%,粗脂肪含量 16.30%。

栽培技术要点:4 月 20—25 日播种较为适宜。单种播量 5 kg/666.7 m^2,套种 4 kg/666.7 m^2,密度依栽培方法和土壤肥力条件而定,一般要求保苗 1.0 万~1.5 万株/666.7 m^2。

适应范围:耐阴、抗倒,适合套种、间种、单种,适于在宁夏引黄灌区及贺兰山东麓地区栽培种植,引黄灌区市县边缘新垦扬黄灌区及河滩地亦可栽培。

2. 宁豆 5 号

审定编号:宁审豆 2003001。

选育单位:宁夏平罗县种子公司从地方品种中的变异单株系选,2003 年通过宁夏农作物品审委审定。

特征特性:春性,生育期 145 d。株高 110 cm,生长势中等偏旺,主茎节数多,株型半开,半直立,无限结荚习性,紫花,灰毛,圆叶每株约 50 个荚,每荚 2~3 粒,不裂荚,粒大而圆,黄皮,有光泽,褐脐,表面光滑,商品性好,百粒重 22.5 g。

产量表现:2000 年区域试验平均产量 279.26 kg/666.7 m^2,较对照宁豆 3 号增产 22.6%;2001 年区域试验平均产量 237.41 kg/666.7 m^2, 较对照宁豆 3 号增产 6.7%;区域试验两年平均产量 258.34 kg/666.7 m^2,较对照宁豆 3 号增产 14.65%。2002 年生产试验平均产量 126.68 kg/666.7 m^2,较对照宁豆 4 号减产 1.72%。

品质分析:籽粒含粗蛋白质 42.18%,粗脂肪 17.47%。

栽培技术要点:4 月 20 日播种,播种量 4~6 kg/666.7 m^2,保苗株数 1.3万~1.5 万株/666.7 m^2。生长势偏旺,分枝性强,喜肥水,注意氮、磷搭配,在排灌方便,肥水条件中上等地块种植。及时中耕除草,保证全苗壮苗。

适应范围:适宜宁夏引黄灌区种植。

3. 宁豆 6 号(宁黄 06)

种质来源:99nf1×中黄 13。

选育单位:宁夏农林科学院农作物研究所选育的春大豆新品系,2018 年通过宁夏农作物品种审定委员会审定通过。

特征特性:该品种生育期 150 d,紫花,棕毛,卵圆叶,有限接荚习性,株型收敛,落性好,抗倒伏。株高 116 cm,单株有效荚数 128.4 个,百粒重

18.6 g，单株 298 粒，单株粒重 54.8 g，褐色脐，椭圆粒，种皮黄色，有光泽，外观商品性好。

产量水平：2015 年区域试验折合产量 382.59 kg/666.7 m^2，较对照增产 15.43%；2016 年区域试验平均产量 330.02 kg/666.7 m^2，较对照增产 9.2%。

栽培要点：(1)播种期。4 月下旬至 5 月上旬播种为宜。(2)播种量。单种 5 kg/666.7 m^2；套种 2.5~3.5 kg/666.7 m^2，保苗密度 1.2 万~1.5 万株/666.7 m^2。(3)田间管理。保证全苗、壮苗，适时灌水。氮、磷、钾(N、P、K)肥配合使用，及时中耕除草，摘除菟丝子，中后期及时防治大豆蚜虫及红蜘蛛。避免重茬和迎茬，肥水过高容易倒伏。(4)适时收获。当田间 80%的豆荚呈现成熟色时，及时收获。收获过早或过晚均会影响品种产量。

适宜地区：宁夏引黄、扬黄灌区。

4. 宁黄 29

种质来源：吉育 70×MN1901。

选育单位：宁夏农林科学院农作物研究所选育的春大豆新品系。

特征特性：该品种生育期 152 d，白花，灰毛，卵圆叶，有限接荚习性，株型收敛，落性好，抗倒伏。株高 98 cm，单株有效荚数 86.2 个，百粒重 21.8 g，单株 222.2 粒，单株粒重 49.2 g，褐色脐，椭圆粒，种皮黄色，有光泽，外观商品性好。

产量水平：2015 年区域试验折合产量 399.47 kg/666.7 m^2，较对照增产 20.52%；2016 年区域试验平均产量 325.36 kg/666.7 m^2，较对照增产 7.66%。

栽培要点：(1)播种期。4 月下旬至 5 月上旬播种为宜。(2)播种量。单种 5 kg/666.7 m^2；套种 2.5~3.5 kg/666.7 m^2，保苗密度 1.2 万~1.5 万株/666.7 m^2。(3)田间管理。保证全苗、壮苗，适时灌水。氮、磷、钾(N、P、K)肥配合使用，及时中耕除草，摘除菟丝子，中后期及时防治大豆蚜虫及红蜘蛛。避免重茬和迎茬，肥水过高容易倒伏。(4)适时收获。当田间 80%的豆荚呈现成熟色时，及时收获。收获过早或过晚均会影响品种产量。

适宜地区：宁夏引黄、扬黄灌区。

5. 宁黄 03

种质来源：99nf1×中黄 13。

选育单位：宁夏农林科学院农作物研究所选育的春大豆新品系。

特征特性：该品种生育期152 d，白花，灰毛，卵圆叶，有限接荚习性，株型收敛，落性好，抗倒伏。株高95.5 cm，单株有效荚数88.8个，百粒重20.9 g，单株232.8粒，单株粒重47.6 g，褐色脐，椭圆粒，种皮黄色，有光泽，外观商品性好。

产量水平：2016年区域试验平均产量323.41 kg/666.7 m^2，较对照增产7.01%。

栽培要点：（1）播种期。4月下旬至5月上旬播种为宜。（2）播种量。单种5 kg/666.7 m^2；套种2.5~3.5 kg/666.7 m^2，保苗密度1.2万~1.5万株/666.7 m^2。（3）田间管理。保证全苗、壮苗，适时灌水。氮、磷、钾（N、P、K）肥配合使用，及时中耕除草，摘除菟丝子，中后期及时防治大豆蚜虫及红蜘蛛。避免重茬和迎茬，肥水过高容易倒伏。（4）适时收获。当田间80%的豆荚呈现成熟色时，及时收获。收获过早或过晚均会影响品种产量。

适宜地区：宁夏引黄、扬黄灌区。

6. 宁黄46

种质来源：9nf91×中黄13。

选育单位：宁夏农林科学院农作物研究所选育的春大豆新品系。

特征特性：该品种生育期155 d，白花，灰毛，卵圆叶，有限接荚习性，株型收敛，落性好，抗倒伏。株高138 cm，单株有效荚数81.3个，百粒重19.7 g，单株228.3粒，单株粒重46.7 g，褐色脐，椭圆粒，种皮黄色，有光泽，外观商品性好。

产量水平：2015年区域试验折合产量376.1 kg/666.7 m^2，较对照增产13.47%；2016年区域试验平均产量314.84 kg/666.7 m^2，较对照增产4.18%。

栽培要点：（1）播种期。4月下旬至5月上旬播种为宜。（2）播种量。单种5 kg/666.7 m^2；套种2.5~3.5 kg/666.7 m^2，保苗密度1.2万~1.5万株/666.7 m^2。（3）田间管理。保证全苗、壮苗，适时灌水。氮、磷、钾（N、P、K）肥配合使用，及时中耕除草，摘除菟丝子，中后期及时防治大豆蚜虫及红蜘蛛。避免重茬和迎茬，肥水过高容易倒伏。（4）适时收获。当田间80%的豆荚呈现成熟色时，及时收获。收获过早或过晚均会影响品种产量。

适宜地区：宁夏引黄、扬黄灌区。

7. 13LD-222

种质来源：ms1 轮回选择选育的春大豆新品系。

选育单位：宁夏农林科学院农作物研究所。

特征特性：该品种直立生长，生育期 151 d，白花，卵圆叶，棕毛，无限结荚习性，株型收敛，落叶性好，抗倒伏。株高 131.7 cm，底荚高 5 cm，主茎节数 18.3 节，有效分枝 5.3 个，单株有效荚数 104.1 个，单株粒数 217.3 粒，百粒重 21.46 g，种脐褐色，成熟荚黄褐色，椭圆粒，种皮黄色，有光泽，外观商品性好。

产量水平：2016 年产量比较试验：平均亩产 334.9 kg，比对照增产 8.9%。2017 年产量比较试验：平均亩产 388.9 kg，比对照增产 9%。

栽培要点：(1)播种期。4 月下旬至 5 月上旬播种。(2)播种量。单种 5 kg/666.7 m^2；套种 2.5~3.5 kg/666.7 m^2，保苗密度 1.2 万~1.5 万株/666.7 m^2。(3)田间管理。保证全苗、壮苗，花荚期适时灌水。氮、磷、钾(N、P、K)肥配合使用，及时中耕除草，摘除菟丝子，中后期及时防治大豆蚜虫及红蜘蛛。避免重茬和迎茬，肥水过高容易倒伏。(4)适时收获。当田间 80%的豆荚呈现成熟色时，及时收获。收获过早或过晚均会影响品种产量。

适宜地区：宁夏引黄、扬黄灌区。

8. 13LD-231

种质来源：ms1 轮回选择选育。

选育单位：宁夏农林科学院农作物研究所选育的春大豆新品系。

特征特性：该品种直立生长，生育期 151 d，紫花，卵圆叶，灰毛，有限接荚习性，株型收敛，落性好，抗倒伏。株高 69.2 cm，底荚高 5.2 cm，主茎节数 13 节，有效分枝 1.6 个，单株有效荚数 93.2 个，单株粒数 220 粒，百粒重 24.18 g，种脐淡黄褐色，成熟荚灰褐色，椭圆粒，种皮黄色，有光泽，外观商品性好。

产量水平：2016 年产量比较试验平均亩产 351.8 kg，比对照增产 14.4%；2017 年生产示范平均亩产 312.98 kg。

栽培要点:(1)播种期。4 月下旬至 5 月上旬播种。(2)播种量。单种 5 kg/666.7 m^2;套种 2.5~3.5 kg/666.7 m^2,保苗密度 1.2 万~1.5 万株/666.7 m^2。(3)田间管理。保证全苗、壮苗,花荚期适时灌水。氮、磷、钾(N、P、K)肥配合使用,及时中耕除草,摘除菟丝子,中后期及时防治大豆蚜虫及红蜘蛛。避免重茬和迎茬,肥水过高容易倒伏。(4)适时收获。当田间 80%的豆荚呈现成熟色时,及时收获。收获过早或过晚均会影响品种产量。

适宜地区:宁夏引黄、扬黄灌区。

9. 中黄 30

种质来源:中品 661×中黄 14。

审定情况:2006 年通过国家农作物品种审定委员会审定,命名为中黄 30;2009 年通过北京市农作物品种审定委员会审定。

审定编号:国审豆 2006015,京审豆 2009001。

选育单位:中国农业科学院作物科学研究所。

特征特性:该品种生育日数 124 d 左右。有限结荚习性,株型收敛,株高 64 cm 左右。主茎节数 15 个,有效分枝 1.1 个,结荚均匀,底荚高 13 cm,单株有效荚数 48 个,单株粒数 107 粒。圆叶,紫花,棕毛。籽粒圆形,种皮黄色,有微弱光泽,褐脐,百粒重 18.1 g。籽粒大小均匀、商品性好,抗倒伏性好,成熟不裂荚,落叶性好。抗花叶病毒病、灰斑病。

产量表现:2004—2005 年参加国家北方春大豆晚熟组区域试验平均产量 188.9 kg/666.7 m^2, 比对照增产 9.4%;2005 年生产试验平均产量 163.1 kg/666.7 m^2。2007 年参加北京市春播区域试验,平均产量 199.5 kg/666.7 m^2,比对照中黄 13 增产 13.48%;2008 年继续区域试验,平均产量 266.4 kg/666.7 m^2, 比对照中黄 13 增产 28.21%;2008 年参加北京市春大豆生产试验,平均产量 234.55 kg/666.7 m^2,比对照中黄 13 增产 16.14%,居第 1 位。

品质分析:该品种脂肪含量 21.44%,蛋白质含量 39.53%。

栽培要点:适宜在中、上等肥力地块种植,适宜播期为 4 月下旬至 5 月上旬,种植密度每 666.7 m^2 1.5 万株左右;精细整地,确保全苗,及时定苗,做到苗匀、苗齐、苗壮;前期重施底肥,花荚期叶面喷肥,保证不缺水;

及时除草，防治病虫害。适期收获。

适宜区域：适宜在宁夏中部和北部等地区春播种植。特别适合与其他作物间套作。

10. 中黄35

审定编号：2006年和2007年通过国家农作物品种审定委员会审定[国审豆2006002（夏播）、国审豆2007018（春播）]。2009年获国家植物新品种权（20060408.1）。

选育单位："中黄35"是由中国农业科学院作物科学研究所选育的超高产高油大豆新品种。

特征特性：黄淮海春播生育期121 d，株高78.0 cm，有效分枝0.9个，底荚高8.7 cm，单株有效荚数45.3个，单株粒数108.4粒，单株粒重18.4 g，百粒重18~22 g。椭圆型叶，白花，灰毛，有限或亚有限结荚习性，株型收敛。种皮黄色，黄脐，圆粒。经接种鉴定，表现为中抗大豆花叶病毒病SC3和SC7株系。

产量表现：2004年参加黄淮海北片夏大豆品种区域试验平均产量206.0 kg/666.7 m^2，比对照早熟18增产19.3%；2005年续试平均产量204.3 kg/666.7 m^2，比对照冀豆12增产5.6%；两年区域试验平均产量205.1 kg/666.7 m^2。2005年生产试验，平均产量219.1 kg/666.7 m^2，比对照冀豆12增产5.8%。2007年在新疆采用覆膜滴灌结合水肥同步的高产栽培技术，创亩产371.8 kg高产典型，被评为2007年度中国国内十大科技进展新闻之一和十大农村科技新闻。2009年在新疆生产建设兵团实收86.83亩，创亩产364.68 kg的全国大豆大面积高产纪录。2012年在新疆塔城地区再创亩产421.37 kg的全国大豆小面积单产纪录，已连续3年创亩产超400 kg的单产典型，增产潜力巨大。

品质分析：蛋白质含量38.86%，脂肪含量23.45%。

栽培技术要点：播种前施腐熟有机肥2 000~3 000 kg/666.7 m^2，播种时施磷钾肥作种肥；播种量4~5 kg/666.7 m^2，保苗1.2万~1.6万株/666.7 m^2；分枝期、花荚期和鼓粒期要注意防旱。

适宜推广种植区域：宁夏中部地区种植。

11. 中品661

种质来源:中国农科院作物所,以美国带回威莱姆斯×水牛后代材料连续选择而成。

审定编号:(94)京审经字第4号。

选育单位:中国农业科学院作物科学研究所。

特征特性:春播品种,全生育期140 d,白花,棕毛,黄粒,黑脐,粒椭圆形,有微光,百粒重18~20 g。植株高大健壮,主茎22节左右,分枝2~3个,分枝发达,株高120 cm或更高,高抗倒伏,叶片中等大小,卵圆形,透光性较好。多二三粒荚,落叶性好。该品种开花早,花期长,无限结荚习性。种子生活力强,出苗整齐,易得全苗,高抗大豆花叶病毒,不炸荚。

品质分析:种子蛋白质含量41.25%,油分含量21.93%,合计达63.16%,达到国家育种攻关优质品种63%的标准。

栽培要点:适于中上等肥力条件下种植,以4月底5月初播种为宜,每亩保苗1万株为适宜密度,不宜过密。出苗后于第一片三出复叶出现前后及时间苗,高产的前提条件是苗全苗匀,播种时施10~15 kg/666.7 m^2磷酸二铵,开花前后可追施氮肥或氮磷复合肥7.5~10.0 kg/666.7 m^2。花荚期遇旱应及时灌水,尤其鼓粒期灌水可使百粒重增大。有蚜虫发生时应及时防治,注意除草。 在高肥水条件下具有高产300 kg的潜力。

12. 晋豆19

审定编号 :宁审豆2003002。

选育单位:山西省农科院作物遗传所育成。

种质来源:山西农科院作物遗传研究所于1984—1989年用168为母本,铁7517为父本进行有性杂交选育而成。编号87-62。1990年参加山西省大豆中晚熟组区域试验,1994年3月经山西省农作物品种审定委员会审定,定名晋豆19号。1998年通过国审,审定编号:国审豆980010。

特征特性:该品种属春大豆品种,春播,出苗到成熟天数125~135 d。无限结荚习性,株形收敛,株高100 cm左右.分枝2~3个,主茎节数23个左右,主茎结荚密。卵圆叶,紫花,褐荚,棕毛,亚有限结荚习性,底荚高20 cm,单株54个荚,每荚2~3粒,百粒重20.7 g,籽粒黄色、褐脐、椭圆形。

产量表现：该品种丰产性好。1990—1991 年参加全国黄淮海区域试验，平均亩产 173.9 kg，增产 23.13%。居第一位。1991—1992 年参加全国北方春大豆区域试验，平均亩产 167 kg，比对照增产 10.0%，居第一位。大面积生产示范，最高亩产可达 311.5 kg。

品质分析：籽粒含粗蛋白质 38.29%。粗脂肪 19.91%；蛋白质含量 44.97%，脂肪含量 22.76%

栽培要点：该品种属主茎型，春播每亩留苗 0.8 万~1.2 万株。花期喷速灭杀丁、来福灵、多来宝等，一般喷两次，间隔 7 d，可防止大豆食心虫。

适宜推广适宜推广种植区域：适宜在宁夏引黄灌区春播种植。

13. 晋豆 23 号

审定编号：国审豆 2001011。

选育单位：山西省农科院经济作物研究所。

品种特点：春播生育期 140 d，无限结荚习性，株高 110 cm 左右，主茎节数 18~21 节，分枝 4~5 个，株型收敛，柔韧性好；圆叶，叶色深绿，棕色茸毛，白花，圆粒，黄种皮，黑脐，百粒重 21.0~23.5 g。落黄好，粒大粒饱满，种皮黄色有光泽，整齐一致。该品种抗旱性强，抗病毒病有能力强。

产量表现：1999—2000 年参加国家区试，平均产量 168.6 kg/666.7 m^2，较对照铁丰 27 号增产 11.5%；2000 年参加国家区试，平均产量 169.7 kg/666.7 m^2，较对照增产 1.9%。2000 年生试验平均产量 193.2 kg/666.7 m^2，较对照增产 2.4%。

品质分析：蛋白质含量 41.8%。脂肪含量 19.6%。

适应范围：晋豆 23 号适宜于在我国黄土高原地区种植，综合农艺性状优良，抗倒伏，它兼有高度抗旱性和高度抗病毒病能力，有较强的抗大豆红蜘蛛能力，产量高。该品种 2002—2003 年被列入农业部重点跨省示范计划。

适宜推广种植区域：适宜在宁夏地区春播。

14. 承豆 6 号

种质来源：承 7907-2-3-2-1/铁丰 25 号。

选育单位：河北承德市农科所育成。2001 年由宁夏区种子管理站和宁夏农作物研究所引入。

审定编号:宁审豆 2003003

特征特性:春性,植株直立,长势强,株型半开,株高 117.6 cm。主茎 1~2 个分枝,有限结荚习性,底荚高 30 cm,每株 54 个荚,不实荚率低,每荚 2~3 粒,单株粒数 129 粒,单株粒重 27.9 g,籽粒椭圆形;黄色、褐脐、有光泽,商品性好。长尖叶,白花,灰毛,淡褐色荚。百粒重 19.6 g。生育期 134~144 d,属中熟高产稳产型品种,较适合套种。未完熟粒率低,耐阴性强,裂荚性中等,较抗倒伏,病虫害轻。

产量表现:2001 年区域试验平均产量 272.50 kg/666.7 m^2,比对照增产 22.42%;2002 年区域试验平均产量 197.69 kg/666.7 m^2,比对照增产 9.53%;区域试验两年平均产量 235.1 kg/666.7 m^2,比对照增产 15.97%;2002 年生产试验平均产量 150.46 kg/666.7 m^2,比对照增 16.73%。

品质分析:经宁夏农科院分析测试中心化验分析,籽粒含粗蛋白质 40.8%,粗脂肪 17.49%。

适宜推广适宜推广种植区域:适宜在宁夏引黄灌区春播种植。

15. 冀豆 17

审定编号:国审豆 2012003。

选育单位:河北省农林科学院粮油作物研究所。

品种来源:hobbit/早 5241。

特征特性:生育期平均 135d 。株型收敛,无限结荚习性。株高 93 cm,主茎 17.7 节,有效分枝 2.4 个,底荚高度 15.6 cm,单株有效荚数 52.9 个,单株粒数 125.3 粒,单株粒重 25.3 g,百粒重 19.5 g。圆叶,白花,棕毛。籽粒圆形,种皮黄色、微光,种脐黑色。接种鉴定,中感花叶病毒病 3 号株系,中感花叶病毒病 7 号株系,高感胞囊线虫病 1 号生理小种。

产量表现:2010—2011 年参加西北春大豆品种区域试验,两年平均亩产 253.3 kg,比对照晋豆 19 增产 10.6%。2011 年生产试验,平均产量 253.0 kg/666.7 m^2,比晋豆 19 增产 7.7%。

栽培技术要点:(1)4 月底至 5 月初播种,条播行距 40~50 cm 等行距,或大小行种植,大行 60 cm、小行 40 cm。(2)亩种植密度,高肥力地块 1.0~

1.2 万株、中等肥力地块 1.2~1.4 万株、低肥力地块 1.5 万~1.8 万株。(3)亩施腐熟有机肥 1 000 kg、氮磷钾三元复合肥 20 kg 或磷酸二胺 15~20 kg 作基肥,初花期亩追施 5 kg 尿素,结荚鼓粒期喷施磷酸二氢钾等叶面肥。

品质分析:粗蛋白含量 38.26%,粗脂肪含量 21.68%。

审定意见:该品种符合国家大豆品种审定标准,通过审定。

适宜推广适宜推广种植区域:适宜宁夏中北部春播种植。

16. 冀豆 19

审定编号:国审豆 2008007。

选育单位:山西农科院作物粮油研究所。

特征特性:利用 ms1 雄性核不育材料,以 70 多个国内外优良大豆亲本,通过轮回选择方法选育而成。亚有限结荚习性,株高 82.3 cm,底荚高 20.1 cm,分枝 1.8 个。叶色绿,圆叶、白花、灰毛,百粒重 17.2 g。种皮黄色,种脐黄色,百粒重 17.2 g。生育日数:132~143 d,秆强、喜肥水、耐湿,抗紫斑病、抗大豆食心虫、抗倒伏性较强、落叶性好,抗裂荚性强,适应性广。属高产、稳产、高油、分枝型品种。

产量表现:生产示范单种平均产量 250 kg/666.7 m^2 左右,高产、稳产、优质深受广大农民的欢迎。

品质分析:蛋白质含量 40.13%,脂肪含量 21.68%。

栽培技术要点:4 月 20 日左右播种,播深 4~5 cm。单种播量 5~6 kg/666.7 m^2,行距 50 cm,株距 8~10 cm;间套种依不同的套种模式而不同播量,一般播量 4 kg 左右/666.7 m^2。

(1)一般中等地力施农家肥 2 000~3 000 kg/666.7 m^2。种肥施磷酸二铵 8~10 kg/666.7 m^2,硫酸钾 10~12 kg/666.7 m^2 或氯化钾 8~10 kg/666.7 m^2。施用种肥时化肥与种子一定要隔离,相距 3 cm 以上,避免烧种。

(2)大豆初花期追尿素 5~10 kg/666.7 m^2,磷酸二氢钾 1.5 kg/666.7 m^2,溶于水中进行叶面喷施,并根据缺素状况加入微量元素,如硼砂、钼酸铵、硫酸锌等。

(3)追肥:土壤肥沃可少追肥或不追肥。土质差、苗弱,每亩追施尿素 4~5 kg。套种大豆应在出苗后和 3 片复叶期,追施尿素 6~8 kg/666.7 m^2。始荚期可用 200 g/666.7 m^2 磷酸二氢钾进行叶面追肥。

(4)间套种大豆与小麦共生期灌水随同小麦。麦收后依田间墒情灌 2~3 水。大豆苗期较抗旱可以不灌水或少灌水,大豆花荚期是水肥临界期,即需求量最大期,不宜缺水。

(5)大豆虫害主要有:大豆红蜘蛛、豆荚螟、大豆食心虫、豆蚜等。25%杀虫脒 200 g/666.7 m^2,兑水 60 kg 喷雾在心叶内防治豆荚螟:用 40%乐果乳油加敌敌畏 1 000 倍液喷雾防治豆蚜;防治红蜘蛛:当田间有发生时,及时拔除虫株消灭发生中心。用螨死净、三氯杀螨醇等杀螨剂加水喷雾,并间隔 5d 左右连续喷药防治,直至灭净以防蔓延。大豆食心虫、草地螟等用 2.5%敌杀死,公顷用量 300~500 ml,兑水 500 kg 喷雾。

(6)大豆出苗前施 2.4,D-丁酯。生育期间及时中耕除草,及时摘除菟丝子发生中心。

(7)当叶片脱落,多数豆荚变成成熟色时方可收获,过早过晚均影响籽粒的产量和品质。

适宜推广种植区域:适宜宁夏引黄灌区春播种植。

17. 辽豆 14 号

审定编号:国审豆 2003013。

选育单位:辽宁省农科院作物研究所。2002 年通过国家品种审定委员会审定。

特征特性:该品种属亚有限结荚习性。抗病,抗倒伏、抗干旱、耐瘠薄也都是它的重要特性。株形收敛,株高约 89.3 cm,分枝 3~5 个,根系发达,主茎韧性较强,抗倒伏;主茎节数 21~23 个,白花,灰毛,荚分布均匀,单株有效荚数 55.4 个,荚熟时呈褐色;籽粒黄色,有光泽,粒圆形,脐黑色,百粒重 16.8 g,籽粒整齐,完全粒率高达 95.4%,虫食粒率 2.2%,褐斑粒率 0.1%,紫斑粒率 0.3%。沈阳地区生育期 131 d 左右。

产量表现:据省内外连续多年多项多点试验结果表明,其高产性和稳产性好,平均亩产 204.50 kg,比对照品种增产 19.70%。宁夏农科院作物所平均亩产 249.80 kg,比对照品种增产 30.50%,增产潜力较大。

品质分析:经国家农业部农产品分析测试中心测定,该品种粗脂肪含量 22.04%，粗蛋白含量 37.48%，属优质高油大豆品种。

适宜推广种植区域：适宜宁夏引黄灌区春播种植。

18. 辽豆 15 号

审定编号：国审豆 2003010。

选育单位：辽宁省农科院作物所。

特征特性：该品种紫花，茸毛灰色，平均生育期 144.5 d，株高 79.0 cm，单株有效荚数 37.2 个，籽粒圆形，黄种皮，无色脐，百粒重 24.3 g。较抗病，抗倒性较好。

产量表现：2000~2001 年参加西北地区大豆品种区试。2000 年平均产量 178.60 kg/666.7 m^2，比对照增产 29.40%，极显著，居 9 个参试品种（系）第二位。2001 年平均产量 168.26 kg/666.7 m^2，比对照增产 11.07%，居 7 个参试品种（系）第三位。两年区试平均产量 173.43 kg/666.7 m^2，比对照增产 19.81%。2001 年生产试验平均产量 181.33 kg/666.7 m^2，比对照晋豆 19 增产 8.82%。

品质分析：蛋白质含量 42.07%，脂肪含量 20.49%。

栽培技术要点：（1）选择不重茬、不迎茬中等以上肥力土壤。（2）以农家肥为主，增施氮、磷、钾（N、P、K）复合肥。（3）合理密植。肥地 1.0 万~1.1 万株/666.7 m^2，中等肥力土壤的种植密度 1.1 万~1.2 万株/666.7 m^2。（4）加强田间管理，及时铲趟，防治虫害。

适宜推广种植区域：适宜在宁夏引黄灌区地区春播种植。

19. 辽豆 22 号

审定编号：国审豆 2006013。

选育单位：辽宁省农业科学院作物研究所。

特征特性：该品种平均生育期 130 d，株高 96.8 cm，单株有效荚数 42.1 个，百粒重 21.4 g。圆叶，紫花，亚有限结荚习性。籽粒圆形，种皮黄色，黄脐，籽粒椭圆形。经接种鉴定，表现为抗大豆花叶病毒病 Ⅰ 号株系，感Ⅲ号株系，中抗大豆孢囊线虫病。

产量表现：2004 年参加北方春大豆晚熟组品种区域试验，平均产量 186.1 kg/666.7 m^2，比对照辽豆 11 增产 6.5%；2005 年续试，平均产量 187.3 kg/

666.7 m^2,比对照增产 9.9%;两年区域试验平均产量 186.7 kg/666.7 m^2,比对照增产 8.2%。2005 年生产试验,平均产量 173.8 kg/666.7 m^2,比对照增产 12.3%。

品质分析:粗蛋白质含量 41.29%,粗脂肪含量 21.66%。

栽培技术要点:选择中等肥力以上的地块种植,保苗 1.0 万~1.3 万株/666.7 m^2;施有机肥 2 000~3 000 kg/666.7 m^2、磷酸二铵 15 kg/666.7 m^2 作基肥,初花期追施尿素 5 kg/666.7 m^2。

适宜推广种植区域:宁夏中北部地区春播种植。

20. 辽豆 24 号

审定编号:国审豆 2007030。

选育单位:辽宁省农业科学院作物研究所。

特征特性:该品种平均生育期 129 d,株高 93.0 cm,单株有效荚数 48.2 个,百粒重 20.4 g。圆叶,紫花,亚有限结荚习性。籽粒圆形,种皮黄色,淡脐。接种鉴定,中抗大豆灰斑病,中抗 SMVⅠ号株系和 SMVⅢ号株系。

产量表现:2005 年参加北方春大豆晚熟组品种区域试验,平均产量 186.2 kg/666.7 m^2,比对照辽豆 11 增产 7.4%;2006 年续试平均产量 194.3 kg/666.7 m^2,比对照增产 8.4%;两年区域试验平均产量 190.3 kg/666.7 m^2,比对照增产 7.9%。2006 年生产试验平均产量 182.9 kg/666.7 m^2,比对照增产 8.9%。

品质分析:粗蛋白质含量 39.86%,粗脂肪含量 20.91%。

适宜推广种植区域:适宜在宁夏中部和中北部春播种植。

21. 辽豆 34

审定编号:国审豆 2015003。2015 年经第三届国家农作物品种审定委员会第六次会议审定通过。

选育单位:辽宁省农业科学院作物研究所用辽 93042 和辽 95273 作亲本选育的普通型晚熟春大豆品种。

特征特性:辽豆 34 在北方春播生育期平均 127 d,比对照铁丰 31 早 1 d。株型收敛,亚有限结荚习性。株高 81.8 cm,主茎 16.1 节,有效分枝 2.0 个,底荚高度 11.7 cm,单株有效荚数 47.5 个,单株粒数 99.1 粒,单株粒重

21.6 g，百粒重 21.6 g。卵圆叶，紫花，灰毛。籽粒圆形，种皮黄色、微光，种脐黄色。

抗性：经接种鉴定，抗花叶病毒病 1 号株系，中抗花叶病毒病 3 号株系，中感胞囊线虫病 3 号生理小种。

品质：籽粒粗蛋白含量 40.18%，粗脂肪含量 20.25%。

产量表现：2012—2013 年参加国家北方春大豆晚熟组品种区域试验，两年平均亩产 223.9 kg，比对照铁丰 31 增产 5.3%。2014 年生产试验，平均亩产 236.2 kg，比铁丰 31 增产 6.4%。

栽培技术要点：（1）5 月上中旬播种，条播行距 65 cm。（2）亩种植密度，高肥力地块 9 000~10 000 株，中等肥力地块 11 000~12 000 株，低肥力地块 13 000~15 000 株。（3）亩施腐熟有机肥 2000~3 000 kg，氮、磷、钾三元复合肥 20 kg 或磷酸二铵 30 kg 作基肥，初花期亩追施 10 kg 氮、磷、钾三元复合肥。

适宜推广种植区域：宁夏中北部春播种植。

22. 晋遗 30

审定编号：国审豆 2003027、晋审豆 2004002、宁审豆 2005001。

选育单位：山西省农业科学院作物遗传研究所。

审定情况：2003 年通过国家农作物品种审定委员会审定，2004 年通过山西省农作物品种审定委员会审定，2005 年通过宁夏回族自治区农作物品种审定委员会审定。

特征特性：该品种春播生育期 131~140 d，株高 85.0~101.8 cm，株型收敛或半开张。椭圆叶，棕毛，紫花。亚有限结荚习性。椭圆粒，种皮深黄色，有光泽，黑脐，百粒重 21.5~22.2 g。

产量表现：2000—2002 年参加山西省大豆中晚熟组区域试验，3 年平均产量 175 kg/666.7 m^2，比对照品种晋豆 19 增产 4.6%，居第一位。2003 年参加山西省大豆中晚熟组生产试验，平均产量 211.4 kg/666.7 m^2，比对照品种晋豆 19 增产 7.9%。2001—2002 年参加国家北方春大豆品种晚熟组区域试验，两年平均产量 217.2 kg/666.7 m^2，比对照品种开育 10 号增产 9.8%，居第一位。2002—2003 年参加宁夏回族自治区大豆品种区域试验，两年平均产量 201.44 kg/666.7 m^2，比对照品种宁豆 3 号增产 11.31%，居第一位。

品种分析：在国家大豆品种区域试验中，蛋白质含量 41.28%，脂肪含量 21.74%。

栽培技术要点：春播以 4 月下旬播种。播前施农家肥 2 000 kg/666.7 m^2、硝酸磷 15~20 kg/666.7 m^2。播种深度 3~5 cm，等行距条播。春播旱地密度 1.0 万株/666.7 m^2 为宜，中等水肥地块密度 0.8 万株/666.7 m^2，高水肥地密度 0.6 万株/666.7 m^2，及时防治病虫害。

适宜推广种植区域：适宜在宁夏引黄灌区春播种植。

23. 铁丰 18 号

审定编号：宁种审 8306。

选育单位：辽宁省铁岭地区农科所选育。

特征特性：株高 70~104 cm，半直立型，分枝 2~4 个，单株结荚 33~60 个，单株粒数 50~130 粒，百粒重 18~24 g，种子椭圆形，种皮黄色，微有光泽，种脐淡黄色，花紫色，叶片浓绿。春播，生育期 135 d。耐肥抗倒，生长繁茂，不裂荚。

产量表现：1980 年区试平均产量 126.85 kg/666.7 m^2，较榆林黄豆增产 63.7%；1981 年区试平均产量 152 kg/666.7 m^2；1982 年区试平均产量 111.5 kg/666.7 m^2。1982 年生产示范平均产量 157~159.5 kg/666.7 m^2。

栽培技术要点：（1）播期　4 月中下旬播种。（2）密度　薄地保苗 2 万株/666.7 m^2，中等地力保苗 1.5 万株/666.7 m^2，肥力较高地保苗 1.0 万株/666.7 m^2，行距 60.0 cm，播量 4~6 kg/666.7 m^2。（3）灌水　生育期灌 2~3 水，头水在开花前 7~10 d（即 6 月下旬），二水 7 月下旬或 8 月上旬，三水 8 月中旬。

适宜推广种植区域：适宜宁夏引黄灌区单种。

24. 汾豆 50

审定编号：宁审豆 2003004。

选育单位：山西省农科院经作所育成。2001 年由区种子管理站引入宁夏。

特征特性：株高 113 cm，长势强，主茎节数多，3~9 个分枝，株型半开，半直立。无限结荚习性，单株 49 荚，每荚 2~3 粒，百粒重 24.6 g，不实荚率高。粒大而圆、黄色、黑脐。叶卵圆形，白花，有棕毛，紫褐色荚。经宁夏农科院分析测试中心化验分析：籽粒含粗蛋白质39.30%，粗脂肪16.97%。生育期139~147 d，属晚熟高产稳产型品种。不裂荚，较耐阴，病虫害轻。

产量表现：2000年区域试验平均产量252.87 kg/666.7 m^2，比对照宁豆3号增产11.2%；2001年区域试验平均产量241.21 kg/666.7 m^2，比对照宁豆3号增产8.37%；区域试验两年平均产量247.04 kg/666.7 m^2，比对照宁豆3号增产10.1%。2002年生产试验平均产量136.78 kg/666.7 m^2，较宁豆4号增产6.11%。

栽培要点：

（1）播种期：4月25日前。

（2）播种量：单种5 kg/666.7 m^2，套种2.5~3.5 kg/666.7 m^2，亩密度1.0~1.2万株，密度过大、肥水过高易倒伏。

（3）田间管理：保证全苗、壮苗，适时灌水，氮、磷、钾（N、P、K）肥配合使用，及时中耕锄草，摘除菟丝子，中后期及时用杀螨剂防治红蜘蛛。避免重茬和迎茬。

（4）适时收获：当70%的豆荚成熟色时即可收获。

适宜推广种植区域：适宜宁夏引黄灌区单种。

25. 汾豆65

审定编号：国审豆2007014。

选育单位：山西省农业科学院经济作物研究所。

特征特性：该品种平均生育期132 d，株高80.7 cm，单株有效荚数45.5个，百粒重20.7 g。圆叶，紫花，亚有限或无限结荚习性。籽粒椭圆形，种皮黄色，褐脐。接种鉴定，抗SMVⅠ号株系，中感SMVⅢ号株系；中感大豆孢囊线虫病4号生理小种，中抗3号生理小种。

产量表现：2004年参加北方春大豆晚熟组品种区域试验，平均产量186.3 kg/666.7 m^2，比对照辽豆11增产6.6%；2005年续试，平均产量185.2 kg/666.7 m^2，比对照增产8.7%；两年区域试验平均产量185.8 kg/666.7 m^2，比对照增产7.6%。2006年生产试验，平均产量183.6 kg/666.7 m^2，比对照增产9.5%。

品质分析：平均粗蛋白质含量 42.09%，粗脂肪含量 19.03%。

栽培技术要点：精细整地，施足底肥，施农家肥 2 000 kg/666.7 m^2、磷酸铵 25~30 kg/666.7 m^2 作底肥；适宜播期为 4 月下旬至 5 月上旬；保苗 0.8 万株/666.7 m^2。

适宜推广种植区域：适宜在宁夏中北部地区春播种植。

26. 邯豆 3 号

审定编号：宁审豆 2006001。

选育单位：河北邯郸市农科所选育。2001 年由宁夏种子管理站引入宁夏。

品种来源：组合为邯 73/中作 87-D06。

特征特性：生育期 126~139 d，植高 107.6 cm，分枝数 4.67，主茎 17 节，株型半开、直立，长势较强。圆叶，紫花、棕毛、褐荚，不裂荚，无限结荚，单株平均荚数 58 个，每荚 2~3 粒，粒大而圆，黄皮、褐脐、微光，单株粒重 26.15 g，百粒重 22.97 g。经宁夏农林科学院分析测试中心检测：籽粒含粗蛋白质 39.32%，粗脂肪 21.3%，水分 9.14%。较抗倒伏，病虫害轻。

产量表现：2002 年区域试验平均产量 207.22 kg/666.7 m^2，较对照宁豆 4 号增产 14.82%，4 点 3 增 1 减；2003 年区域试验平均产量 223.62 kg/666.7 m^2，4 点全部增产，较对照宁豆 4 号增产 23.21%；两年区域试验平均产量 215.42 kg/666.7 m^2，较对照宁豆 4 号增产 19.02%；2004 年生产试验平均产量 111.5 kg/666.7 m^2，4 点 2 增 2 减，较对照宁豆 4 号减产 4.57%；2005 年生产试验平均产量 165.59 kg/666.7 m^2，4 点 2 增 2 减，较对照宁豆 4 号增产 3.66%；两年生产试验平均产量 138.55 kg/666.7 m^2，较对照宁豆 4 号增产 0.46%。

栽培要点：

(1)播种期：4 月 25 日前。

(2)播种量：单种 5 kg/亩，套种 2.5~3.5 kg/666.7 m^2，密度 1.0 万~1.2 万株/666.7 m^2，密度过大、肥水过高易倒伏。

(3)田间管理：保证全苗、壮苗，适时灌水，氮、磷、钾(N、P、K)肥配合施用，及时中耕除草，摘除菟丝子，中后期及时用杀螨剂防治红蜘蛛。避免重茬和迎茬。

(4)适时收获:当田间70%的豆荚出现成熟色时即可收获,过早、过晚均会影响产量和品质。

适宜推广种植区域:适宜宁夏引黄灌区单种或套种。

27. 邯豆7号

审定编号:邯豆7号(邯348),宁审豆2007001。

选育单位:河北省邯郸市农科院选育。宁夏种子管理站引入宁夏种植。

特征特性:生育期124~146 d,属中晚熟品种。株高87 cm,主茎14.8节,株型收敛,生长直立,卵圆叶,紫花、棕毛,无限结荚习性,不裂荚,落叶性较好,单株结荚35.1~47.9荚,每荚2~3粒,椭圆粒,黄皮、褐脐、籽粒有光泽,单株产量20.5~21.5 g,百粒重21.5~26 g。抗倒伏,中抗花叶病毒病,外观商品性好。

适宜地区及产量水平:2005年区域试验平均产量248.48 kg/666.7 m^2,较对照宁豆4号增产29.8%;2006年区域试验平均产量275.28 kg/666.7 m^2,较对照宁豆4号增产23.86%;两年区域试验平均产量261.88 kg/666.7 m^2,较对照宁豆4号增产26.9%;2006年套种生产试验平均产量96.5 kg/666.7 m^2,较对照宁豆4号增产0.01%。

品质分析:籽粒含粗脂肪20.72%,粗蛋白31.5%。

栽培技术要点:(1)播种。4月25日左右播种。(2)播种量。单种播量5 kg/666.7 m^2,套种播量2.5~3.5 kg/666.7 m^2,单种密度1.2万~1.5万株/666.7 m^2,套种密度1.0万~1.2万株/666.7 m^2,密度过大、肥水过高易倒伏。(3)田间管理。保证全苗、壮苗,适时灌水,氮、磷、钾(N、P、K)肥配合施用,及时中耕除草,摘除菟丝子,中后期及时用杀螨剂防治红蜘蛛。避免重茬和迎茬。(4)适时收获。当田间70%的豆荚出现成熟色时即可收获,过早、过晚均会影响产量和品质。

适宜推广种植区域:适宜宁夏引黄灌区单种或套种。

28. 汾豆56

审定编号:国审豆2008001。

选育单位:山西省农业科学院经济作物研究所。

特征特性:平均生育期108 d,株高67.7 cm,椭圆叶,紫花,棕毛,亚有限结荚习性，株型收敛，主茎 14.9 节，有效分枝 2.7 个。单株有效荚数 34.2 个，单株粒数 73.6 粒，单株粒重 16.5 g，百粒重 21.2 g，籽粒椭圆形、黄色、微光、褐色脐。接种鉴定，抗花叶病毒病 SC3、SC7 株系，高感大豆孢囊线虫病 1 号生理小种。

产量表现：2006 年参加黄淮海中片夏大豆品种区域试验，平均产量 178.3 kg/666.7 m^2，比对照齐黄 28 增产 7.2%；2007 年续试，平均产量 196.4 kg/666.7 m^2，比对照增产 7.7%。两年区域试验平均产量 187.3 kg/666.7 m^2，比对照增产 7.5%。2007 年生产试验，平均产量 205.9 kg/666.7 m^2，比对照增产 10.24%。

品质分析：粗蛋白质含量 41.07%，粗脂肪含量 20.96%。

栽培技术要点：结合早春耙地，基施农家肥 2 000 kg/666.7 m^2、磷酸二铵 20 kg/666.7 m^2；4 月中下旬适时播种，留苗 1.6 万株/666.7 m^2 左右。

适宜推广种植区域：适宜宁夏引黄灌区种植。

29. 铁丰 31

审定编号：宁审豆 2010001。

选育单位：辽宁省铁岭市大豆研究所。

特征特性：生育期 135 d，株高 83.3 cm，株型收敛，有效分枝 1.1 个，卵圆叶，亚有限结荚，底荚高 11 cm，不裂荚，单株结荚 46 个，单株粒数 99.7 个，单株粒重 19.8 g，黄粒，黑脐，椭圆形，微光，紫花，灰毛，落叶性好，百粒重 19.2 g。属中晚熟型品种。较抗花叶病毒病，丰产性、稳产性较好，适应性较广，肥水高倒伏较重。

产量水平：2008 年 4 点平均产量 254 kg/666.7 m^2，比对照增 8.2%，显著；2009 年 5 点平均产量 260.4 kg/666.7 m^2，比对照增 4%，不显著；两年区域试验平均产量 257.2 kg/666.7 m^2，比对照增 6.1%。2009 年生产试验 3 点平均产量 258.2 kg/666.7 m^2，3 点均增产，比对照增产 8.9%。

品质分析：粗蛋白 38%，粗脂肪 20.4%。

栽培技术要点：(1)播期。4 月 25 日前播种。(2)播量。单种播量 5 kg/666.7 m^2，密度 1.2 万~1.5 万株/666.7 m^2；套种播量 2.5~3.5 kg/666.7 m^2，密度 1.0 万~1.2 万株/666.7 m^2。密度过大、肥水过高易倒伏。(3)田间管理。保

证全苗、壮苗，及时人工摘除菟丝子，中后期及时用杀螨剂防治红蜘蛛。(4)适时收获。当田间70%的豆荚出现成熟色时即可收获，过早、过晚均会影响产量和品质。

适宜推广种植区域：适宜宁夏引黄灌区种植。

30. 铁丰33

审定编号：国审豆2005022。

选育单位：辽宁省铁岭市大豆科学研究所。

特征特性：生育期131 d，株高86.2 cm，卵圆叶，紫花，亚有限或无限结荚习性，单株结荚39.7个，百粒重22.5 g，黄粒，黄脐，椭圆形。成熟时落叶，不裂荚。属中晚熟型品种。较抗花叶病毒病，丰产性、稳产性较好，适应性较广，肥水高倒伏较重。田间表现抗病和抗倒伏较好，接种鉴定抗花叶病毒病1号株系，中抗3号株系，中感灰斑病。

产量表现：2003年参加北方春大豆晚熟组品种区域试验，平均产量191.2 kg/666.7 m^2，比对照辽豆11号增产8.2%；2004年续试，平均产量185.0 kg/666.7 m^2，比对照辽豆11号增产5.9%；两年区试平均产量188.1 kg/666.7 m^2，比对照辽豆11号增产7.1%。2004年生产试验平均产量210.9 kg/666.7 m^2，比对照辽豆11号增产4.3%。

品质分析：粗蛋白41.95%，粗脂肪21.15%。

栽培技术要点：选择中等以上肥力地块种植，施农家肥2 000~3 000 kg/666.7 m^2和复合肥25 kg/666.7 m^2作基肥；4月中旬至5月上旬播种为宜，保苗1.0~1.3万株/666.7 m^2。

适宜推广种植区域：该品种属北方春大豆晚熟高产品种，适宜在宁夏中南部地区春播种植。

31. 铁丰35

审定编号：国审豆2006014。

选育单位：辽宁省铁岭大豆科学研究所。

特征特性：平均生育期134 d，株高78.4 cm，单株有效荚数45.6个，百粒重21.0 g。圆叶，紫花，有限结荚习性。种皮黄色，黄脐，籽粒圆形或椭圆形。经接种鉴定，表现为中抗大豆花叶病毒病Ⅰ号株系，感Ⅲ号株系，感大豆灰斑病。

产量表现：2004 年参加北方春大豆晚熟组品种区域试验，平均产量 187.8 kg/666.7 m²，比对照辽豆 11 增产 7.5%；2005 年续试，平均产量 185.0 kg/666.7 m²，比对照增产 8.6%；两年区域试验平均产量 186.4 kg/666.7 m²，比对照增产 8.0%。2005 年生产试验，平均产量 173.7 kg/666.7 m²，比对照增产 12.3%。

品质分析：平均粗蛋白质含量 40.11%，粗脂肪含量 21.84%。

栽培技术要点：适宜播期为 4 月下旬至 5 月初；选择中等肥力以上的地块种植，每亩保苗 1.0 万~1.3 万株；每亩施有机肥 2 000~3 000 kg、复合肥 25 kg 作基肥。

适宜推广种植区域：适宜在宁夏中北部地区春播种植。

32. 铁豆 45 号

审定编号：国审豆 2007017。

选育单位：辽宁铁研种业科技有限公司、辽宁省铁岭大豆科学研究所。

特征特性：平均生育期 127 d，株高 97.3 cm，单株有效荚数 50.2 个，百粒重 19.2 g。圆叶，紫花，亚有限结荚习性。籽粒椭圆形，种皮黄色，褐脐。接种鉴定，抗大豆灰斑病，抗 SMV Ⅰ 号株系，中抗 SMV Ⅲ 号株系。

产量表现：2005 年参加北方春大豆晚熟组品种区域试验，平均产量 190.6 kg/666.7 m²，比对照辽豆 11 增产 10.0%；2006 年续试，平均产量 199.6 kg/666.7 m²，比对照增产 11.3%；两年区域试验平均产量 195.1 kg/666.7 m²，比对照增产 10.7%。2006 年生产试验，平均产量 184.5 kg/666.7 m²，比对照增产 9.9%。

品质分析：平均粗蛋白质含量 40.01%，粗脂肪含量 20.87%。

栽培技术要点：选择中、上等肥力地块种植，基施农家肥2 000~3 000 kg/666.7 m²、复合肥 25 kg/666.7 m² 作底肥；适宜播期为 4 月中旬至 5 月上旬；保苗 1.0 万~1.3 万株/666.7 m²。

适宜推广种植区域：适宜在宁夏中部等地区春播种植。

33. 吉农 27 号

审定编号：国审豆 2009008，宁审豆 2010002。

选育单位：吉林农业大学，2007 年宁夏种子管理站引入宁夏种植。

品种来源：荷引 10/吉农 8601-26。

特征特性：生育期 129 d，较对照早熟 14 d，中熟型品种。品种落叶性好，抗倒伏，丰产性好，稳产性好，适应性广。该品种圆叶、白花、亚有限结荚习性。株高 84.5 cm，主茎 14.4 节，有效分枝 1.8 个，底荚高度 16.3 cm，单株有效荚数 44.1 个，单株粒数 88.8 粒，单株粒重 15.9 g，百粒重 18.2 g。籽粒圆形或椭圆形，种皮黄色，褐脐。病圃鉴定感胞囊线虫病。接种鉴定，中感灰斑病，抗花叶病毒病 1 号株系，中抗花叶病毒病 3 号株系。

产量表现：2006 年参加北方春大豆中晚熟组品种区域试验，平均产量 170.3 kg/666.7 m^2，比对照吉林 30 增产 6.2%；2007 年续试，平均产量 178.6 kg/666.7 m^2，比对照增产 6.3%；两年区域试验平均产量 174.5 kg/666.7 m^2，比对照增产 6.2%。2008 年生产试验，平均产量 207.1kg/666.7 m^2，比对照增产 4.9%。2008 年 4 点平均 259.8 kg/666.7 m^2，比对照增产 10.6%，增产显著；2009 年 5 点平均 270.4 kg/666.7 m^2，比对照增产 8.0%，增产显著；两年平均 265.1 kg/666.7 m^2，比对照增产 9.3%。2009 年生产试验 3 点平均 261.9 kg/666.7 m^2，3 点均增产，比对照增产 10.4%。

品质分析：宁夏农林科学院农产品质量监测中心检测：粗蛋白37.29%，粗脂肪 20.25%。

栽培技术要点：（1）播期。4 月 25 日前。（2）播量。单种 5 kg/666.7 m^2，666.7 m^2 密度 1.2 万~1.5 万株/666.7 m^2；套种 2.53.5 kg/666.7 m^2，密度 11.2 万株/666.7 m^2。密度过大、肥水过高易倒伏。（3）田间管理。保证全苗、壮苗，适时灌水，氮、磷、钾（N、P、K）肥配合施用，及时中耕除草，摘除菟丝子，中后期及时用杀螨剂防治红蜘蛛。避免重茬和迎茬。（4）适时收获。当田间 70%的豆荚出现成熟色时即可收获，过早、过晚均会影响产量和品质。

适宜推广种植区域：适宜宁夏引黄灌区春播种植。

34. 吉育 95 号

审定编号：国审豆 2008018。

选育单位：吉林省农业科学院。

特征特性：平均生育期 129 d，圆叶、紫花、亚有限结荚习性。株高 91.1 cm，单株有效荚数45.7个，百粒重20 g。籽粒圆形或椭圆形，种皮黄色，黄脐。接种鉴定，中感大豆灰斑病，中抗SMV Ⅰ号株系，中感SMV Ⅲ号株系。

产量表现：2006年参加北方春大豆中晚熟组品种区域试验，平均产量176.9 kg/666.7 m^2，比对照吉林30增产10.3%；2007年续试，平均产量183.2 kg/666.7 m^2，比对照增产9.0%；两年区域试验平均产量180.1 kg/666.7 m^2，比对照增产9.6%。2007年生产试验，平均产量200.9 kg/666.7 m^2，比对照增产16.4%。

品质分析：粗蛋白质含量37.93%，粗脂肪含量21.27%。

栽培技术要点：适宜播期为4月底5月初，保苗1.5万~1.7万株/666.7 m^2；中等肥力地块基施磷酸二铵10 kg/666.7 m^2，土壤肥力较低的地块应加大施肥量。

适宜推广种植区域：适宜在宁夏北部地区春播种植。

35. 东豆339

审定编号：国审豆2008019。

选育单位：辽宁东亚种业有限公司。

特征特性：平均生育期131 d，圆叶，紫花，有限结荚习性。株高61.3 cm，单株有效荚数47.6个，百粒重24.9 g。籽粒椭圆形，种皮黄色，褐脐。接种鉴定，中感大豆灰斑病，中抗SMV Ⅰ号株系，中感SMV Ⅲ号株系。

产量表现：2006年参加北方春大豆晚熟组品种区域试验，平均产量200.2 kg/666.7 m^2，比对照辽豆11增产15.9%；2007年续试，平均产量231.8 kg/666.7 m^2，比对照增产24.1%；两年区域试验平均产量216 kg/666.7 m^2，比对照增产20.1%。2007年生产试验，平均产量200.5 kg/666.7 m^2，比对照增产16.6%。

品质分析：粗蛋白质含量42.28%，粗脂肪含量20.39%。

栽培技术要点：精细整地，施足底肥，基施农家肥3 000~5 000 kg/666.7 m^2、磷酸铵10~15 kg/666.7 m^2、硫酸钾5 kg/666.7 m^2作底肥；保苗0.8~1.1万株/666.7 m^2。

适宜推广种植区域：适宜在宁夏中北部地区春播种植。

36. 奎丰 1 号

审定编号：国审豆 2008020。

选育单位：铁岭市维奎大豆科学研究所。

特征特性：平均生育期 132 d，圆叶，紫花，亚有限结荚习性。株高 95.2 cm，单株有效荚数 44.9 个，百粒重 21.8 g。籽粒椭圆形或圆形，种皮黄色，黄脐。接种鉴定，抗 SMV Ⅰ号株系，中抗 SMV Ⅲ号株系；感大豆孢囊线虫病 3 号生理小种。

产量表现：2006 年参加北方春大豆晚熟组品种区域试验，平均产量 187.1 kg/666.7 m^2，比对照辽豆 11 增产 8.3%；2007 年续试，平均产量产 227.7 kg/666.7 m^2，比对照增产 21.9%；两年区域试验平均产量 207.4 kg/666.7 m^2，比对照增产 15.4%。2007 年生产试验，平均产量 201.9 kg/666.7 m^2，比对照增产 17.4%。

品质分析：粗蛋白质含量 42.54%，粗脂肪含量 20.79%。

栽培技术要点：适宜播期为 4 月中旬至 5 月上旬，行距 55~60 cm，实行穴播，穴距 15~20 cm，每穴留苗 2 株。

适宜推广种植区域：适宜在宁夏中北部地区春播种植。

37. 晋遗 31 号

审定编号：国审豆 2008022。

选育单位：山西省农业科学院作物遗传研究所。

特征特性：平均生育期 134 d，圆叶，白花，无限或亚有限结荚习性。株高 91.0 cm，单株有效荚数 44.8 个，百粒重 19.0 g。籽粒椭圆形或圆形，种皮黄色，褐脐。接种鉴定，抗大豆灰斑病，抗 SMV Ⅰ号株系，中抗 SMV Ⅲ号株系。

产量表现：2006 年参加北方春大豆晚熟组品种区域试验，平均产量 184.9 kg/666.7 m^2，比对照辽豆 11 增产 7.0%；2007 年续试，平均产量 200.3 kg/666.7 m^2，比对照增产 7.2%；两年区域试验平均产量 192.6 kg/666.7 m^2，比对照增产 7.1%。2007 年生产试验，平均产量 183.1 kg/666.7 m^2，比对照增产 6.5%。

品质分析：粗蛋白质含量 41.57%，粗脂肪含量 20.71%。

栽培技术要点：春播在4月下旬至5月上旬。密度0.8万~1.0万株/666.7 m^2。施农家肥2 000 kg/666.7 m^2、过磷酸钙40 kg/666.7 m^2、氮肥15 kg/666.7 m^2。

适宜推广种植区域：适宜在宁夏中北部地区春播种植。

38. 辽首2号

审定编号：国审豆2005018（原品系代号LS95~11~3）。

选育单位：辽宁省辽阳县旱田良种研发中心。

特征特性：辽首2号大豆新品种系全国北方春大豆晚熟组品种，生育期138 d，株高93.0 cm，百粒重25.1 g。紫花，园叶，有限结荚习性，种皮黄色，黄脐，籽粒椭圆形。需有效积温2 800~3 300℃，属大粒型品种，籽粒大，外观形态好，百粒重大。茎秆强韧、抗倒伏、抗蚜虫性强，耐旱性强，喜肥水，肥水条件充足时，产量显著增高。

产量表现：经国家北方春大豆晚熟组品种2年对比试验比对照平均增产7.5%，产量水平位居第1位；生产试验6个承试点平均产量215.6 kg/666.7 m^2，比对照品种202.2 kg增产6.6%，产量名次居第1位。

品质分析：粗蛋白质含量42.40%，粗脂肪含量19.55%。

栽培技术要点：（1）对土壤要求不严，但播种密度肥地宜稀，一般保苗密度11.1万株/666.7 m^2。（2）春播抢墒播种，4月25日至5月15日播种。（3）注意防止地下害虫和蚜虫，重点防治大豆食心虫。

适宜推广种植区域：该品种适宜于在宁夏永宁和中宁等地区种植。

39. 沈农9号

审定编号：国审豆2007015。

选育单位：沈阳农业大学。

特征特性：平均生育期129 d，株高88.7 cm，单株有效荚数52.3个，百粒重16.5 g。圆叶，白花，无限或亚有限结荚习性。籽粒圆形或椭圆形，种皮黄色，黑脐。接种鉴定，中抗大豆灰斑病，中感SMVⅠ号株系，中抗SMVⅢ号株系。

产量表现：2004年参加北方春大豆晚熟组品种区域试验，平均产量188.1 kg/666.7 m^2，比对照辽豆11增产7.7%；2005年续试，平均产量

181.2 kg/666.7 m²，比对照增产 6.3%；两年区域试验平均产量 184.7 kg/666.7 m²,比对照增产 7.0%。2006 年生产试验,平均产量 185.5 kg/666.7 m²,比对照增产 10.5%。

品质分析:平均粗蛋白质含量 39.49%,粗脂肪含量 21.55%。

栽培技术要点:精细整地,施足底肥,每亩施农家肥 1 000 kg、磷酸二铵 7.5 kg 作底肥;适宜播期为 4 月下旬至 5 月初;保苗 1.1 万~1.3 万株/666.7 m²。

适宜推广种植区域:适宜在宁夏中北部地区春播种植。

40. 辽豆 34

选育单位:辽宁省农业科学院作物研究所用辽 93042 和辽 95273 作亲本选育的普通型晚熟春大豆品种。

审定编号:国审豆 2015003。2015 年经第三届国家农作物品种审定委员会第六次会议审定通过。

特征特性:北方春播生育期平均 127 d,比对照铁丰 31 早 1 d。株型收敛,亚有限结荚习性。株高 81.8 cm,主茎 16.1 节,有效分枝 2.0 个,底荚高度 11.7 cm,单株有效荚数 47.5 个,单株粒数 99.1 粒,单株粒重 21.6 g,百粒重 21.6 g。卵圆叶,紫花,灰毛。籽粒圆形,种皮黄色、微光,种脐黄色。

抗性:经接种鉴定,抗花叶病毒病 1 号株系,中抗花叶病毒病Ⅲ号株系,中感胞囊线虫病 3 号生理小种。

品质:籽粒粗蛋白含量 40.18%,粗脂肪含量 20.25%。

产量表现:2012—2013 年参加国家北方春大豆晚熟组品种区域试验,两年平均 223.9 kg/666.7 m²,比对照铁丰 31 增产 5.3%。2014 年生产试验,平均 236.2 kg/666.7 m²,比铁丰 31 增产 6.4%。

栽培技术:要点:(1)播种。5 月上中旬播种,条播行距 65 cm。(2)种植密度。高肥力地块 9 000~10 000 株/666.7 m²,中等肥力地块 11 000~12 000 株/666.7 m²,低肥力地块 13 000~15 000 株/666.7 m²。(3)施肥。施腐熟有机肥 2 000~3 000 kg/666.7 m²,氮、磷、钾三元复合肥 20 kg/666.7 m² 或磷酸二铵 30 kg/666.7 m² 作基肥,初花期亩追施 10 kg/666.7 m² 氮、磷、钾三元复合肥。(4)适时收获。

审定意见：该品种符合国家大豆品种审定标准，通过审定。适宜辽宁中南部、山西中部、陕西北部、甘肃中部和东部、宁夏中北部春播种植。

适宜推广种植区域：宁夏中北部春播种植。

41. 航丰 2 号

审定编号：国审豆 2006016。

选育单位：辽宁大丰航天农业科技发展有限公司。

特征特性：平均生育期 130 d，株高 66.3 cm，单株有效荚数 51.0 个，百粒重 22.7 g。圆叶，紫花，有限结荚习性。种皮黄色，黄脐，籽粒圆形或椭圆形。经接种鉴定，表现为中抗大豆花叶病毒病Ⅰ号株系，中感Ⅲ号株系，抗大豆灰斑病。

产量表现：2004 年参加北方春大豆晚熟组品种区域试验，平均产量 197.6 kg/666.7 m^2，比对照辽豆 11 增产 14.0%；2005 年续试，平均产量 185.7 kg/666.7 m^2，比对照增产 9.0%；两年区域试验平均产量 191.7 kg/666.7 m^2，比对照增产 11.0%。2005 年生产试验，平均产量 167.1 kg/666.7 m^2，比对照增产 8.0%。

品质分析：平均粗蛋白质含量 41.66%，粗脂肪含量 20.85%。

栽培技术要点：4 月下旬播种，选择中、上等肥力地块种植，保苗 1.4 万株/666.7 m^2。

适宜推广种植区域：适宜在宁夏中北部地区春播种植。

二、宁夏引黄灌区夏播大豆推荐品种

42. 垦豆 20

品种：垦豆 20

特征特性：亚有限结荚习性，株高 8 cm 左右，无分歧。尖叶，白花，灰茸毛。三四粒荚较多，荚为褐色。籽粒圆形，种皮黄色。有光泽，黄色脐，百粒重 20g 左右。秆强不倒，中抗灰斑病。该品种适宜做豆浆用豆。

产量表现：2004 和 2005 年区试、2006 年生产试验，平均每公顷产量 2757.3 kg 和 2749.0 kg，较对照绥农 14 平均增产 9.2%和 8.1%。

品质分析：蛋白质含量 44.01%，脂肪含量 19.60%。

43. 垦豆 39

品种：垦豆 39

特征特性：高油型中早熟春大豆品种。无限结荚习性，株型收敛。株高 90.9 cm，主茎 17.3 节，有效分枝 0.6 个，底荚高 14.0 cm，单株有效荚数 40.4 个，单株粒数 93.1 粒，单株粒重 16.8 g，百粒重 19.1 g。尖叶，紫花，灰毛。籽粒圆形，种皮黄色、微光，种脐黄色。接种鉴定，中感花叶病毒病 1 号株系和 3 号株系，抗灰斑病。

产量表现：2013—2014 年参加国家北方春大豆中早熟组品种区域试验，两年平均亩产 204.1kg，比对照增产 2.4%。2015 年生产试验，平均产量 190.2 kg/666.7 m^2。

品质分析：籽粒粗蛋白含量 37.09%，籽粒粗脂肪含量 23.05%。

44. 垦豆 25

品种：垦豆 25

特征特性：该品种为亚有限结荚习性。株高 90 cm 左右，无分枝，白花，圆叶，灰白色茸毛，荚弯镰形，成熟时呈浅褐色。籽粒椭圆形，种皮黄色，种脐黄色，有光泽，百粒重 19 g 左右。

产量表现：高产、稳产、抗倒伏、适应性广的大豆新品种。

品质分析：蛋白质含量 40.05%，脂肪含量 20.28%。

45. 垦豆 43

品种：垦豆 43

特征特性：高油型中早熟春大豆品种。株型收敛，无限结荚习性。株高 100 cm，主茎 17.4 节，有效分枝 0.7 个，底荚高度 14.1 cm，单株有效荚数 33.3 个，单株粒数 76.9 粒，单株粒重 16.2 g，百粒重 21.7 g。尖叶，紫花，灰毛。籽粒圆形，种皮黄色、无光或微光，种脐黄色。接种鉴定，中感花叶病毒病 1 号株系，感花叶病毒病 3 号株系，中抗灰斑病。

产量表现：2012—2013 年参加北方春大豆中早熟组品种区域试验，两年平均产量 202.0 kg/666.7 m^2，比对照增产 2.2%。2014 年生产试验，平均产量 210.2 kg/666.7 m^2，比对照合交 02-69 增产 6.5%。

品质分析：籽粒粗蛋白含量 38.03%，粗脂肪含量 21.87%。

46. 垦丰 22

品种:垦丰 22

特征特性:垦丰 22 品种为亚有限结荚习性,株高 85 cm 左右,尖叶,紫花,灰茸毛,叶色浓绿。以主茎结荚为主,3、4 粒荚较多,荚呈弯镰形,成熟时为褐色,底荚高 17 cm。籽粒圆形,种皮黄色,有光泽,种脐黄色,百粒重 22 g 左右。接种鉴定中抗灰斑病。

品质分析:平均蛋白质含量 42.54%,脂肪含量 20.27%。

47. 黑农 35

品种:黑农 35(哈 76–3)

特征特性:中早熟种质,生育日数 90~100 d。株高 80~85 cm,白花、灰毛、亚有限结荚习性。主茎发达,节数多。节间短、结荚密,三四粒荚多,尖叶浓绿,叶柄上举通风 透光好。籽粒椭圆,种皮淡黄色有光泽,种脐黄色,百粒重 20~22 g。属高蛋白品种类型。喜肥水,秆强不倒,耐病毒病,较抗灰斑病。

品质分析:蛋白含量 45.24%,脂肪含量 18.36%。

48. 黑农 37

品种:黑农 37

特征特性:生育日数 90~100 d,株高 80~90 cm,生长繁茂,主茎平均 17 节,1~2 个分枝。结荚较密,荚熟呈褐色。籽粒椭圆型,种皮黄色,有光泽,脐蓝色,百粒重 18~20 g。秆强抗倒,中抗灰斑病及病毒病,籽粒褐斑病粒率低。亚有限结荚习性,幼茎绿色,圆叶、白花,灰色茸毛。

品质分析:蛋白质含量 38.04%,脂肪含量 21.56%。

49. 黑农 41

品种:黑农 41(哈 91–6045)

特征特性:亚有限结荚习性,株高 95~100 cm,披针形叶,白花,灰毛,生育日数 90~100 d,需≥10℃活动积温 2 628℃左右,百粒重 18~20 g。

品质分析:蛋白质含量 41.72%,脂肪含量 20.42%。

图 4-1　夏播大豆新品种示范展示

三、宁夏引黄灌区特用大豆推荐品种

50. 吉黑 4 号

品种:吉黑 4 号

特征特性:出苗至成熟 130 d,属中晚熟黑大豆品种。有限结荚习性,株高 70.0 cm 左右。圆叶,白花,棕色茸毛。结荚均匀,2~3 粒荚多,荚熟时呈褐色。籽粒椭圆形,种皮黑色、有光泽,种脐黑色,子叶绿色,百粒重 31.4 g。人工接种(菌)鉴定,抗大豆花叶病毒 1 号株系、混合株系和灰斑病,中抗大豆花叶病毒 3 号株系;田间自然诱发鉴定,高抗花叶病毒病、灰斑病、霜霉病和细菌性斑点病,抗褐斑病,感食心虫。

产量表现:2009—2010 年吉林省区域试验,平均公顷产量 2 394.9 kg,2011 年生产试验,平均公顷产量 2 810.0 kg。

品质分析:籽粒粗蛋白含量 41.66%,粗脂肪含量 18.98%。

栽培要点:一般 4 月下旬播种,保苗 20.0 万~22.0 万株/hm^2。一般施底肥农肥 20~30 t/hm^2,种肥磷酸二铵 100~150 kg/hm^2、硫酸钾 50 kg/hm^2。注意及时防治蚜虫和食心虫。

51. 农黑 3 号

品种:农黑 3 号

特征特性:生育期 130 d 左右。有限结荚习性,平均株高 64.9 cm,底荚高 11.5 cm,株型收敛,主茎节数 16.3 节,有效分枝 3.2 个,有效荚 87.8 个,单株粒数 173.7 粒,百粒重 21.72 g 卵圆叶,紫花,棕毛,成熟荚黄褐色。籽粒圆形,种皮黑色,子叶黄色,有光泽。茎秆强韧,抗倒伏,成熟时落叶性较好,不裂荚,籽粒商品性好。

产量表现:2016 年生产示范平均亩产 230.24 kg,2017 年生产示范平均亩产 242.6 kg。

52. 农小粒 3 号

品种:农小粒 3 号

作物类别: 豆芽专用大豆

特征特性:品种该品种为亚有限结荚习性。株高 100 cm 左右,有分枝,紫花,长叶,灰色茸毛,荚微弯镰形,成熟时呈褐色。种子圆球形,种皮黄色,种脐浅黄色,有光泽,百粒重 9.5 g。接种鉴定中抗灰斑病。

品质分析:平均蛋白质含量 45.47%,脂肪含量 16.70%。

栽培要点:该品种春播,适宜选择中等以上肥力地块种植,保苗株数 22 万株/hm^2。施用种肥量为磷酸二铵 180 kg/hm^2。加强田间管理,及时中耕除草,防治病虫害,完熟收获。

53. 农鲜 1 号

品种:农鲜 1 号(晋豆 39)

特征特性:该品种株型收敛,亚有限结荚习性。株高 61.2 cm,主茎 11.4 节,有效分枝 1.2 个,单株有效荚数 19.1 个,单株鲜荚重 48.0 g,百粒鲜重 77.3 g。每 500 g 标准荚数为 173 个,荚长×荚宽为 5.7 cm×1.3 cm,标准荚率为 68.6%。圆叶,白花、灰毛。籽粒圆形,种皮黄色、微光,种脐褐色。

54. 农鲜 2 号

品种:农鲜 2 号(沈鲜 1 号)

特征特性:该品种株高 45 cm,圆叶,白花,有限结荚习性,结荚部位集中。三粒荚占 70%以上,熟期一致,采收方便。鲜荚绿色,荚内有衣,茸毛白色，种皮绿色。鲜粒蛋白质含量高，营养丰富，口感鲜嫩，品质优良，早熟性好。产鲜荚最高可达 1 000 kg/666.7 m^2 左右。干籽百粒重 38 g。

55. 农鲜 3 号

品种：农鲜 3 号（浙鲜 4 号）

特征特性：该品种平均生育期 81 d，株高 32.4 cm，主茎节数 9.7 个，分枝数 1.8 个，单株荚数 31.8 个，单株鲜荚重 41.8 g，百粒鲜重 59.6 g。感观鉴定属香甜柔糯型。每 500 g 标准荚数 196 个，荚长×荚宽为 5.06 cm×1.31 cm，标准荚率 68.23%。紫花，灰毛，青荚绿色，种皮黄色。接种鉴定，抗 SMVSC3 株系，中感 SC8、SC11 和 SC13 株系。该品种符合国家大豆品种审定标准，通过审定。适宜春播鲜食大豆种植。

56. 农鲜 4 号

品种：农鲜 4 号（浙鲜豆 5 号）

特征特性：该品种白花、灰毛。株高 34.9 cm，主茎节数 9.3 个，分枝数 2.0 个，单株荚数 25.1 个，单株鲜荚重 42.2 g，每 500 g 标准荚数 198 个，荚长×荚宽为 5.1 cm×1.3 cm，标准荚率 70.3%，百粒鲜重 66.0 g。感观品质鉴定属香甜柔糯型。鲜荚绿色，种皮黄色。接种鉴定，抗花叶病毒病 3 号株系，中感花叶病毒病 7 号株系。该品种符合国家大豆品种审定标准，通过审定。适宜作春播鲜食大豆品种种植。

57. 农鲜 5 号

品种：农鲜 5 号（浙鲜 8 号）

特征特性：该品种具有丰产性好、优质、抗大豆花叶病毒病等优良特性。株高 35~40 cm，单株有效荚数 24~28 个，标准荚长 6.1 cm 左右、荚宽 1.47 cm 左右，每荚粒数 2.0 粒，百荚鲜重 280~300 g，百粒鲜重约 80~86 g。鲜豆口感香甜柔糯，干籽种皮绿色。抗大豆花叶病毒病 SC3、SC7 株系，从播种至采收青荚约 94 d，一般鲜荚产量 9.75 t/hm^2。据农业部农产品质量监督检验测试中心检测，淀粉含量 4.29%，可溶性总糖含量 2.55%。该品种栽培上宜适当早播，适时采收，提高鲜荚商品性。该品种丰产性好，商品性较好，抗大豆花叶病毒病，适宜作春季菜用大豆种植。

58. 农鲜 6 号

品种：农鲜 6 号（浙江省农业厅引豆 9701）

特征特性：该品种株高 30~35 cm，株形较紧凑，叶椭圆形，叶色深绿、清秀，长势较旺。底荚高 9.1 cm，每株有效分枝 1.9 个，有效荚数 17.5 荚，每株粒数 33.2 粒。鲜荚深绿色，白毛、豆荚宽 1.3 cm，长 4.9 cm，荚大粒大，鲜荚壳较薄，二三粒荚多，出籽率高，百荚鲜重 220~230 g。豆荚蒸煮酥糯、微甜，风味好。

该品种属大粒品种，种子百粒重 30~35 g，子叶肥大，下胚轴较细，在出苗时易出现子叶顶土困难而闷种烂芽。因此，要求播种田块土壤要疏松，干湿要适度。要注意浅播，盖土要细而薄，厚度不要超过 5 cm。

59. 农鲜 7 号

品种：农鲜 7 号（苏早 1 号）

特征特性：中早熟品种。有限结荚习性，白花，荚茸毛灰色，叶卵圆形，株高中等，百粒鲜重 71 g，属大粒品种。较耐病毒病。商品性好，糯性好，易剥壳。

图 4-2　鲜食大豆新品系

四、宁夏大豆实用栽培技术推荐

（一）宁夏灌区玉米间作大豆栽培技术

玉米间作大豆充分发挥了高秆作物玉米的边际优势、大豆固氮增肥、低碳生产、低本高效的优势，在不影响或很少影响玉米产量的同时增加了大豆种植面积和产量，对保障区域及国家粮食安全方面具有重要意义。宁夏属北方春玉米区，种植面积基本稳定在 20 万 hm^2 左右，近年种植面积有所增加。引黄灌区光热资源丰富，土壤肥沃，排灌方便，无霜期长，农业自然资源配合较好，为发展间套复种提供了极为有利的条件。玉豆间作由于在生产过程中种植户的随意性较大，技术到位率较低，玉米、大豆协调增产功能未能很好地充分发挥。根据近年玉豆间作试验研究及示范结果，研究分析了宁夏引黄灌区玉豆间作生产示范栽培的内在特征，总结了玉豆间作高效栽培的管理经验，提出了实现玉豆间作高产高效栽培的途径，丰富了玉豆栽培理论，为宁夏引黄灌区玉豆间作化肥零增长下养分高效利用及高产高效栽培技术的示范应用和推广提供了参考。

图 4-3　玉米间作大豆

1. 肥水运筹措施

玉豆间作田块肥力水平均为当地中高产田块，田间管理措施主要以玉米为主。氮肥作为底肥结合整地先期施入，不做种肥。磷肥主要做底肥和拔节期结合中耕施入。一般基施尿素 225 kg/hm^2、磷酸二铵 150 kg/hm^2。施肥特点表现为玉米苗期、大喇叭口期及时追肥，苗肥占总施肥量的 20%，穗肥（大喇叭口期）占总施肥量的 50%，粒肥占总施肥量的 30%。结合灌水玉米苗期追施尿素 225 kg/hm^2，大喇叭口期追施尿素 300 kg/hm^2，磷酸二铵 75 kg/hm^2。大豆、玉米幼苗期不灌水。玉米拔节、抽雄、灌浆中期及时灌溉，大豆不单独进行施肥和灌水，玉豆间作实现了化肥零增长下养分的高效利用。

2. 产量构成要素

采用玉豆 2:2 行比配置，宽、窄行种植。2014 年 9 月全国农技推广中心汤松研究员、四川农业大学雍太文博士、河南农大申江峰教授等组成 10 人专家组对贺兰县玉米间作大豆栽培模式示范田进行实地测产，结果显示，玉米有效穗数 55 245 穗/hm^2，平均穗粒数 574 粒，千粒重 370 g，平均产量 11 733 kg/hm²；大豆有效株数 97 380 株/hm²，平均株粒数 90 粒，百粒重 21 g，平均产量 1 840.5 kg/hm²。经对核心示范区测定，中宁县玉豆间作百亩示范片区，大豆有效株数 165 000 株/hm²，株粒数 52 粒，平均产量 1 710 kg/hm²，玉米密度 73 695 株/hm²，穗粒数 571 粒，平均产量 13 470 kg；中卫市玉豆间作百亩示范片区，大豆有效株数 129 000 株/hm²，株粒数 56 粒，平均产量 1 440 kg/hm²，玉米密度 71 415 株/hm²，穗粒数 619 粒，平均产量 14 145 kg/hm²。

3. 关键技术措施

（1）精细整地　10 月份前茬收获后，结合机械秋深耕翻晒将有机肥料作基肥全层深施，并结合进行平田整地。11 月初，冬前灌足、灌透冬水。2—3 月份耥地 2~3 遍，耙耱保墒。播种前机械旋耕耙地，造好底墒，达到待播易播状态。

（2）品种选择　大豆品种选择广适应、矮秆、耐遮阴的中黄 30、宁黄 248 等品种。玉米品种选用耐密、抗病、优质、高产品种，如大穗稀植品种沈单 16 号等或中高杆耐密品种先玉 335、郑单 958 等品种。

（3）种植规格　采用玉豆 2∶2 行比间作配置，宽、窄行种植。关键一，扩行距：窄行由生产上的 20~40 cm 调整为 30 cm，宽行由 60~80 cm 调整为 160~170 cm；玉米大豆间距 65~70 cm；玉豆间作幅宽 190~200 cm。关键二，缩株距：玉米株距由生产上的 22~30 cm 调整为 10~12 cm；大豆播种株距 7~10 cm。

（4）适期晚播　当土壤表层 5~10 cm 地温稳定在 10℃以上时播种。播期为 4 月 15—25 日，用 2BMZJ-4 玉米大豆一体播种机择期精量播种。播种前大豆用根瘤菌剂拌种，每 10 kg 大豆种子拌大豆根瘤菌剂 150 ml，随拌随用，阴干即可播种。

（5）播种质量　大豆、玉米适宜的播种深度，应根据土壤质地、墒情和种子大小而定。播深合理，种子紧贴湿土，一般以 4~6 cm 为宜。要求落粒均匀、深浅一致、覆土良好、镇压紧实，确保出苗整齐一致，一播全苗。

（6）保证密度　种植密度应视地力水平和品种耐密性确定。一般玉米播种量 37.5~45 kg/hm²，大穗稀植品种，如沈单 16 号等保苗密度 75 000~

82 500 株/hm^2。中高杆耐密品种，如先玉 335 等保苗密度 90 000~97 500 株/hm^2。大豆播种量 45 kg/hm^2,保苗密度 150 000 株/hm^2 左右。

（7）田间管理

①芽前除草。大豆、玉米同期播种后用乙草胺加适量百草枯及时进行播后芽前药剂封闭灭草。每亩用 150~200 ml 50%乙草胺，或 100~120 ml 90%乙草胺混 50~70 ml 72% 2,4-D 丁酯,兑水 15~20 L 均匀喷雾。大豆、玉米出苗后的除草主要通过中耕完成。

②中耕提温。大豆、玉米宜早中耕。出苗后结合除草对大豆、玉米进行中耕 2~3 次。第 1 次中耕宜浅,以 3~4 cm 为宜,避免伤根压苗;第 2 次中耕,苗旁浅行间深,力争达到苗全、苗齐、苗壮。

③查苗补种。玉米、大豆一次全苗是关键。原则上不间苗、不定苗、不补苗。大豆出苗后,及时查苗,发现由于虫、鸟危害以及播种质量造成缺苗断垄应及早补种。

④肥水运筹。玉米苗期追施尿素 225 kg/hm^2，大喇叭口期追施尿素 300 kg/hm^2,磷酸二铵 75 kg/hm^2。大豆、玉米幼苗期不灌水。玉米拔节、抽雄、灌浆中期及时灌溉,大豆不单独进行施肥和灌水。

⑤化控防倒。间作大豆受玉米遮阴,造成藤蔓或者倒伏,喷施烯效唑能明显改变大豆植株的农艺及产量性状,大豆分枝期喷施 100 mg/L+大豆盛花期喷施 150 mg/L 5%烯效唑可湿性粉剂的效果最好。

⑥防治虫害。大豆、玉米叶螨(红蜘蛛)及玉米螟、黏虫等害虫的防治采取兼防兼治。用 20%三氯杀螨醇乳油、30%杀螨特乳油等稀释 1 000 倍液喷雾,或用 73%的克螨特乳油 1 500 倍液稀释喷雾,或用溴氰菊酯乳油、阿维菌素乳油、达螨灵乳油等药剂防治。

（8）延期收获 大豆先于玉米成熟,大豆收获后(9 月下旬),再收获玉米(9 月底至 10 月初)。当大豆茎秆呈棕黄色,有 90%以上叶片完全脱落、荚中籽粒与荚壁脱离、摇动时有响声，是大豆收获的最佳时期,用 4LZ-1.0 型大豆联合收割机收获大豆。当玉米苞叶变黄白色、籽粒胚部变硬时及时机械收获玉米。

4. 主要技术创新点

玉米间作大豆是一种在空间上实现种植集约化的栽培方式，最大限度发挥了边行优势，充分利用了大豆玉米的形态、生理差异互补，光能有效利用，提高了土壤养分和水分利用率，从而提高了单位面积的产出效率。

（1）扩大了行距缩小了株距，空间布局发生了变化，土地利用率提高。

（2）宽、窄行种植，增加了通风透光空间，提高了光能利用率。较宽的种植间距带玉米 100%的植株处于边行，边际效应明显。

（3）玉米间作大豆水肥利用优势互补，化肥零增长下养分高效利用，减少了土壤污染和浪费，化学肥料利用率提高，经济效益增加。

（4）紧凑型玉米的耐密潜力被挖掘，耐阴型大豆独特的优势得到了发挥。

（5）玉米间作大豆的相互屏障作用减少了病虫害蔓延，危害程度降低。

（6）全程机械化程度高，省工省时，技术精简，效益显著。

5. 经济效益分析

“十二五”以来，国家大豆产业技术体系银川综合试验站开展了玉米间作大豆品种筛选、化学调控、群体配置等系列研究，筛选出适宜玉米间作大豆新品种（系）中黄 30、宁黄 248 等品种，并连续多年多点在平罗、贺兰、永宁、中宁、中卫、青铜峡等市县开展了试验示范。近年每年示范面积在 30~50 hm^2。2013 年玉豆 2:2 行比配置，宽、窄行种植示范面积 25.3 hm^2，玉米平均产量 12 895.5 kg/hm^2，最高产量 13 149 kg/hm^2，较大田生产平均增产 300 kg/hm^2，间作大豆产量 1 200~1 590 kg/hm^2，增加收入 7 500 元/hm^2 左右。2014 年全区示范面积达到 53.3 hm^2，核心展示示范区面积 41.5 hm^2，玉米平均产量 12 795 kg/hm^2、大豆平均产量 1 500 kg/hm^2，两作合计产量 14 295 kg/hm^2，平均产值 26 472 元/hm^2。测产分析结果表明，宁夏原种场玉豆间作大豆平均产量 1 830 kg/hm^2，高产田块大豆平均产量 2 100 kg/hm^2，玉米产量 11 700 kg/hm^2；永宁、平罗示范县玉米产量 12 000~13 500 kg/hm^2，大豆产量 1 200~1 500 kg/hm^2。玉豆间作生产示范投入产出效益比较结果，玉米平均产量 12 795 kg/hm^2、大豆平均产量 1 500 kg/hm^2，两作合计产量 14 295 kg/hm^2，平均产值 26 475 元/hm^2。效益分析表明，玉豆间作比单种玉米增收 5 310 元/hm^2，比单种大豆增收 666.75 元/hm^2，增产增收增效示范效果显著。

6. 问题及建议

玉米间作大豆是一种非均衡集约化种植技术，全程机械化程度高，效益显著，生产实践中，可以根据生产目的选择不同的行比配置进行玉豆间作。掌握了作物的种植密度、行比配置、品种、化控、芽前除草等技术关键，不同作物的增产增收效应能够最大限度地充分发挥。目前，由于玉米间作

图 4–4　玉米大豆同期播种

图 4–5　玉米间作大豆苗期长势

图 4–6　大豆开花期长势

图 4–7　大豆联合收割机

图 4–8　大豆成熟期长势

图 4–9　机械收获大豆

大豆栽培技术在生产过程中种植户随意性较大，导致技术到位率低，玉米、大豆协调增产功能未能完全充分有效发挥。因此，在农业产业结构调整提质增效中，实现化肥零增长下养分高效利用，采用“政策扶持、经费保证，优先解决生产应用问题，优先主体模式”，加大对玉米间作大豆关键技术的推广应用显得尤为重要。

(二)小麦套种大豆寄生菟丝子栽培技术

宁夏灌区日照时间长，太阳辐射强，昼夜温差大。年均日照时数 3 000 h 左右，无霜期 160~170 d。10℃以上活动积温约 3 300℃，热量资源丰富，有利于农作物的生长发育和营养物质的积累，独特的气候资源优势及生产条件为大豆间套种提供了优越的生产条件。国家大豆产业技术体系银川综合试验站近年来在宁夏灌区平罗县、贺兰县、永宁县、青铜峡市、中宁县、中卫市等地区进行小麦套种大豆高产高效栽培试验示范。该套种模式全程机械化程度高，栽培技术农民容易接受，是一项精简实用的高效栽培技术。

图 4–10　小麦套种大豆示范

大豆栽培上菟丝子是严重危害大豆的寄生性杂草，中药材利用方面，菟丝子作为价值较高的中药材也多是从寄生于大豆的田间收获。目前，菟丝子的临床应用主要集中在补肾、安胎等方面，其作用确切而温和，无明显毒副作用，在治疗男性不育症、习惯性流产和小儿遗尿症等方面应用十分广泛，以菟丝子为主研发的新药不断增加，应用日益深入。菟丝子抗衰老作用十分明显，其黄酮及多糖成分均显示出抗氧化、清除自由基的活性，同时它能调节免疫功能，保护心脑血管，对于改善亚健康状态，延缓衰老，增强体质具有很好的作用，研究开发菟丝子的保健药品和保健食品前景十分广阔。菟丝子籽粒作为药材和保健品需求量越来越大。宁夏灌区局部地区药用菟丝子寄生大豆栽培有较大种植面积，而且以药用菟丝子籽粒饱满坚实、无公害、绿色环保、少杂质等优质特性颇受药商青睐，市场需求量较大，栽培效益显著高于当地小麦、大豆、玉米等主栽作物。药用菟丝子栽培种植离不开寄主大豆，宁夏灌区部分群众在小麦套种大豆高产栽培技术基础上进行药用菟丝子寄生大豆栽培种植，主要以收获菟丝子干籽粒为主。2015 年试验结果表明，大豆被菟丝子寄生后，大豆百粒重比正常种植的百粒重明显减少。3 个主栽大豆品种承豆 6 号菟丝子寄生的覆盖度较高，被寄生性较强，属于严重寄生品种，大豆没有产量，菟丝子产量 860.85 kg/hm^2；其次为中黄 30，大豆百粒重 15.8 g，产量 1 473.9 kg/hm^2，菟丝籽籽粒产量 502.5 kg/hm^2，属于中等寄生品种；晋豆 19 菟丝子寄生覆盖度比较低，大豆百粒重 17.92 g，产量 1 040.4 kg/hm^2，菟丝籽籽粒产量 173.25 kg/hm^2，属于轻度寄生品种。

据 2013—2015 年对小麦套种大豆寄生药用菟丝子产地实际调查，小麦产量 4 500 kg/hm^2（2.8 元/kg）；大豆产量 675 kg/hm^2（4.0 元/kg），较高产量达到 1 050 kg/hm^2；菟丝籽籽粒产量 600 kg/hm^2（30~60 元/kg），较高产量达到 900 kg/hm^2 左右。三作产值分别达到 12 600 元/hm^2、2 700 元/hm^2、18 000 元/hm^2，三作产值合计 33 300 元/hm^2，综合种植效益比单种小麦、单种大豆、单种玉米、小麦套种大豆的经济收益都高，经济效益十分显著。

宁夏小麦套种大豆共生期短（小麦 2 月底 3 月初播种），小麦成熟收割后（7 月上、中旬），大豆虽然有菟丝子寄生但有充足的生长空间和独立的生长时间，再加上当地优越的光热条件、水肥条件和田间管理技术措施等，不但可以收获小麦、大豆，而且还可以收获药用菟丝籽籽粒。既充分利用了当地的光、热、水、肥等自然资源，提高了土地利用率，培肥了地力，又增加了经济收入，是一项理想的高效种植新技术。

宁夏灌区小麦套种大豆寄生药用菟丝子高效栽培技术综述如下。

1. 精细整地

（1）耙耱保墒　秋季机械深翻，11 月初灌足冬水，2 月份耱 1~2 遍，春季耙耱保墒，使土壤形成上虚下实，疏松绵软，无坷垃的易播状态。

（2）土壤处理　播种前进行土壤处理。50%辛硫磷乳油 7.5 kg/hm^2，用细土或沙拌匀后结合春季耙地施入土壤，防治蛴螬、地老虎等地下害虫。

2. 施足基肥

根据宁夏小麦“胎里富”、大豆及药用菟丝子寄生大豆共生期养分消耗量大的特点，按照“施足基肥，氮、磷搭配，结合追肥”的原则施肥。小麦施肥前重后轻（沙土应勤施少施），大豆施肥前控后促。基施农家肥45 000~75 000 kg/hm^2，尿素 225 kg/hm^2、磷酸二胺 150 kg/hm^2 或普磷 375~450 kg/hm^2，钾肥 75 kg/hm^2。

3. 选择品种

春小麦品种，选用高产、抗病、抗倒伏的宁春 4 号、宁春 50 等；大豆品种，选用高产、直立、耐阴、抗逆性强、广适应的中晚熟品种，如中黄 30、承豆 6 号、晋豆 19 等；药用菟丝子品种用当地产区的地方品种。

4. 种植规格

小麦用牵引式 12 行播种机播种，播幅 130~140 cm 。小麦播幅与播幅之间预留 60 cm 宽的大豆种植带，大豆带内种植 2 行大豆，大豆行距 30 cm，大豆距离小麦 15 cm。或小麦播幅与播幅之间预留 100 cm 宽的大豆种植带，大豆带内种植 3 行大豆，大豆行距 30 cm，大豆距离小麦 20 cm。

5. 适期播种

（1）小麦适期早播　2 月底 3 月初地表解冻后，顶凌播种，播种量 300 kg/hm^2。

（2）大豆适时播种　4 月 25 日左右播种，播种量 60~75 kg/hm^2，播深 5 cm。大豆播种前每 10 kg 大豆种子拌大豆根瘤菌剂 150 ml。大豆用滚动式可调增容播种器播种，穴距 10~13 cm，每穴 2~3 粒种子或用开沟器式播种器播种。

（3）菟丝子适期播种　菟丝子与大豆同期混播或分期播种。大豆出苗后 5 月底至 6 月初播种菟丝子，菟丝子播种量 4.5~7.5 kg/hm^2。菟丝子种子播种在大豆带内，尽量靠近大豆棵；或人工撒播在大豆带内的土壤缝隙。

6. 田间管理

（1）全苗　小麦播后出苗前遇降雨应及时破除板结，以保全苗。

（2）补苗　大豆缺苗断垄严重时，应及时补种。

（3）菟丝子缺苗断垄时，利用菟丝子藤茎繁殖的习性，灌水前一天或者灌水后进行人工辅助补苗，方法是随意割一截菟丝子茎蔓缠绕在大豆上寄生即可。

（4）灌水、追肥　小麦灌溉第一水时追施尿素 150 kg/hm^2，灌第二水时根据小麦长势酌情追肥，一般追施尿素 75 kg/hm^2。

小麦收获后及时对大豆进行灌溉，根据大豆长势酌情追施尿素 75 kg/hm^2 促进大豆生长发育，避免大豆植株由于菟丝子寄生吸附缺少养分导致早衰或枯死。

7. 防治杂草、害虫

（1）防除杂草　大豆播种后出苗前 3~5 d，进行化学药剂除草。用 72% 2，4-D 丁酯 750 ml/hm^2 兑水喷雾。大豆出苗后及时进行人工中耕锄草。

（2）防治蚜虫　6 月上中旬及时防治蚜虫。当大豆百株蚜量达 1 500~3 000 头时开始防治。用 40%氧化乐果或 50%灭蚜净 1 500~2 000 倍液稀释喷雾。或 50%抗蚜威可湿性粉剂每公顷 225~450 g 兑水稀释喷雾。

（3）防治大豆红蜘蛛　当发现豆株叶片上出现黄白斑危害状，田边或豆地中央有点片虫害发生时立即喷药防治。用 20%三氯杀螨醇乳油、30%杀螨特乳油等稀释 1 000 倍液喷雾。也可用 73%的克螨特乳油 1 500 倍液稀释喷雾。

（4）喷施叶面肥　结合药剂防治蚜虫、红蜘蛛进行叶面喷施磷酸二氢钾、高效叶肥宝等叶面肥 1~2 次。

8. 翌年下茬

种植过菟丝子的地块，如果下茬不再种植菟丝子，应种植水稻、玉米等禾本科作物。如果种植豆科作物或蔬菜等作物，使用乙草胺或拉

图 4-11　大豆播种

图 4-12　大豆出苗前

图 4-13　小麦大豆共生期长势长相

图 4-14　大豆初花期长势长相

图 4-15　机收小麦时大豆长势

图 4-16　麦收后大豆长势长相

索在播后苗前进行表土处理，杀灭菟丝子种苗，如果有漏杀的菟丝子种苗出现，可以连同寄主一起及早拔除，集中烧毁或深埋，以保证作物的正常生长。

9. 适时收获

小麦于蜡熟期及时用联合收割机收获。

大豆一般在 9 月下旬随菟丝子同时成熟。大豆、菟丝子一并收获后，用专用设备将大豆和菟丝籽籽粒分离。

（三）地膜西瓜套种大豆栽培技术

宁夏平原处于温带干旱地区，日照时间长，太阳辐射强，气温日差大，大部分地区昼夜温差一般可达 12~15℃，7 月最热，平均气温 24℃。年均日照时数 3 000 h 左右，无霜期约 160 d。≥10℃活动积温约 3 300℃左右，热量资源丰富，有利于农作物的生长发育和营养物质的积累。生产实践表明，西瓜生长到一定时期种植后作大豆，使西瓜和大豆短期共生，西瓜采收后，大豆有充分的独立生长时间，不但可以主收一茬西瓜，而且还可以多收一茬大豆，充分利用了当地的光、热资源，提高了肥料利用率和土地利用率，既增加了经济收入又培肥了地力，确实是一种理想的高效种植新模式。

图 4-17　西瓜套种大豆示范

1. 西瓜套种大豆栽培技术

（1）地块选择　西瓜套种大豆的地块应选择地势平坦，灌排方便，没有盐碱，土壤肥沃的砂壤土，前茬以小麦、玉米等作物为宜，不宜重茬和连作。

（2）整地、施肥、作垄

①整地。越冬前地块用深松农业机械深翻 20~30 cm，并灌足冬水。早春结合耙、耱、旋耕进行田面平整，保证田块平整松软无坷垃，然后按照西瓜栽培方式进行基施肥料、起垄、覆膜。

②施肥。4 月 5—6 日结合耙地、耥地进行基施化肥。耙地前人工撒施磷酸二铵 10 kg/666.7 m^2，尿素 10 kg/666.7 m^2，三铵复合肥 10 kg/666.7 m^2。起垄后在垄上开沟基施磷酸二铵 10 kg/666.7 m^2，尿素 10 kg/666.7 m^2。

③作垄。用拖拉机悬挂起垄机械起垄，西瓜垄净宽 150 cm，垄沟净宽 40 cm，总带宽 190 cm。垄沟深 20 cm。机械起垄后人工进行平整修理，保证垄直、土碎无坷垃，垄的宽窄合乎覆膜要求。

（3）种子选择及处理

①品种。大豆品种选择中黄 30。中黄 30 生育期 124 d，株高 72 cm，单株有效荚数 47.8 个，百粒重 21 g。该品种圆叶、紫花，灰色茸毛、有限结荚习性、种皮黄色，褐脐，籽粒圆形。

②种子消毒。西瓜采用温汤浸种或药剂消毒的方法进行处理。

（4）密度。西瓜 4 月 5—10 日定植。西瓜垄宽 150 cm，每垄种 2 行，行距 120 cm，穴距 60~80 cm，定苗 900~1 000 株/666.7 m^2，移栽或播种后及

时覆膜。5 月 20 日—6 月 5 日西瓜灌水后等地皮发白时大豆应及时播种。大豆种植在西瓜垄地膜两侧的垄沟内，每个垄沟内种 2 行大豆，行距 25~30 cm，定苗株数 0.8 万~1.0 万株/666.7 m^2。

（5）田间管理

①当西瓜真叶展开时定苗。4~6 片真叶时适当浇水。大豆出苗后结合中耕锄草做到早间苗、早定苗、缺苗断垄早补种。

②追肥。追肥以氮肥为主，磷肥和钾肥在起垄覆膜前作为基肥一次性施入，中后期不再追肥。7 月上旬西瓜采收后，大豆进入生殖生长期，此时应酌情追施化肥及时喷施叶面肥，争取花早、花多，防止花荚脱落。大豆开花结荚期叶面喷施磷酸二氢钾和硼、钼等微肥 2~3 次。

③灌水。西瓜幼苗期需水较少，一般不浇水；大豆花荚期和鼓粒期应及时浇水，以水攻花保荚，促进养分向籽粒转移，增加有效荚数，促进籽粒饱满，增加粒重。

（6）病虫害防治

西瓜主要病虫害有霜霉病、蚜虫。大豆主要虫害有红蜘蛛。蚜虫防治方法：防治蚜虫用 25%吡虫啉乳油 1 000 倍液喷雾。红蜘蛛防治方法：当大豆卷叶株率到 10%时应立即用药防治，用 73%灭螨净 3 000 倍液，或 40%二氯杀螨醇 1 000 倍液喷雾，连喷 2~3 次。

（7）成熟与采收

西瓜一般在 6 月底 7 月初采收上市。

大豆收获是实现丰产丰收的最后一个关键性措施。收获过早，由于籽粒尚未成熟，干物质积累没有完成，不仅会降低粒重和蛋白质，脂肪的含量，而且青粒、秕粒较多。收获过晚易炸荚掉粒，造成浪费，遇阴雨会引起品质下降。

9 月下旬至 10 月上旬当大豆叶片已大部脱落，茎荚变黄色或褐色，籽粒呈现品种固有色泽，籽粒与荚壳脱离，摇动植株有响声时应及时收获。人工收获大豆最好趁早晨露水未干时进行，以防豆荚炸裂减少损失。大豆割倒后，应运到晒场上晒干，然后脱粒。

2. 技术示范效果

2008 年国家大豆产业技术体系银川综合试验站从中国农科院作物科学研究所引进中黄 30 大豆(国审大豆),安排在宁夏农垦暖泉农业公司进行西瓜套种大豆试验示范,通过 3 年的试验示范推广,面积迅速扩大,种植水平不断提高。根据调查,暖泉农业开发公司 2010 年西瓜套种大豆种植面积 194.7 hm^2, 西瓜套种大豆中黄 30 的西瓜平均产量可达 5 000 kg/666.7 m^2, 大豆平均产量 216 kg/666.7 m^2。产值分别达到 1 750 元/666.7 m^2、842.4 元/666.7 m^2, 两作产值合计 2 592.4 元/666.7 m^2。西瓜套种大豆生产成本 672 元,纯收入 1 920.4 元/666.7 m^2。平罗县周城 5 村西瓜套种大豆栽培模式,西瓜产量 7 500 kg/666.7 m^2,收入 6 500 元/666.7 m^2;大豆实产 270 kg/666.7 m^2,收入 1 150 元/666.7 m^2,合计产值 7 650 元/666.7 m^2。西瓜套种大豆经济效益十分显著。

图 4-18　西瓜套种大豆示范

(四)引黄灌区夏播复种大豆栽培技术

小麦收获后于 7 月 10 日左右夏播复种大豆是解决复种作物的最佳

选择之一。夏播复种大豆主要是采用早密高产栽培技术，充分利用地力与光热，发挥群体的生长效益，结合灌溉合理追施化肥，获得较理想的大豆产量。据宁夏多年气象资料看：宁夏灌区日平均气温稳定在≥10℃的终日期的90%保证率是在10月6日左右。因此，在宁夏引黄灌区能够在10月2日完全成熟的夏大豆品种，都是能够在初霜期以前成熟的品种，应因地制宜引种扩种、发展夏大豆生产。宁夏平原绿洲灌区在春小麦或冬小麦收获后复种大豆，大豆产量在100~180 kg/666.7 m^2，高产可以达到200 kg/666.7 m^{2}以上。

图4–19　夏播免耕复种大豆

1. 主要生产技术

(1)品种选择与种子处理　夏播复种选择综合性状好的品种是提高产量的关键。目前很多农民种植夏大豆，不是选用自留种、陈种子，就是盲目引种外地种子。自留种一般品种老化、混杂严重，陈种子发芽率极低，外地高产品种不一定适宜本地区栽培。为了充分发挥优良品种这一特性，宁夏绿洲灌区夏播复种大豆应因地制宜地选种适宜该地区气候条件种植的早熟高产优良品种，如垦丰7号、垦丰8号、垦丰18以及合丰、黑河等系列品种。这些品种具有植株粗壮、生长繁茂、抗倒、着荚密、有较强的生长势和生长量、粒大、无褐斑等优良综合农艺性状。播种前应将病粒、虫蛀粒、小粒、秕粒和破瓣粒拣出；同时，还要根据本品种固有的典型特征，如粒型、粒色、种子大小、种脐大小和颜色深浅，剔除混杂的异品种种子，以提高种子纯度。精选净度要求达97%以上，纯度98%以上。

经过精选的种子在播种前应测定粒重，并进行发芽率试验。这两项工作是计算播种量的依据。将精选的种子，随机取样3份，每份随机抽出100粒种子，各自称重并求出平均数，即为该品种的百粒重。其单位用克(g)表示。种子发芽率测定：将上述3份各100粒种子，分别放入3个小碟或发芽皿中，下垫草纸或河沙。加水至薄水层，然后将种子均匀摆好，放在 20℃左右温暖处（灶旁或保温箱内）吸水膨胀发芽。经过 5~7 d 计算能正常长根发芽的种子数，并将 3 个样本加以平均，即为该种子的发芽率。要求发芽率在 95%以上。

（2）适期播种 夏播大豆增产的关键是力争早播、合理密植，充分利用夏大豆生育前期的温光潜热，延长营养生长时期，奠定高产物质基础，力争增花保荚促粒夺丰产。前茬小麦收获后，要抓紧浇水，及时深耕灭茬，耙耱整地，结合耕地施尿素 8~10 kg/666.7 m^2，过磷酸钙 20~25 kg/666.7 m^2 作底肥。

夏播复种大豆应在 7 月 15 日前结束播种。据试验：夏播复种大豆以 7月 10 日左右为最佳播期，播种行距 25 cm 左右，播种量 7~8 kg/666.7 m^2，保苗 3.0 万~3.5 万株/666.7 m^2。试验表明，产量最高的是 7 月 10 日播种，平均产量 169 kg/666.7 m^2。从品种生育期看，应在霜前成熟为好，大豆产量高、品质好，安全成熟。为了充分利用有效的光热和肥力，发挥品种的增产潜力，宁夏灌区夏播复种大豆生育期应以 85 d 为宜。夏播复种的大豆没有分枝，生育期短，植株较春播大豆矮，叶片少，叶面积小。促使个体生长发育，形成一个较好的群体结构，达到充分利用地力与光热，发挥群体的生长效益，是提高大豆产量的关键。夏播大豆的留苗株数在 3.0 万~3.5 万株/666.7 m^2 为宜。

（3）播深适宜 播种过浅，出苗快，容易受干旱影响；播种过深，出苗慢，不利于形成壮苗。应根据土壤质地和墒情确定夏播复种大豆的播种深度。土壤质地疏松、墒情较好的地块，播深以 3~4 cm 为宜；土壤质地黏重、墒情较差的地块，播深以 5~6 cm 为宜。播深超过 7 cm，不仅出苗慢，而且苗势弱。

（4）合理密植 对于夏播复种大豆的种植密度，一些种植户认为越稀越好，而另一些种植户则认为越密越好。夏播复种大豆稀植时，茎秆粗壮，长势强，单株荚数和单株粒数较多，粒大，千粒重增加，籽粒外观品质佳，但种植密度过小，群体较小，总体产量肯定不高。当然也不是越密越好，密度过大，株间光照差，导致植株徒长，容易诱发病害、倒伏。因此，应合理密植，夏大豆的适宜种植密度在每亩保苗 3.5 万株左右。确定种植密度时还应按照“肥地宜稀、薄地宜密”的原则进行。

5. 肥水措施　合理追施化肥是夏播复种大豆高产的基础。夏播大豆有效生育天数 80~85 d，是春大豆全生育期的 1/2，因生育期短，各生育阶段都在紧密进行。夏播复种大豆由于大豆营养生长期特别短，播种至出苗时间短，5 d 左右可以出苗；进入始花期早，出苗后 20~30 d 开始开花，夏大豆全生育期短是由于营养生长期和生殖生长期中的籽实成熟期历时短所致。而并进的开花期至结荚时期却与春大豆历时极为相近。因此，大豆生长很快进入营养生长和生殖生长并进阶段，这个阶段需肥集中，时间短，对产量影响大，必须保证足够的营养，才能获得较理想的大豆产量。夏播复种大豆苗期追施尿素 10 kg/666.7 m^2 左右，最高不能超过 15 kg/666.7 m^2，增产显著，花荚期、鼓粒期及时灌水，增产明显。

（6）田间管理　夏播复种大豆出苗期正值气温高的时期，出苗快，由于大豆苗期营养生长时间短，生长发育快，因此田间管理应提倡一个“早”字。大豆出苗定苗后及早中耕锄草，松土保墒增温，促进壮苗早发；初花期看天气情况结合叶面喷肥及时灌水，用磷酸二氢钾 150~200 g/666.7 m^2 兑水进行叶面喷洒。加强田间管理是保证夏播复种大豆高产稳产的基础。

（7）适时收获　夏播复种大豆收获过早，籽粒不饱满，或出现青秕粒，影响品质；收获过晚，容易炸荚造成减产。当大部分叶片脱落，茎、荚多数发黄，摇动有响声时及时收获，做到颗粒归仓。

2. 技术示范效果

1972 年宁夏小麦复种大豆引种试验获得成功。1974 年在灌区多点示范试验面积 1 330 hm^2。7 月初至 7 月 21 日复种大豆，单产最高可达 115 kg/666.7 m^2，平均产量 75 kg/666.7 m^2 左右。中卫县农业试验站麦后复种大豆 5 hm^2，平均产量 120 kg/666.7 m^2。灵武县崇兴台子九队麦后复种黑河 54 号大豆产量 115 kg/666.7 m^2。

近年，小麦收获后选择适宜的夏播大豆品种进行复种是提高种植效益的措施之一。中卫市农业技术推广中心在中卫市和青铜峡市的试验、示范表明：冬麦后复种大豆是一种既安全又能获得较高效益的种植模式。

冬麦后复种大豆冬麦产量 600~650 kg/666.7 m²，每千克以 1.9 元计，收入 1 140~1 235 元/666.7 m²；复种大豆产量 150~180 kg/666.7 m²，每千克以 4.0 元计，收入 600~720 元/666.7 m²，两项合计收入 1 740~1 955 元/666.7 m²，扣除成本 552 元/666.7 m²（不含人工费），纯收入 1 188~1 403 元/666.7 m²，较冬麦套种玉米增收 67.9~276.9 元/666.7 m²。春小麦或冬小麦收获后抢时夏播大豆也有较为理想的收获。一般大豆单产可达 100~180 kg/666.7 m²，高产可以达到 200 kg/666.7 m² 以上。2017 年国家大豆产业技术体系银川综合试验站在永宁县王太村冬麦后免耕覆秸夏播大豆垦豆 25，示范面积 3.4 亩，平均产量 238.2 kg/666.7 m²。

图 4-20 大豆机械免耕播种

图 4-21 大豆苗期长势长相

图 4-22 大豆成熟期长势长相

（五）马铃薯套种大豆带状复合高效栽培技术

宁夏南部山区也称西海固地区，有 8 个县（区）、固原市所属 4 县 1 区（原州、彭阳、西吉、隆德、泾源）和吴忠市的盐池县、同心县及中卫市的海原。宁夏南部山区马铃薯种植面积约占整个宁夏马铃薯种植面积的 80% 以上。宁夏南部山区属典型的中温带半干旱气候类型，年平均气温 5~7℃，≥10℃活动积温 2 300℃，年平均日照时数 2 254.9 h；年平均降水量 250~

图 4-23 马铃薯套种大豆示范

650 mm，其中 60%~70%的降水集中在 7、8、9 三个月；无霜期 127~169 d。日照充足，光能资源丰富，年降水季节分配不均，但水热基本同季，种植作物一年一熟，光热资源丰足有余，种植两季则光热不足。为增加作物对单位空间光、热资源的有效利用，近年来，国家大豆产业技术体系银川综合试验站在宁夏南部山区的固原市原州区进行马铃薯套种大豆试验示范，构建马铃薯套种大豆复合群体取得显著成效。试验研究与生产实践表明：全膜覆盖双垄沟播条件下马铃薯套种大豆增产显著。马铃薯套种大豆合计产量（马铃薯块茎产量按 5:1 折算）424.9 kg/666.7 m^2，比单种马铃薯增产 37.1 kg/666.7 m^2，比单种大豆增产 266.67 kg/666.7 m^2，增产率分别为 9.6%和 168.58%，实现了马铃薯套种大豆的双高产。马铃薯套种大豆总收入、纯收入、产投比较单种高，较马铃薯单种纯收入提高 217.9 元/666.7 m^2，增幅 14.0%；纯收入提高 187.9 元/666.7 m^2，增幅 25.0%。较大豆单种总收入提高 976.6 元/666.7 m^2，增幅 123.23%；纯收入提高 496.6 元/666.7 m^2，增幅 112.23%。该项技术提高了单位土地面积的光、热、水、土资源的利用率和肥料利用率，增加了经济收入、培肥了地力，实现了旱年以薯补豆，稳产保收，丰水年薯豆双增产增收，是宁夏南部山区旱作农业项目中一项创新性的实用技术。

1. 主要栽培技术要点

（1）深耕整地　马铃薯套种大豆的地块应选择土层深厚，土质疏松，肥力中等，增产潜力大的平地和缓坡地，不宜选择陡坡地、瘠薄地和水土流失严重的田块种植。秋季结合深施肥深耕翻晒灭茬，耕地深度不低于 20 cm，做到田面平整，无根茬，无坷垃，表里一致，达到保湿、保水、保肥、除草效果。秋覆膜的地块可将农家肥和磷肥施入垄带内，一次性完成施肥、深耕、起垄、除草。早春整地，宜早不宜迟，宜浅不宜深，细整耙平，防止跑墒。

（2）施足基肥　秋覆膜施肥：起垄前将农家肥和化肥均匀撒在垄带区域地表，施腐熟农家肥 2 000 kg/666.7 m^2 左右、纯氮 5 kg/666.7 m^2、五氧化二磷 10 kg/666.7 m^2、氧化钾 5 kg/666.7 m^2，通过深耕，将肥料集中翻入垄床底部 20 cm 左右，然后在施肥区域起垄覆膜。春覆膜施肥：农家肥于上一年秋季耕地前撒施地表，通过耕地翻入地下 20 cm 左右，化肥于春季（3月中旬）起垄前撒施于地表（施肥量同秋覆膜），通过起垄翻入地下。

（3）起垄、覆膜

①起垄。垄幅分为大小两垄，大小垄行相间排列。大垄垄底宽 70 cm，高 10~15 cm，小垄垄底宽 40 cm，高 15~20 cm，大小垄总宽幅 110 cm。起垄后用 50%乙草胺 100 g 兑水 50 kg 或二甲戊灵 200 ml 兑水 50 kg 喷雾后覆膜。

②覆膜。全膜覆盖的地块，根据降水情况进行秋覆膜或春覆膜。秋覆膜：10 月下旬；春覆膜：3 月中旬；有条件的地方进行秋覆膜。秋覆膜注意解决好秋施肥、冬季管护等问题。经济条件好的地方可采用双垄覆膜机覆膜，用宽幅为 120 cm、厚 0.008~0.010 mm 的地膜，全地面覆膜。每隔 200~300 cm 横压土腰带，防大风揭膜。另一种覆膜是人畜力双垄沟起垄全铺膜机覆膜，集开沟、起垄、整形、铺膜、覆土于一体。覆膜后，要加强管护，防止人畜践踏，大风揭膜。

（4）土壤处理　地下害虫危害严重的地块，可以拌毒土撒施（40%辛硫磷乳油 0.5 kg 加细沙土 30 kg），杂草危害严重的地块，起垄后用乙草胺（60%乳油）兑水全地面喷雾，然后覆盖地膜。对于土壤湿度大、温度高的地区，每亩用乙草胺 50%乳油 50~70 g 兑水 30 kg，冷凉地区用乙草胺乳油 150~200 g 兑水 40~50 kg，进行全地面喷雾，然后覆盖地膜。

（5）品种选择　适宜套种的马铃薯品种应具备分枝角度小，株型紧凑、适宜密植、抗病、耐旱、质优等特征特性，如青薯 168、晋薯 7 号、中联红脱毒等品种；大豆品种要广适应、耐旱、抗倒伏、早熟、高产，如 KF6、中黄 30、宁豆 4 号等品种。

（6）适期播种　马铃薯套种大豆两作实行同期播种，相对单种条件下的最适播期，将使大豆播种稍有推迟，马铃薯播种适当提前。因此，马铃薯套种大豆的播期应调节在两作适宜播期的中间，即 4 月下旬至 5 月初。

（7）种植方式和密度　马铃薯播种于两垄沟内侧 3~5 cm 处，密度为 3 800~4 000 株/666.7 m^2，大豆用点播器播种于大垄之上，每垄种 2 行，深度 5 cm，每穴 2 粒，密度 12 000 株/666.7 m^2，尽可能做到深浅一致。播后踩压播种孔，使种子与湿土层紧密结合。严禁将氮肥与种子混合播种。海拔较低、光热资源丰富、土壤肥力水平较高、有补充灌溉的区域，马铃薯种植密度宜加大到 4 500 株/666.7 m^2，大豆种植密度加大到 15 000 株/666.7 m^2。

（8）加强田间管理

①喷施叶面肥。根据土壤肥力情况适量追施氮肥、钾肥，增强植株的长势，提高植株的抗病虫害能力。马铃薯现蕾期追施尿素 75 kg/hm^2，喷施磷酸二氢钾 200 g/666.7m^2，兑水 300 kg/666.7 m^2 进行喷雾。

②防治病虫害。针对马铃薯主要病害发生危害的特点，做好以蚜虫、晚疫病为主的化学防治。蚜虫是马铃薯病毒病的主要传播媒介，苗期至现蕾期可用 50%辟蚜雾可湿性粉剂 2 500 倍液或 10%蚜虱净 2 500 倍液喷雾防治，控制蚜虫危害，减少病毒病的发生。用克菌丹 100 g/666.7 m^2，加水 50 kg/666.7 m^2 喷雾，防早疫病。用福美双 100 g/666.7 m^2，加水 50 kg/666.7 m^2 喷雾，防晚疫病。马铃薯晚疫病发生较重时，应及早进行药剂防治，控制发病中心。现蕾始期喷施 58%甲霜灵·锰锌 400 倍，72%霜霉疫净 800 倍或 72%杜邦克露 600 倍，隔 10~15 d 再防治 1 次，效果较好。

（9）适时收获　大豆需要在收获马铃薯之前进行人工收获，收获过早，由于籽粒尚未成熟，干物质积累没有完成，不仅会降低粒重和蛋白质，脂肪的含量，而且青粒，秕粒较多。收获过晚易炸荚掉粒，造成浪费，遇阴雨天会引起品质下降。人工收获大豆的适宜时期为黄熟末期。此时，大豆植株呈黄褐色，除个别品种外，茎和荚全部变黄，呈现品种的固有色泽，荚中籽粒与荚壁脱离。人工收获大豆最好趁早晨露水未干时进行，以防豆荚炸裂减少损失。大豆割倒后运到晒场上晒干脱粒。

图 4-24　马铃薯套种大豆示范

图 4-25　专家实地考察马铃薯套种大豆示范

(六)全膜双垄沟播玉米间作大豆栽培技术

宁夏南部山区全膜覆盖双垄集雨沟播玉米套种大豆高产高效栽培技术构建了玉米与大豆套种复合群体。针对宁夏南部地区降水量偏少的干旱特点，采用大小双垄的集雨效果，将冬、春季节 5~10 mm 的有限降水最大限度地蓄积并保存于土壤中，有效缓解旱作雨养区春播玉米及大豆生育前期对水分的需求。

图 4-26　南部山区玉米间作大豆示范

1. 主要栽培技术

(1)整地施肥　前茬作物收获后及时整地，并在适耕期内深耕灭茬，耕深 20~25 cm，做到地平土碎，上虚下实，田间无根茬、杂草等物。基肥力求多施农家肥，提倡基施玉米专用配方肥，结合整地施优质农家肥 6.75 万~7.50 万 kg/hm^2，基施型有效成分 36(22-14-0)配方肥 600 kg/hm^2 基施，追通用型有效成分 35(26-9-0)配方肥 300 kg/hm^2 追施。

(2)覆膜

①覆膜方式。人工覆膜。秋季覆膜选用厚度 0.01 mm、宽度 120 cm，早春覆膜选用厚度 0.008 mm、宽度 120 cm 的白色耐老化膜。沿边线开 5 cm 深的浅沟，地膜展开后，靠边线的一边在浅沟内，用土压实，另一边在大垄中间，沿地膜每隔 1 m 左右，用铁锹从膜边下取土原地固定，并每隔 2~3 m 横压土腰带。覆完第一幅膜后，将第二幅膜的一边与第一幅膜在大垄中间相接，膜与膜不重叠，从下一大垄垄侧取土压实，依次类推，铺完全田，形成大垄 70 cm、小垄 40 cm、垄高 15~20 cm 的带状沟垄模式。覆膜时要将地膜拉展铺平，从垄面取土后，应随即整平。

机械覆膜。地膜选用与人工覆膜相同，机械推荐使用施肥、起垄、覆膜联合作业机，用拖拉机牵引一次性完成起垄、施肥、覆膜作业。其覆膜质量好、进度快、节省地膜，但必须按操作规程进行，并要有专人检查质量和压土腰带。

②覆膜时间。秋季覆膜。前茬作物收获后，及时深耕耙耱，清理根茬，在 10 月中下旬起垄覆膜。此时覆膜能够有效阻止秋、冬、春季水分的蒸发，最大限度地保蓄土壤水分，但是地膜在田间保留时间长，要加强冬季管理，秸秆富余的地区可用秸秆覆盖护膜。

早春顶凌覆膜。早春 3 月上中旬土壤消冻 15 cm 时，起垄覆膜。此时覆膜可有效阻止春季水分的蒸发，提高地温，保墒增温效果好。可利用春节刚过，劳力充足的农闲时间进行起垄覆膜。

播期覆膜。在玉米、大豆播种期抢墒覆膜。特别要注意无论什么时候覆膜，采用什么方式覆膜都不提倡垄沟内覆土，秋覆膜或早春覆膜防止大风揭膜可适当在垄沟内撒少量土，或用铁锹在沟内每隔 1 m 堆一锹土，使膜与垄沟底紧贴，播期覆膜不允许在垄沟内覆土。

（3）选用良种　玉米宜选用密植、高产、抗倒伏、丰产的优良杂交种，如先玉 335、五谷 704、长城 706 等，大豆选用熟期较长，多分枝、茎秆直立、耐阴性强、不易裂荚落粒、丰产性好的高产抗病虫优良品种，如晋豆 19、中黄 30、中黄 13 等。

（4）适时播种　为防止播种玉米或玉米放苗时踩踏大垄大豆播种带，影响大豆出苗，采用先播玉米后播大豆，玉米于 4 月中旬适期播种，待玉米出苗后及时放苗，玉米放苗及时播种大豆，大豆播期可适当推迟到 4 月底前后。

（5）合理密植　玉米播种在 2 个垄沟中，大行距 70 cm，小行距 40 cm，株距 33 cm，播种 6.06 万株/hm^2；大豆播种在玉米大行距中间，即大垄中间，穴距 10~15 cm，每穴定苗 2 株，密度 12 万~18 万株/hm^2。

（6）加强田间管理　玉米和大豆幼苗时，田间水肥条件及光热条件好，田间大垄上容易滋生杂草，应随时拔除；在玉米追肥时，大豆正在生长旺盛时期，茎秆容易碰断，应走在大垄边缘，防止踩踏大豆。加强病虫害监测，采取有效防控措施，减轻病虫为害。

（7）适时收获　9 月下旬至 10 月上旬，当大豆叶片已大部脱落，茎荚变黄色或褪色，籽粒呈现品种固有色泽，籽粒与荚壳脱粒，应及时收获，为防止收获玉米时踩踏大豆，应先收获大豆再收获玉米。

2. 技术示范效果

近年来，国家大豆产业技术体系银川综合试验站在宁夏南部山区的固原市原州区、彭阳县等市县，进行全膜覆盖双垄集雨沟播玉米套种大豆种植技术试验示范取得显著成效。2010 年、2011 年、2012 年在彭阳地区连续 3 年的大区对比展示结果分析：玉米间作大豆，玉米籽粒产量 9 920 kg/hm^2，大豆产量 876 kg/hm^2，合计产量 10 796 kg/hm^2，比单种玉米籽粒产量 10 072 kg/hm^2，增产 724 kg/hm^2，增幅 7.2%，纯收入增加 3 901 元/hm^2，增幅 25.2%。单种大豆籽粒产量 2 412 kg/hm^2。从连续 3 年 10 个乡镇大田推广产量结果分析：玉米间作大豆，玉米籽粒产量 9 978 kg/hm^2，大豆产量 864 kg/hm^2，合计产量 10 842 kg/hm^2，比单种玉米籽粒产量 10 061 kg/hm^2 增产 781 kg/hm^2，增幅 7.8%，纯收入增加 4 003 元/hm^2，增幅 26.1%。玉米间作大豆投入产出比 1:3.22，单种玉米投入产出比 1:2.88，差异十分明显。综合小区试验、大区对比展示示范和大田推广情况看，均以玉米间作大豆产量和效益最高。

宁夏南部雨养山区固原原州区头营镇南塬村 2014 年玉米间作大豆面积 28.98 hm^2，主栽玉米平均产量达到 9430.5 kg/hm^2，在不影响主栽作物的情况下，套种大豆平均产量 1012.5 kg/hm^2，较上年单产增加 14.6%。

试验研究与生产实践表明：全膜覆盖双垄集雨沟播玉米套种大豆效益显著。套种田玉米产量与单种产量相等，即套种对玉米产量不构成影响，套种大豆产量 70.2 kg/666.7 m^2，单种大豆产量 161.6 kg/666.7 m^2，套种大豆产量相当于单种产量的 43.44%，实现了玉米、大豆的双高产。

（七）中药材菟丝子寄生大豆栽培技术

菟丝子属约 170 多种，广泛分布于世界温暖带，主产美洲。中国菟丝子别名黄藤子、无根草、无娘藤、黄山丝、老鸦丝等，属于旋花科菟丝子属，一年生缠绕寄生性草本植物。自身根、叶退化，无叶绿素，不能进行光合作用制造营养，茎细长蔓生，左旋，多黄色，以寄生根伸入寄主植物内吸取营养供其生长发育。药用菟丝子又名小粒菟丝子、小菟丝子，为寄生性菟丝子的成熟干燥种子。

菟丝子全国大部分地区都有分布。菟丝子喜高温湿润气候，对土壤的要求不严，寄主范围广，多数草本双子叶（如豆科、黎科）及某些单子叶植物都可能成为菟丝子的寄生对象，寄主尤以大豆最好。农作物栽培上菟丝子是一种寄生性杂草，但在药用上菟丝子又有相当的医疗功效，故亦为一种中医良药。

中药菟丝子为旋花科植物菟丝子及南方菟丝子的干燥种子。菟丝子商品分大粒菟丝子和菟丝子两种。菟丝子是药用正品，大菟丝子是伪品。据资料介绍，菟丝子味甘，性温，有补肾固精，养肝明目，止泻，安胎之功效。主要用于肾虚阳痿，遗精尿频，带下，腰痛；肝肾不足，视力减退；脾肾虚弱，肝肾虚损，胎动不安。菟丝子尚具有抗肿瘤、抗病毒、抗炎、抗不育、致泻、及抑制中枢神经系统的作用。主治腰膝酸痛、遗精、消渴、尿有余沥、目睹。据《神农本草经》载："主续绝伤，补不足，益气力，久服明目，轻身延年。"本品柔润多液，不温不燥，补而不腻，为一味平补阴阳的药物。古代很多长寿成药如"延龄广同丸""神仙益寿酒""长生不老丹"等皆含有菟丝子的成分。据现代研究分析，菟丝子含有生物碱、蒽醌、香豆素、黄酮、甙类、甾醇、鞣酸、糖类等。黄酮类有：槲皮素 、紫云英甙、金丝桃甙 ；甾醇类有：胆甾醇 、菜油甾醇 、β-谷甾醇 、豆甾醇 、β-香树脂醇 。亦含微量元素如锶、钼、钙、镁、铁、锰、锌、铜等以及多种氨基酸（种子中的游离氨基酸和水解后的总氨基酸为5.3%，其中必需氨基酸的含量占42.8%）。目前菟丝子药材处于一种供不应求的状态，国家已将菟丝子列入重点推荐发展的中

图 4-27　菟丝子寄生大豆长相

图 4-28　菟丝子开花成熟期

药材品种之一。

宁夏深居内陆，位于我国西北东部，地处黄土高原、蒙古高原和青藏高原的交汇地带，典型的大陆性干旱、半干旱气候特征，地势南高北低，高差近 1 000 m。全区年平均降水量在 150~600 mm，日照时间长，太阳辐射强，昼夜温差大，大部分地区昼夜温差可达 12~15℃。其中，南部六盘山地区，气温低，无霜期短。中北部地区日照充足，蒸发强烈，昼夜温差大，全年日照时数达 3 000~3 200 h，无霜期 150 d 左右，是中国日照和太阳辐射最充足的地区之一。优越的自然资源和引黄灌溉之便利条件，使宁夏局部地区人工栽培种植的菟丝子，以籽粒饱满坚实、无公害、绿色环保、无杂质等优质特性颇受药商青睐。

（1）形态特征　药用菟丝子茎较细、呈线状、直径 1 mm 以下、黄色。茎在寄主上左向缠绕。籽粒为蒴果、近圆球形、子房半球形，2 室，每室有 2 个胚乳，能生成 2~4 粒种子，且种子较小。种子黄褐色或黑褐色，表面粗糙，有微点坑。

（2）寄生习性　菟丝子萌发的适宜温度为 25~35℃，15℃以下或 35℃以上均不能萌发。适宜的土壤湿度为 15%~30%，最适宜的湿度为 20%~25%。种子在土层中 1 cm 左右出苗最快，6 cm 以下则不能萌发出土。种子萌发时幼芽无色，丝状，附着在土粒上，另一端形成丝状的菟丝，在空中旋转，碰到寄主就缠绕其上，在接触处形成吸盘，进入寄主组织后，部分细胞组织分化为导管和筛管，与寄主的导管和筛管相连，吸取寄主的养分和水分，供其生长发育。

（3）发生规律　菟丝子以成熟种子脱落在土壤中休眠越冬。越冬后的种子，次年春季温湿度适宜时种子在土中萌发，长出淡黄色细丝状的幼苗。随后不断生长，藤茎上端部分作旋转向四周伸出，当碰到寄主（如大豆）时便紧贴在上缠绕生长，不久在寄主的接触处形成吸盘，并伸入寄主体内吸取水分和养分。此时初生菟丝死亡，上部茎继续伸长，再次形成吸根，茎不断分枝伸长形成吸根，再向四周不断扩大蔓延，严重时将整株寄主布满菟丝，使受害植株生长不良，有的寄主因营养不良加上菟丝子缠绕引起全株死亡。菟丝子的种子抗逆性很强，可存活多年，具有隔年萌发的习性。其线茎生活能力很强，被折断的茎节或人工摘除时残留有吸盘的一小段茎节，遇寄主即可发育成新株蔓延生长。夏秋季是菟丝子生长的高峰期，8—9月份开花结果。

(4)繁殖及传播　菟丝子的繁殖方式有种子繁殖和藤茎繁殖两种。菟丝子主要靠种子传播。靠鸟类传播种子，或成熟种子脱落到土壤中，再经人为耕作进一步扩散；田间掉落的菟丝子种子是连作田菟丝子发生较重的主要原因；混在豆种里的菟丝子种子是菟丝子远距离传播的主要方式。此外，菟丝子还可以靠河流、灌溉和风力传播。

(5)人工栽培种植技术　菟丝子为一年生缠绕性寄生草本植物，以吸收寄生的营养为生，因此不能单独栽培种植，必须在事先种好寄生作物(大豆)的同时，才能获得菟丝子较好的籽粒产量。

近年菟丝子作为药材和保健品需求量越来越大，野生资源不能满足需要，急需人工栽培种植。菟丝子由自然生长转为人工栽培，可获得籽实40~50 kg/666.7 m^2，最高可达75 kg/666.7 m^2。随着人工栽培菟丝子技术措施的提高，各种技术手段的有效运用，菟丝子与大豆一起种植共生，不但可以收获菟丝子干种子，同时还可以收获较高的大豆产量，综合种植效益一般超过单种的小麦、玉米、水稻等农作物。人工栽培的菟丝子与大豆混种共生，生育期100 d左右。

①施足基肥。适宜种植大豆的土壤均可种植菟丝子。由于大豆有菟丝子寄生，氮磷肥应多施一些。只有在种好大豆(寄主)的前提下，菟丝子才有可能获得较好的籽粒产量。因此，播种大豆时要结合耕耘整地重施底肥、基肥，每亩施有机肥2 000~3 000 kg、磷酸二胺10 kg、尿素10~15 kg。

②选择品种。大豆品种选择适合当地的高产、主茎粗壮、茎叶长势健壮、抗逆性强、生育期130~140 d的中晚熟品种。种植时要适当加大播种量，以得到密度较大的大豆群体。菟丝子要选择作为药用的小粒菟丝子，籽粒饱满坚实，大小均匀，无杂质、无草籽的种子。

③适期播种。当5 cm土层的日平均温度达到10~12℃时播种最适宜。播期一般在4月下旬至5月上旬。播种时，如果田间土壤干旱墒情不足，可以先灌一次跑马水进行人工造墒，3~4 d田间表皮发白时，及时耕耘整

地进行播种。

A. 同期混播。大豆播种行距 40~50 cm，大豆播种量 6~8 kg/666.7 m^2（比常规大豆播种量多），菟丝子种子播种量 0.5~0.7 kg/666.7 m^2，与大豆种子充分拌匀，用 12 行播种机机械播种，播种深度 4~5 cm 为宜，播种过深影响出苗。

B. 分期播种。大豆出苗后再播种菟丝子种子，延期菟丝子出苗，保证大豆在幼苗时不被寄生，以形成大豆健壮的群体，缩短大豆和菟丝子的共生期。人工开沟种植：在大豆苗株旁开沟，将菟丝子种子与细沙混拌均匀，然后匀撒入沟内，覆盖细肥土，以不见种子为宜，菟丝子种子越靠近豆棵越好。人工撒播：将菟丝子种子与细沙混拌均匀，人工撒播种植，播后保持土壤湿润，7 d 左右即可出苗。菟丝子切勿早播，否则菟丝子出苗后，没有寄主植物就会枯死。

④田间管理。为了获得较多的大豆生物产量供菟丝子寄生，田间管理好大豆是栽培管理的重点。大豆出苗后要精心管理，确保全苗、齐苗、壮苗，这是人工栽培大豆菟丝子的关键，大豆生长旺盛，才能为菟丝子提供良好的养分来源。菟丝子在土壤中只要墒情好，温度高，出苗就快，出苗后 3~5 d 开始缠绕寄主，地下部分逐渐死亡，依靠寄生吸取寄主的养分水分维持生长。人工栽培的菟丝子如果局部菟丝子密度太大，大豆又不能满足其寄生时，应适当拔除一些菟丝子，不要因为寄主不足而影响菟丝子的生长发育而影响其籽粒产量。

A. 人工中耕锄草。大豆苗期进行 1~2 次中耕除草，中耕宜浅，避免伤豆根；大豆生长期间田间杂草要除干净。菟丝子幼苗出土后，只要大豆生长旺盛，菟丝子细茎很快就会缠绕上豆棵植株。生长期间可进行人工拔除田间杂草。

B. 化学药剂除草。菟丝子出苗前可进行化学药剂防治田间阔叶杂草。用二甲四氯水剂 100~120 ml/666.7 m^2，加 2,4–D 丁酯 8~10 ml/666.7 m^2，兑水 10~15 kg 叶面喷雾。对狗尾草、野燕麦等禾本科杂草，在 3~5 叶期用盖草能 25~30 ml/666.7 m^2，威霜 60~70 mg/666.7 m^2 以及禾草克、拿捕净等药剂进行防除。菟丝子出苗后，田间的双子叶杂草要人工拔除，禾本科杂草可化学药剂除草。

C. 施肥与灌水。本着“看天、看地、看庄稼”的原则，对菟丝子寄生大豆进行追肥和灌水管理。一般情况下灌 2~3 水，6 月 10 日左右灌第一水，7 月 15 日左右结合灌水，根据大豆田间长势适当追施尿素 3~5 kg/666.7 m^2，8 月 20 日左右灌第三水，灌水次数应根据大豆长势及田间土壤墒情而定。灌水要在晴天无风时进行，以防大豆倒伏。

D. 防治大豆蚜虫、红蜘蛛。大豆开花、结荚期间，注意防治大豆蚜虫、红蜘蛛，并结合进行叶面喷施磷酸二氢钾、高效叶肥宝等叶面肥 1~2 次。主要是防止大豆早衰死亡，影响大豆和菟丝子的产量和籽粒的品质。

⑤适时收获。菟丝子的收获适期一般在大豆成熟前，当菟丝子的蒴果 50%以上变黑、30%以上变黄、10%~20%绿转黄时收获较为适当，一般在 8 月下旬至 9 月中旬。小面积收获可人工拔起后集中脱粒，用细筛把大豆中的菟丝子籽粒筛出晒干，即可出售。大面积收获可使用稻麦收割机，但要降低割茬，调慢脱粒滚筒转速和调小风力，以免漏割、打烂豆粒和鼓风机吹去菟丝子蒴果而造成不必要的损失。

(6)翌年下茬　种植菟丝子的地块，如果下茬不再种植菟丝子，应尽量种植水稻、玉米等禾本科作物。如果需要种植豆科作物或蔬菜等，可以使用乙草胺或拉索在播后苗前处理表土，杀灭菟丝子种苗，如果有漏杀的菟丝子种苗出现，可以连同寄主一起及早拔除，集中烧毁或深埋，以保证作物的正常生长。

(7)效益分析　据我们 2010—2013 年对菟丝子寄生大豆人工栽培种植户调查了解，每亩收菟丝子种子 75~80 kg，高产可达 100 kg，收获大豆 75~100 kg。按照当地的市场收购价每千克菟丝子 20.0~23.0 元计算，菟丝子每亩产值 1 725~1 840 元，大豆每千克 4.8 元，大豆每亩产值 360.0~480.0 元，两作合计产值 2 085.0~2 320.0 元。单种大豆每亩产量 250~300 kg，产值 1 200~1 440.0 元/666.7 m^2。菟丝子寄生大豆比单一种植大豆增收 885 元/666.7 m^2。

(八)制种菠菜套种大豆栽培技术

菠菜属藜科，为 2 年生作物。菠菜是耐寒性较强的一种绿叶菜，宁夏四季均可栽培种植，且生育期短、收获早。菠菜一般为雌雄异株，也有雌雄同株者。雌株叶簇较大，叶片发育良好，抽薹较雄株迟；雄花无花冠，花粉多，靠风媒传粉。制种菠菜套种大豆效益较好。

制种菠菜套种大豆栽培技术如下。

1. 品种选择

制种菠菜选择抗病、高产、抗逆性强、商品性好的品种，如日本春秋大叶菠菜、沈阳大叶菠菜和尖叶菠菜等；大豆品种选择广适应、抗倒伏、生育期适中的优质高产品种，如宁黄248、中黄30、承豆6号等春大豆品种。

2. 整地施肥

2月下旬至3月初结合春耕耙耱整地进行基施肥。一般基施尿素10 kg/666.7 m^2，施磷酸二铵25 kg/666.7 m^2，氯化钾 10 kg/666.7 m^2，施肥后及时耙耱整地。

3. 根瘤菌拌种

大豆播种前用根瘤菌剂拌种，每10 kg大豆种子拌大豆根瘤菌剂150 ml，随拌随用，阴干即可播种。

4. 适期播种

菠菜3月10—20日用播种机择期播种，播深3~4 cm，播种量1.0~1.5 kg/666.7 m^2。大豆4月25日—5月10日用手推顶箱滑道式播种机择期精量播种，播种量3~4 kg/666.7 m^2。

5. 种植规格

菠菜匀行种植，行距50~60 cm，行内套种1行大豆，大豆距离菠菜25~30 cm；或菠菜宽窄行种植，窄行距30 cm，宽行距60~70 cm，宽行内套种2行大豆，大豆行距30 cm，大豆距离菠菜20 cm，大豆株(穴)距为13 cm。

6. 田间管理

田间管理以菠菜为主。

(1)镇压保墒　菠菜播种后对土壤墒情差的田块要及时镇压保墒。

(2)苗、定苗　4月下旬及时中耕除草，破除土壤板结。当有4~5片叶时间苗，间隔7~8 d进行第二次间苗、定苗。结合间定苗及时拔除病株、弱株和杂株。根据株型大小,确定留苗密度。

(3)灌水追肥　菠菜全生育期一般灌水 2 次,当菠菜长有 6~8 片真叶时灌第一水,结合灌水追施尿素 10~15 kg/666.7 m^2,长势弱的田块第一次追肥后 15 d 左右再追施尿素 10~15 kg/666.7 m^2。

(4)拔杂去雄　5 月中、下旬菠菜雄花初花期集中拔除部分绝对雄株、病株、弱株以及一部分营养雄株和抽薹过早的雌株,预留雄株数不宜偏多。选叶簇密集、叶肉肥厚、抗寒、品质好以及农艺性状符合制种品种特征特性的植株留种采籽。

图 4–29　制种菠菜套种大豆示范

(5)化控防倒　大豆初花期及分枝期喷施 100 mg/L+大豆盛花期喷施 150mg/L5%烯效唑可湿性粉剂化控防倒。

(6)防治病虫害　防治地老虎等地下害虫选用毒死蜱或辛硫磷等颗粒剂;防治菠菜白粉病选用 15%的粉锈宁可湿性粉剂 1 000 倍液,或 40%多硫胶悬剂 800 倍液喷雾;防治蚜虫选用 40%的毒死蜱乳油 600 倍液,或 50%避蚜雾可湿性粉剂 2 000 倍液喷雾;防治大豆红蜘蛛选用可螨特等农药喷雾;防治大豆食心虫选用菊酯类农药喷雾。

7. 适时收获

菠菜容易落粒,一般 6 月中、下旬趁早晨露水未干时及时收获,堆放 3~5 d 进行后熟,晒到六成干时碾压脱粒,晒干后清选即可销售。大豆 9 月下旬至 10 月上旬收获。人工收获大豆趁早晨露水未干时进行。大豆割倒后,运到晒场上晒干,然后脱粒,清选入库。

五、中国大豆科学家

1. 王金陵

王金陵(1917—2013),大豆育种学家和农业教育家,中国大豆杂交育种的开拓者。他在东北地区育成了“东农4号”“东农36”等优良品种,后者把中国大豆种植北界向北推进100多公里;对大豆野生资源利用、生态区划、遗传研究、选择技术等颇多建树;从教50年,培养了大批农业科技人才,为中国大豆生产和科学技术的发展做出了重要贡献。

2. 王　绶

王绶(1897—1972),著名的作物育种学家,生物统计学家和农业教育家。他毕生致力于高等农业教育,为我国培育了几代农业科技人才;长期从事大豆、大麦研究,育成了“金大332”大豆、“王氏大麦”(美国定名)等优良品种在生产上应用,对作物田间试验技术也做过系统研究,是我国作物育种学和生物统计学的奠基人之一。

3. 盖钧镒

盖钧镒院士是我国著名的大豆遗传育种专家,中国工程院院士,现为农业部国家大豆中心首席教授、博士生导师,40多年来长期从事植物遗传育种学的研究与教学工作,尤其专长于大豆种质资源、新品种选育及数量遗传与试验统计的研究。他在国际植物遗传资源委员会的资助下开展了以中国南方大豆地方品种为主的资源搜集、整理与研究工作,获得了1.2万份材料,在此基础上揭示了该群体主要经济性状遗传潜型。他从育种需要出发,建立了8个种质筛选、遗传和创新的研究系列,创造出质核互作雄性不育系和一批抗病虫优异的种质。他将种质研究推进到基因组学领域,开展了育种性状的分子标记研究,进而创建了一批永久作图群体,提出重组自交系群体偏性调整的方法, 并与中科院遗传所合作建立了我国的大豆遗传图谱, 并用以定位4个连锁的抗大豆花叶病毒基因和农艺性状的QTLs。他全面研究了中国大豆育成品种的系谱及其遗传基础,揭示了我国种质利用的地区局限性和加强生态地区间基因交流的紧迫性。他提出中国大豆熟期组划分方法和品种生态区划, 使我国大豆熟期组划分既有自身特点又纳入国际轨道。他通过国际合作利用细胞器DNA分子标记提出了栽培大豆起源于南方野生群体的分子遗传学论据。

他设计并主持国家“七五”至“九五”大豆育种攻关计划，一方面着眼于建立全国大豆育种研究的体系，同时还主持或参加育成南农 73-935 等大豆品种 19 个，在长江中下游累计推广面积 3 000 多万亩。

盖院士数十年如一日，追求真理，执着探索，锲而不舍。他学识渊博，治学严谨，为人正直，平易近人。他先后为作物遗传育种学科培养了 2 名博士后、30 多名博士和 60 多名硕士，其中有的已成为所在单位的业务骨干和知名中青年学者。他累计发表论文 380 余篇，主编《田间试验和统计方法》获得国家教学成果一等奖。由于他的突出成就，1984 年获国家级有突出贡献的中青年专家称号，1998 年获中华农业科教基金科研奖。获“2012-2017 年度中国种业十大杰出人物”荣誉称号。

盖钧镒院士被第十届世界大豆研究大会奖授予奖终身成就奖殊荣，以此表彰他为世界大豆研究做出的突出贡献。

4. 王连铮

王连铮(1930—)，农学家，大豆遗传育种学家。中国农业科学院原院长、研究员，我国著名大豆遗传育种学家，主要从事大豆遗传育种研究。主持选育大豆品种 34 个，其中国审品种 10 个，累计推广面积 1.5 亿亩。发表论文 170 余篇，主编、合编专著 8 部，发起创办《大豆科学》杂志。曾获全国科学大会奖 1 项、国家发明二等奖 2 项、省部级科技进步奖 8 项，2012 年获国家科技进步一等奖。2010 年获作物学会科学技术成就奖，2012 年获何梁何利科学与技术进步奖。曾任黑龙江省农科院副院长、院长，黑龙江省副省长、党组副书记。1987—1994 年任中国农业科学院院长，期间还任农业部常务副部长、党组副书记。

5. 董　钻

董钻(1935—)，沈阳农业大学教授，大豆专家，从事作物栽培学和大豆产量生理教学和研究工作。撰写研究论文 40 余篇。主要著作有：《作物栽培学概论》(策划、参编)、《作物栽培学各论(北方本)》(副主编)、《作物生物化学》(主编)、《农学俄语》(主编)、《大豆栽培生理》(编著)、《大豆产量生理》(著)。主要译著有《作物育种的生物学原理》等多部。

6. 孙　寰

孙寰(1939—),大豆杂交种“之父”,是我国著名的大豆遗传育种家,中国杂交大豆科学研究的开拓者,我院大豆育种首席研究员。主要从事大豆杂种优势利用研究,先后主持或参与了科技部“863”重大专项、自然科学基金重点项目等 25 个重大研究项目。经过 20 多年坚持不懈的努力,攻克了杂交大豆这一世界性难题。1963 年孙寰于吉林农业大学毕业,1966 年沈阳农学院研究生毕业,1968 年分配到吉林省农业科学院工作。历任技术员、助理研究员、副研究员、研究员。曾任大豆研究所副所长,吉林省农业科学院副院长。1983 年,孙寰带领课题组开始了大豆杂种优势利用的科技探索。经过 20 年的刻苦攻关,终于攻克了这一世界性的科技堡垒,世界第一个大豆杂交种在孙寰的手中变成了现实,为我国农业科技事业做出了重要的贡献。

7. 刘忠堂

刘忠堂(1939—),大豆专家。主持育成了高产的大豆品种“合丰 25”,成为建国后推广面积最大的大豆品种。1996 年任黑龙江省农科院总农艺师、国家大豆工程技术研究中心主任、高级顾问。刘忠堂是一位有突出贡献的大豆育种专家,同时又是一位大豆栽培专家。他在发展大豆生产上做出重大贡献,三次获省长特别奖和重大科技效益奖。在工程技术上勇于创新,不断探索,在大豆重迎茬、大豆窄行密植和大豆工程化三项重大栽培技术上有突破。在工程技术理论与方法研究上,不断创新,在生态育种、抗灰斑病育种、矮秆高产育种、辐射育种、大豆重迎茬减产原因与机理研究等方面做出重大贡献。

8. 常汝镇

常汝镇,大豆专家,中国农业科学院研究员。常汝镇先生从事大豆科研工作五十多年,在大豆种质资源收集保存、创新利用、基础研究等诸多方面成就突出。常先生是大豆种质资源学的主要开拓者和奠基人。曾任世界大豆研究大会常设委员会理事,中国作物学会理事、中国作物学会大豆专业委员会理事长、中国农学会作物遗传资源分会常务理事,农业部大豆专家指导组组长。参与主持全国野生大豆考察,组织全国专家共收集野生大豆资源5 000余份，发现一些新的种质类型，如白花、线叶、无泥膜、长花序等，从此我国野生大豆的研究逐步深入。他组织全国30余个单位完成的国家科技攻关"大豆种质资源农艺性状鉴定、编目、繁种和入库"等课题，完成了22 000余份栽培大豆农艺性状鉴定和繁种入库，主《中国大豆品种资源目录(续编一、二)》，使中国成为世界上保存大豆种质资源最多多国家。他在《作物学报》《大豆科学》等刊物和国内外学术讨论会上发表论文、研究报告、综述等100余篇。参与组织编写《中国作物遗传资源》一书，全书170万字，是我国作物遗传资源研究领域的第一部专著。"农作物国外引种研究"获1979年农业部科技改进二等奖，"全国野生大豆考察与搜集" 获1980年农业部科技改进一等奖，"鄂豆2号的选育与推广"获农业部科技进步一等奖和国家科技进步三等奖，包括大豆在内的八大粮食作物抗病虫鉴定获农业部科技进步二等奖和国家科技进步三等奖，《中国作物遗传资源》一书获北京市科技进步二等奖，"大豆耐盐性研究与应用"和"大豆三类优异品质新种质创建"分别获北京市科技进步二、三等奖。"国外大豆种质的引进、研究与利用"获北京市科技进步二等奖。常先生在 "中国农作物种质资源收集保存评价与利用"(获国家科技进步一等奖)研究中做出了突出的贡献。

9. 韩天富

韩天富，男，博士，博士生导师，中国农科院二级研究员。现兼任国家大豆产业技术体系首席科学家、农业部大豆专家指导组组长、中国作物学会大豆专业委员会主任委员、农业部北京大豆生物学重点实验室主任等职。长期从事大豆适应性改良的原理、技术研究、新品种选育和产业技术研发工作，在大豆光温反应、分子育种、品种选育和技术模式等方面取得一定成绩。截至2015年9月，主持选育大豆新品种20个(其中国审品种5个)；获得国家发明专利8项，实用新型专利2项；主笔制定国家和行业标准3项；发表论文150余篇(其中SCI收录34篇)，主编、参编著作13部。培养博士后3名，博士生12名，硕士生40余名。先后获得"中国农业科学院十佳青年"(中国农科院，1999年)，全国农业科技推广先进个人（农业部，2004年)、"先进农业科研人员"(农业部，2005年)、全国农业科技推广标兵(农业部,2007 年)、农业科研杰出人才(农业部,2011 年)、“全国粮食生产突出贡献农业科技人员”(农业部,2013 年)等荣誉称号。

10. 邱丽娟

邱丽娟,女,1963 年生,博士,中国农业科学院研究员,世界大豆研究会理事,中国大豆专业委员会副理事长,中国作物学会理事,农业部有突出贡献的中青年专家,中国农科院跨世纪学科带头人和杰出人才。主持完成了国家“863”“973”、科技攻关和支撑、自然科学基金重大项目等课题,主要从事大豆资源遗传多样性分析和优异基因的发掘与利用研究。已建立了基于大豆核心种质的基因发掘和利用研究体系,定位和克隆了大豆耐盐、抗大豆胞囊线虫等重要性状基因,培育出高产、抗病的“中品 662“等大豆新种质并提供育种利用。获国家及省部级科技奖励 6 项,发明专利 1 项;主编和参编著作 4 部,在国内外期刊发表论文 100 余篇,培养研究生 80 余名。

第五部分　附录

附录一：

中国作物学会大豆专业委员会
第九届理事会名单

荣誉主任委员： 盖钧镒

荣　誉　委　员： 韩天富　邢　邯　刘丽君　江连洲　李文滨　张孟臣　胡国华

主　任　委　员： 邱丽娟

副 主 任 委 员： 王曙明　卢为国　刘晓冰　吴存祥　陈海涛　周新安　赵团结　郭　泰　喻德跃

秘　　书　　长： 吴存祥

副　秘　书　长： 王广金　关荣霞　赵晋铭　韩英鹏

委员（按姓氏笔画排序）

马俊奎　马淑梅　王广金　王　幸　王晓波　王铁军　王海杰　王德亮　王曙明　卢为国　田志喜　史树森　付亚书　司　伟

年　海　朱星陶　刘宝辉　刘晓冰　刘　斌　关荣霞　汤　松
孙祖东　孙斌成　李得孝　李　霞　杨春燕　吴存祥　邱丽娟
何艳琴　宋书宏　张劲松　张国宏　张继君　陈廷峰　陈庆山
陈海涛　林国强　罗瑞萍　周新安　郑殿峰　赵团结　赵现伟
赵晋铭　战　勇　段玉玺　袁凤杰　徐　冉　高新勇　郭顺堂
郭　泰　黄志平　曹越平　鹿文成　董英山　韩英鹏　喻德跃
雍太文　满为群　廖　红　魏　丹

附录二：

农业部大豆专家指导组名单

序号	姓　名	工作单位及职务职称	分工
1	盖钧镒	中国工程院院士、南京农业大学教授	顾问
2	韩天富	中国农业科学院作物科学研究所研究员	组长
3	周新安	中国农业科学院油料作物研究所研究员	副组长
4	杨文钰	四川农业大学副校长、教授	副组长
5	吴存祥	中国农业科学院作物科学研究所研究员	成员
6	汤　松	全国农业技术推广服务中心推广研究员	成员
7	包立华	内蒙古农业技术推广站推广研究员	成员
8	孙宾成	内蒙古呼伦贝尔市农业科学研究所研究员	成员
9	王曙明	吉林省农业科学院研究员	成员
10	栾晓燕	黑龙江省农业科学院推广研究员	成员
11	张玉先	黑龙江八一农垦大学教授	成员
12	杨　微	黑龙江省农业技术推广站推广研究员	成员
13	陈　新	江苏省农业科学院经济作物所所长、研究员	成员
14	邢　邯	南京农业大学教授	成员
15	李杰坤	安徽省农业科学院副研究员	成员
16	卢为国	河南省农业科学院研究员	成员
17	年　海	华南农业大学教授	成员
18	司　伟	中国农业大学教授	成员

附录三：

国家大豆种业研发平台

研发平台	依托单位	归口管理单位
国家大豆改良中心	南京农业大学	农业部
北京国家大豆改良中心	中国农业科学院作物科学研究所	农业部
国家农作物改良中心哈尔滨大豆改良分中心	黑龙江省农业科学院	农业部
国家大豆黑龙江农垦分中心	黑龙江农垦科学院	农业部
内蒙古自治区呼伦贝尔市大豆改良分中心	内蒙古自治区呼伦贝尔市农业科学研究所	农业部
国家大豆改良中心吉林分中心	吉林省农业科学院	农业部
吉林省长春市育种分中心	吉林省长春市农业科学院	农业部
国家大豆改良中心辽宁铁岭分中心	辽宁省铁岭市农业科学院	农业部
国家大豆改良中心石家庄分中心	河北省农林科学院	农业部
国家大豆改良中心郑州分中心	河南省农业科学院	农业部
国家大豆改良中心安徽分中心	安徽阜阳市农业科学院	农业部
杭州国家大豆改良分中心	浙江省农业科学院	农业部
国家大豆改良中心广东分中心	华南农业大学	农业部
吉林大豆区域技术创新中心	吉林农业大学	农业部
辽宁大豆区域技术创新中心	辽宁省农业科学院	农业部
黑龙江大豆区域技术创新中心	黑龙江省农业科学院佳木斯分院	农业部
内蒙古大豆区域技术创新中心	内蒙古自治区农牧业科学院	农业部

续表

研发平台	依托单位	归口管理单位
国家大豆产业技术研发中心	中国农业科学院作物科学研究所	农业部
农业部大豆生物学与遗传育种重点实验室	南京农业大学	农业部
农业部北京大豆生物学重点实验室	中国农业科学院作物科学研究所	农业部
农业部东北大豆生物学与遗传育种重点实验室	东北农业大学	农业部
农业部黄淮海大豆生物学与遗传育种重点实验室	河北省农林科学院作物研究所	农业部
农业部东北早熟大豆产区农业科学观测实验站	黑龙江省农业科学院大豆研究所	农业部
农业部东中晚熟大豆产区农业科学观测实验站	吉林省农业科学院大豆研究所	农业部
农业部黄淮海大豆产区农业科学观测实验站	山西省农业科学院经济作物研究所	农业部
农业部西南玉米大豆间套作区农业科学观测实验站	广西壮族自治区农业科学院	农业部
国家大豆工程技术研究中心	东北农业大学	农业部
国家大豆工程技术研究中心吉林分中心	吉林省农业科学院	农业部
国家转基因植物（玉米、大豆）中试与产业化基地	吉林省农业科学院	农业部
大豆国家工程研究中心	吉林省农业科学院	农业部
大豆生物学重点实验室	东北农业大学	农业部

附录四：

部分除草剂通用名录

序号	中文通用名称	中文别名
1	乙草胺	禾耐斯、Hamess
2	特丁净	ametrex
3	快灭灵	carfentraione~ethyl，Affinity、唑酮草酯
4	异丙净	dipropetryne、杀草净
5	扑草净	prometryne、扑灭净、扑蔓尽、割草佳
6	西草净	simetryn
7	莎稗磷	阿罗津
8	莠去津	阿特拉津
9	燕麦畏	阿畏达、野燕畏、野麦畏
10	喔草酯	爱捷
11	麦草畏	百草敌
12	氰草净	百得斯、草净津
13	溴苯腈	伴地农
14	吡氟草胺	吡氟酰草胺
15	噁唑禾草灵	骠马
16	茵达灭	丙草丹、扑草灭
17	速收	丙炔氟草胺
18	吡嘧磺隆	草克星、水星
19	双苯酰草胺	草乃敌
20	二甲戊乐灵	除芽通、施田补、除草通

续表

序号	中文通用名称	中文别名
21	萘丙酰草胺	大惠利、敌草胺、草萘胺、萘丙胺
22	氯苯胺灵	戴科
23	敌草隆	地草净
24	西玛津	丁玛津
25	异丙甲草胺	都尔、稻乐思、杜尔
26	氯嘧磺隆	豆草隆、豆磺隆、豆隆
27	毒莠定	毒草定
28	酚硫杀	芳米大
29	达草灭	氟哒酮
30	氟乐灵	氟特力、茄科宁、氟利克
31	利收	氟烯草酸
32	吡氟氯禾灵	盖草能
33	绿草定	盖灌能、定草酯
34	草除灵	高特克
35	精吡氟氯禾灵	高效盖草能、精吡氟甲禾灵
36	异噁草酮	广灭灵
37	乙氧氟草醚	果尔
38	喹禾灵	禾草克
39	禾草灵	禾草灵甲酯、伊洛克桑、禾草除
40	环草丹	禾大壮、禾草特、草达灭、杀克尔
41	甲磺隆	合力
42	氟磺胺草醚	虎威、除豆莠、北极星、氟磺草
43	苯噻酰草胺	环草胺、除稗特
44	磺草灵	黄草灵、asulame

续表

序号	中文通用名称	中文别名
45	苯嗪草酮	甲苯嗪、苯甲嗪
46	甲氧除草醚	甲氧醚、氯硝醚
47	胺苯磺隆	金星、菜王星、油磺隆
48	精喹禾灵	精禾草克
49	精吡氟禾草灵	精稳杀得
50	甜菜宁	凯米丰、苯敌草
51	乳氟禾草灵	克阔乐
52	百草枯	克芜踪、对草快
53	二氯喹啉酸	快杀稗、神锄
54	哒草特	阔叶枯
55	噻磺隆	阔叶散、宝收
56	苯磺隆	阔叶散、巨星(阔叶净)
57	甲草胺	拉索、草不绿
58	苄草胺	雷克拉、草长灭、草威胺
59	甲羧除草醚	茅毒、治草醚
60	灭草喹	咪唑喹啉酸
61	灭草烟	咪唑烟酸
62	灭草猛	灭草丹、卫农、thiobencarb
63	苯达松	灭草松
64	环草特	灭草特、环已丹、环草灭、乐利
65	丁草胺	灭草特、去草胺、马歇特
66	草甘膦	农达、镇草宁
67	苄嘧磺隆	农得时、苄磺隆、稻无草
68	噁草酮	农思它

续表

序号	中文通用名称	中文别名
69	甜菜灵	辟哒酮
70	扑草津	扑灭津
71	异丙草胺	普乐宝
72	咪草烟	普杀特、普施特、咪唑乙烟酸
73	嗪草酮	赛克津、特丁嗪、赛克、立克除
74	烯草酮	赛乐特、收乐通
75	丙草胺	扫茀特
76	嘧磺隆	森草净
77	禾草丹	杀草丹、灭草丹、除草莠、稻草丹
78	莎扑隆	杀草隆
79	醚磺隆	莎多伏
80	甲基二磺隆	世玛
81	地乐胺	双丁乐灵
82	精噁唑禾草灵	威霸
83	环嗪酮	威尔柏
84	吡氟禾草灵	稳杀得
85	拿捕净	稀禾定
86	杀莠敏	溴哒酮
87	丁草特	异丁草丹、莠丹、苏达灭
88	哌草丹	优克稗
89	砜嘧磺隆	玉嘧磺隆、宝成
90	烟嘧磺隆	玉农乐、烟磺隆
91	三氟羧草醚	杂草焚、达克尔
92	使它隆	治莠灵、氟草烟、氟草定
93	阔草清	唑嘧磺草胺

附录五：

主要农作物品种审定标准(国家级)

大　豆

1　基本条件

1.1　抗病性

大豆花叶病毒病抗性：人工接种鉴定，对弱致病优势株系抗性级别达到中感及以上，对强致病优势株系抗性级别达到感及以上。

大豆灰斑病抗性：人工接种鉴定，北方春大豆区的早熟和中早熟品种，对优势生理小种抗性级别达到中感及以上。

大豆炭疽病抗性：人工接种鉴定，长江流域春大豆、热带亚热带春大豆、菜用品种抗性级别达到感及以上。

1.2　生育期

两年区域试验生育期平均结果，北方春大豆区比对照品种晚熟≤4.0天，黄淮海夏大豆区比对照品种晚熟≤7.0天，长江流域及以南地区比对照品种晚熟≤10.0天。

1.3　品质

北方春大豆区报审品种两年区域试验平均粗脂肪和粗蛋白质含量之和≥58.0%；其他区组两年区域试验平均粗脂肪和粗蛋白质含量之和≥59.0%。

2　分类品种条件

2.1　高产稳产品种

申请审定品种与对照同为常规品种或杂交品种时，两年区域试验平均产量比相应对照增产≥3.0%，且每年增产≥2.0%，生产试验平均产量比相应对照增产≥1.0%。每年区域试验、生产试验增产试验点比例≥60%。

申请审定品种为杂交品种而对照为常规品种时，两年区域试验平均产量比对照增产≥8.0%，且每年增产≥5.0%，生产试验平均产量比常规品种对照增产≥5.0%。每年区域试验、生产试验增产试验点比例≥65%。

2.2 高油品种

两年区域试验粗脂肪平均含量≥21.5%，且单年≥21.0%。申请审定品种与对照同为常规品种或杂交品种，每年区域试验、生产试验平均产量比相应对照品种增产≥0.0%；杂交品种，每年区域试验、生产试验平均产量比相应对照品种增产≥4.0%。每年区域试验、生产试验增产试验点比例≥55%。

2.3 高蛋白品种

北方春大豆两年区域试验，粗蛋白质平均含量≥43.0%，且单年≥42.0%；其他区组两年区域试验，粗蛋白质平均含量≥45.0%，且单年≥44.0%。审定品种与对照同为常规品种或杂交品种，两年区域试验平均产量比常规对照品种减产≤2.0%，单年区域试验和生产试验平均产量比常规对照品种减产≤3.0%；杂交品种，每年区域试验、生产试验平均产量比常规对照品种增产≥2.0%。

2.4 特殊类型品种

菜用大豆品种：采收鲜荚食用的品种。

彩色籽粒品种：籽粒颜色除黄色以外的其他品种。

籽粒大小特异品种：籽粒特大或特小的品种。

附录六：

我国大豆卫生标准(新)

——GB 1352—2009《大豆》

1　范围

本标准规定了大豆的相关术语和定义、分类、质量要求和卫生要求、检验方法、检验规则、标签标识以及包装、储存和原属要求。

本标准适用于收购、储存、运输、加工和销售的商品大豆。

本标准不适用于本标准分类规定以外的特殊品种大豆。

2　规范性引用文件

下列文件中的条款通过本标准的引用而成为本标准的条款。凡是注日期的引用文件,其随后所有的修改单(不包括勘误的内容)或修订版均不适用于本标准。

GB 2715　粮食卫生标准

GB/T 5490　粮食、油料及植物油脂检验 一般规则

GB 5491　粮食、油料检验 扦样、分样法

GB/T 5492　粮食检验 粮食、油料的色泽、气味、口味鉴定

GB/T 5493　粮食检验 类型及互混检验

GB/T 5494　粮食检验 粮食、油料的杂志、不完善粒检验

GB/T 5497　粮食、油料检验 水分测定法

GB/T 5511　鼓舞和豆类 氮含量测定和粗蛋白质含量计算 凯氏法

GB/T 5512　粮油检验 粮食中粗脂肪含量测定

GB 7718　预包装食品标签通则

GB 13078　饲料卫生标准

GB 19641　植物油料卫生标准

3 术语和定义

下列术语和定义适用于本标准。

3.1 完整粒 perfect kernel

籽粒完好正常的颗粒。

3.2 未熟粒 immature kernel

籽粒不饱满，瘪缩达粒面二分之一及以上或子叶青色部分达二分之一及以上(青仁大豆除外)的,与正常粒显著不同的颗粒。

3.3 损伤粒 damaged kernel

受到严重摩擦损伤、冻伤、细菌损伤、霉菌损伤、生芽、热损伤或其他原因损伤的大豆颗粒。

3.3.1 虫蛀粒 insect-bored kernel

被虫蛀蚀,伤及子叶的颗粒。

3.3.2 病斑粒 spotted kernel

粒面带有病斑,伤及子叶的颗粒。

3.3.3 生芽、涨大粒 sprouted kernel

芽或幼根突破种皮或吸湿涨大未复原的颗粒。

3.3.4 生霉粒 moulded kernel

粒面生霉的颗粒。

3.3.5 冻伤粒 frost-damaged kernel

因受冰冻伤害籽粒透明或子叶僵硬呈暗绿色的颗粒。

3.3.6 热损伤粒 heat-damaged kernel

因受热而引起子叶变色和损伤的颗粒。

3.4 破碎粒 broken kernel

子叶破碎达本颗粒体积四分之一及以上的颗粒。

3.5 杂质 impurities

通过规定筛层和经筛理后仍残留在样品中的非大豆类物质，包括以下几种：

3.5.1 筛下物 passed sieve material

通过直径 3.0 mm 圆孔筛的物质。

3.5.2 无机杂质 inorganic impurity

泥土、砂石、砖瓦块及其他无机物质。

3.5.3 有机杂质 organic impurity

无使用价值的大豆粒、异种类粮粒及其他有机物质。

3.6 色泽、气味 color,odor

一批大豆固有的综合色泽和气味。

3.7 完整粒率 percent of perfect kernels

完整粒占试样的质量分数。

3.8 损伤粒率 percent of damaged kernels

损伤粒占试样的质量分数。

3.9 热损伤粒率 percent of heat-damaged kernel

热损伤粒占试样的质量分数。

3.10 高油大豆 high-oil soybean

粗脂肪含量不低于20.0%的大豆。

3.11 高蛋白质大豆 high-protein soybean

粗蛋白质含量不低于40.0%的大豆。

4 分类

根据大豆的皮色分为:

4.1 黄大豆

种皮为黄色、淡黄色,脐为黄褐、淡褐或深褐色的籽粒不低于95%的大豆。

4.2 青大豆

种皮为绿色的籽粒不低于95%的大豆,按其子叶的颜色分为青皮青仁大豆和青皮黄仁大豆两种。

4.3 黑大豆

种皮为黑色的籽粒不低于95%的大豆,按其子叶的颜色分为黑皮青仁大豆和黑皮黄仁大豆两种。

4.4 其他大豆

种皮为褐色、棕色、赤色等单一颜色的大豆及双色大豆(种皮为两种颜色,其中一种为棕色或黑色,并且其覆盖粒面1/2以上)等。

4.5 混合大豆

不符合 4.1 至 4.4 规定的大豆。

5 质量要求和卫生标准

5.1 质量要求

5.1.1 大豆质量指标应符合表 1 规定。

表 1 GB 1352–2009 大豆质量指标

<table>
<tr><th rowspan="2">等级</th><th rowspan="2">完整粒率
/%</th><th colspan="2">损伤粒率/%</th><th rowspan="2">杂质含量
/%</th><th rowspan="2">水分含量
/%</th><th rowspan="2">气味、
色泽</th></tr>
<tr><th>合计</th><th>其中:热损伤粒率</th></tr>
<tr><td>1</td><td>≥95.0</td><td>≤1.0</td><td>≤0.2</td><td rowspan="5">≤1.0</td><td rowspan="5">≤13.0</td><td rowspan="5">正常</td></tr>
<tr><td>2</td><td>≥90.0</td><td>≤2.0</td><td>≤0.2</td></tr>
<tr><td>3</td><td>≥85.0</td><td>≤3.0</td><td>≤0.5</td></tr>
<tr><td>4</td><td>≥80.0</td><td>≤5.0</td><td>≤1.0</td></tr>
<tr><td>5</td><td>≥75.0</td><td>≤8.0</td><td>≤3.0</td></tr>
</table>

5.1.2 高油大豆质量指标应符合表 2 规定。

表 2 GB 1352–2009 高油大豆质量指标

<table>
<tr><th rowspan="2">等级</th><th rowspan="2">粗脂肪含量(干基)
/%</th><th rowspan="2">完整粒率
%</th><th colspan="2">损伤粒率/%</th><th rowspan="2">杂质含量
/%</th><th rowspan="2">水分含量
/%</th><th rowspan="2">气味、
色泽</th></tr>
<tr><th>合计</th><th>其中:热损伤粒率</th></tr>
<tr><td>1</td><td>≥22.0</td><td rowspan="3">≥85.0</td><td rowspan="3">≤3.0</td><td rowspan="3">≤0.5</td><td rowspan="3">≤1.0</td><td rowspan="3">≤13.0</td><td rowspan="3">正常</td></tr>
<tr><td>2</td><td>≥21.0</td></tr>
<tr><td>3</td><td>≥20.0</td></tr>
</table>

5.1.3 高蛋白质大豆质量指标应符合表 3 规定。

表 3 GB 1352–2009 高蛋白质大豆质量指标

<table>
<tr><th rowspan="2">等级</th><th rowspan="2">粗脂肪含量(干基)
/%</th><th rowspan="2">完整粒率
%</th><th colspan="2">损伤粒率/%</th><th rowspan="2">杂质含量
/%</th><th rowspan="2">水分含量
/%</th><th rowspan="2">气味、
色泽</th></tr>
<tr><th>合计</th><th>其中:热损伤粒率</th></tr>
<tr><td>1</td><td>≥44.0</td><td rowspan="3">≥90.0</td><td rowspan="3">≤2.0</td><td rowspan="3">≤0.2</td><td rowspan="3">≤1.0</td><td rowspan="3">≤13.0</td><td rowspan="3">正常</td></tr>
<tr><td>2</td><td>≥42.0</td></tr>
<tr><td>3</td><td>≥40.0</td></tr>
</table>

5.2　卫生标准

5.2.1　食用大豆按 GB 2715、GB 19641 及国家有关规定执行。

5.2.2　饲料用大豆按 GB 13078 及国家有关规定执行。

5.2.3　其他用途大豆按国家有关标准和规定执行。

5.2.4　植物检疫按国家有关标准和规定执行。

6　检验方法

6.1　扦样、分样:按 GB 5491 的要求执行。

6.2　完整粒率:按附录 A 规定的方法测定。

6.3　损伤粒率:按附录 A 规定的方法测定。

6.4　热损伤粒率:按附录 A 规定的方法测定。

6.5　杂质、不完善粒:按 GB/T 5494 规定的方法测定。

6.6　水分:按 GB/T 5497 规定的方法测定。

6.7　异色粒:按 GB/T 5493 规定的方法测定。

6.8　色泽、气味:按 GB/T 5492 规定的方法测定。

6.9　粗蛋白质含量:按 GB/T 5511 规定的方法测定。

6.10　粗脂肪含量:按 GB/T 5512 规定的方法测定。

7　检验规则

7.1　检验的一般规则按 GB/T 5490 执行。

7.2　检验批为同种类、同产地、同收获年度、同运输单元、同储存单元的大豆。

7.3　大豆按完整粒率定等,3 等为中等。完整粒率低于最低等级规定的,不应作为等外级。其他指标按照 国 家 有 关 规 定执行。

7.4　高油大豆

按粗脂肪含量定等,2 等为中等。粗脂肪含量低于最低等级规定的,不应作为高油大豆。其他指标按照国家有关规定执行。

7.5　高蛋白质

大豆按粗蛋白质含量定等,2 等为中等。粗蛋白质含量低于最低等级规定的,不应作为高蛋白质大豆。其他指标按照国家有关规定执行。

8　标签标识

除应符合 GB 7718 的规定外,还应符合以下条款:

8.1 凡标识“大豆”的产品均为符合本标准。

8.2 应在包装物上或随行文件中注明产品的名称、类别、等级、产地、收获年度和月份。

8.3 转基因大豆应按国家有关规定标识。

9 包装、储存和运输

9.1 包装

包装应使用渡河卫生要求的包装材料或容器,同时应清洁、牢固、无破损,缝口严密、结实,不应撒漏。不应带来污染和异常气味。

9.2 储存

应储存在清洁、干燥、防雨、防潮、防虫、防鼠、无异味的仓库内不应与有毒有害物质或水分较高的物质混存。

9.3 运输

应使用符合卫生要求的运输工具和容器运送，运输过程中应注意防止雨淋和被污染。

附录七：

春大豆栽培技术规程

DB 64/ T1047—2014

2014 年国家大豆产业技术体系银川综合试验站专家组成编写组，借鉴国内相关技术规范，遵循“科学性、实用性、规范性、普适性”的原则，归纳整理了银川综合试验站的研究成果，编制了《春大豆栽培技术规程》。经过专家组审定，在进一步修改完善的基础上，2014 年 11 月 24 日通过了宁夏回族自治区质量技术监督局的审批，成为推荐性的宁夏地方标准，标准编号：DB 64/T1047—2014；发布日期：2014 年 12 月 19 日。

1　范围

本标准标准规定了春大豆生产的选地、品种选择、种子处理、整地与施肥、适期播种、田间管理、收获等技术。

本标准适用于引黄灌区灌排方便、盐碱较轻、肥力中上等的壤土地区。

2　规范性引用文件

下列文件对于本文件的应用是必不可少的。凡是注日期的引用文件，仅所注日期的版本适用于本文件。凡是不注日期的引用文件，其最新版本（包括所有的修改单）适用于本文件。

GB 4404.2—2010 粮食作物种子 第 2 部分：豆类

GB 4285 农药安全使用标准

3　选地

选择灌排方便、土壤 pH 7.5~8.0，前茬以小麦、玉米、水稻为宜，不重茬的地块。

4　品种选择

选择生育期 130~135 d，株高 80~100 cm，经过宁夏农作物品种审定委员会审定的品种，如：宁豆 4 号、宁豆 5 号、晋豆 19、承豆 6 号等。

5 种子处理

大豆根瘤菌接种。每 666.7 m^2 大豆种子用根瘤菌 250 g，按种子质量的 20%兑水后与种子拌匀放置在阴凉处保存，并在 24 h 内播种。

6 整地与施肥

6.1 整地

头年平田整地并秋深翻，耕深 20 cm 以上，灌足冬水。4 月中旬结合施基肥用旋耕机浅耕 1 遍，做到田面平整、土块细碎。

6.2 基肥

每 666.7 m^2 基施优质农家肥（腐熟的牛、羊、鸡粪等）2 500~3 000 kg、磷酸二胺 10~15 kg、尿素 20 kg。

6.3 种肥

每 666.7 m^2 施磷酸二胺 5 kg、硫酸钾 2.5~3.0 kg，深施于种子下方 4~5 cm 处。

7 适期播种

7.1 播种期

4 月 15 日—5 月 10 日播种。

7.2 播种方式

条播或穴播

7.3 播种深度

播深 3~5 cm，播后覆土一致并及时镇压。

7.4 播种量及密度

根据品种特征特性确定播种密度。一般每 666.7 m^2 播种量 3.5~4 kg。播种行距 45~50 cm，株距 8~10 cm。每 666.7 m^2 田间保苗 1.2 万株~1.5 万株。

8 田间管理

8.1 中耕除草

大豆第一片复叶展开时，结合除草进行第一次中耕；株高 25~30 cm 时，结合除草进行第二次中耕；封垄前进行第三次中耕。

8.2 间苗、定苗

大豆第一个三出复叶展开前，一次性间苗、定苗。

8.3 追肥、灌水

8.3.1 大豆初花期结合灌水进行追肥，每 666.7 m^2 追施尿素 5~10 kg。

8.3.2 大豆开花结荚期、鼓粒期各灌水一次。

8.4 根外追肥

大豆花荚期叶面喷施磷酸二氢钾。每 666.7 m^2 用磷酸二氢钾 100 g 兑水 50 kg 均匀喷施于植株茎叶上。

8.5 化学除草

8.5.1 芽前封闭。播后苗前可选用 90%的乙草胺乳油，每 666.7 m^2 用药 100~130 ml；或 72%异丙甲草胺乳油，每 666.7 m^2 用药 100~150 ml 兑水喷雾。

8.5.2 复叶期。大豆 3 片复叶期间，每 666.7 m^2 用 25%氟磺胺草谜 50~60 ml 加精吡氟禾草灵 70 ml 兑水 30kg 喷雾。

8.6 化控

大豆初花期始花后 7 d 左右，每 666.7 m^2 用 15%多效唑可湿性粉剂 50~100 g 兑水 50 kg，均匀喷施植株叶片的正反面。

8.7 害虫防治

8.7.1 蛴螬

选用 50%辛硫磷闷种。用药量为种子量的 0.25%，即药、水、种子的比例为 1:40:400，拌均匀放置在背阴透风处，等种子把药液全部吸干后播种。

8.7.2 蚜虫

当田间点片发生蚜虫有蚜株率达 50%，百株蚜量 1 500 头以上时，用 40%乐果乳油，每 666.7 m^2 用药 100 g 兑水 20 kg 喷雾。或 3%啶虫脒乳油每 666.7 m^2 用药 15~20 ml 兑水 20 kg 喷雾。

8.7.3 叶螨

大豆卷叶株率 10%时，用 73%炔螨特乳油 3000 倍液喷雾。

9 收获

9 月下旬至 10 月上旬当大豆茎叶及豆荚变黄，落叶达到 80%以上时收获。

附录八：

西瓜套种大豆栽培技术规程

DB 64/ T1048—2014

1 范围

本标准规定了宁夏灌区西瓜套种大豆的选地、品种选择、整地与施肥、起垄、播种及规格、田间管理、收获等技术。

本标准适用于宁夏灌区灌排方便、无盐碱危害或较轻、肥力中上的壤土地区。

2 规范性引用文件

下列文件对于本文件的应用是必不可少的。凡是注日期的引用文件，仅所注日期的版本适用于本文件。凡是不注日期的引用文件，其最新版本(包括所有的修改单)适用于本文件。

GB 13562—1986　大豆

GB 4404.2—2010　粮食作物种子 第2部分:豆类

NY/T 393　绿色食品肥料使用准则

NY/T 394　绿色食品农药使用准则

GB 4285　农药安全使用标准

3 选地

选择地势平坦，灌排方便，无盐碱危害或较轻，土壤肥沃的砂壤土，前茬以小麦、玉米等作为宜，不宜重茬和连作。

4 整地与施肥

4.1 整地

头年用深松机械深翻20~30 cm，灌足冬水。3月底4月初，通过机械进行耙、耱、旋耕等作业，使田面平整，土碎无坷垃。

4.2 施肥

结合耙地、旋耕基施化肥。耙地前每 666.7 m^2 人工撒施磷酸二胺 10 kg，尿素 10 kg，三元复合肥(18%-18%-18%)10 kg。

5 起垄

总带宽 190 cm。垄宽 150 cm，用于西瓜种植；沟宽 40 cm，沟深 20 cm，用于大豆种植。

6 品种选择

6.1 西瓜

选生育期在 100 d 左右的中早熟品种，如：西农 8 号、红冠龙等。

6.2 大豆

选生育期在 120 d 左右的中早熟品种，目前推荐中黄 30、晋豆 19 等品种。

7 播种及规格

7.1 西瓜

7.1.1 播种

4 月 5 日~10 日播种。

7.1.2 规格

每垄种植 2 行，行距 120 cm，穴距 60~80 cm，每 666.7 m^2 定苗 980~1 000 株。

7.2 大豆

7.2.1 播种

5 月 20 日~6 月 5 日西瓜灌头水后地皮发白时及时播种。

7.2.2 规格

大豆种植在垄沟内，每个垄沟内种植 2 行大豆，行距 25~30 cm，每 666.7 m^2 定苗株数 1.1 万株~1.2 万株。

8 田间管理

8.1 西瓜

定苗、锄草、追肥、灌水、整枝、座果、病害防治等田间管理措施请按照地膜西瓜的相关规定执行。

8.2 大豆

8.2.1 锄草及间苗、定苗

大豆出苗后结合锄草及时间苗、定苗、缺苗断垄及早补种。

8.2.2 追肥

西瓜采收后，结合给大豆灌水每 666.7 m^2 追施尿素 5~7 kg。

8.2.3 灌水

大豆花荚期和鼓粒期各灌水一次。

9 虫害防治

9.1 蚜虫

每平方米植株上有蚜虫 50 头时用 40%乐果乳油，每 666.7 m^2 用药 100 g 兑水 20 kg 喷雾。或 3%啶虫脒乳油，每 666.7 m^2 用药 15~20 ml 兑水 20 kg 喷雾。

9.2 叶螨

当大豆卷叶株率达到 10%时，用 73%炔螨特乳油 3 000 倍液喷雾。

10 收获

大豆 9 月下旬至 10 月上旬当大豆的茎叶及豆荚变黄，落叶达到 80%以上时收获。

附录九：

玉米间作大豆栽培技术规程

1　范围

本标准规定了玉米间作大豆的选地、品种选择、整地与施肥、播种及规格、田间管理、收获等技术。

本标准适用于宁夏灌区灌排方便、无盐碱危害或较轻、肥力中上的壤土地区。

2　规范性引用文件

下列文件对于本文件的应用是必不可少的。凡是注日期的引用文件，仅所注日期的版本适用于本文件。凡是不注日期的引用文件，其最新版本（包括所有的修改单）适用于本文件。

GB 4404.2—2010　粮食作物种子　第2部分：豆类

3　选地

选择地势平坦，灌排方便，无盐碱危害或较轻，土壤肥沃的壤土，前茬以小麦、水稻、蔬菜、玉米等作物为宜。

4　整地与施肥

4.1　整地

秋季用深松机械深翻20~30 cm，灌足冬水。3月底4月初，通过机械进行耙、耱、旋耕等作业，做到整地均匀、田面平整、土碎无坷垃，达到待播易播状态。

4.2　施肥

玉米施肥参照《引黄灌区麦套玉米高产栽培技术规程》规范执行。大豆不单独施肥。

5　品种选择

5.1　大豆

大豆品种选择株型适中，广适应、抗倒伏、耐阴，高产、优质品种，如：中黄30、宁黄48等。

5.2　玉米

玉米品种选择紧凑型或耐密植品种，如：先玉335等。

6　种子处理

播种前大豆用根瘤菌剂拌种，每10 kg大豆种子拌大豆根瘤菌剂150 ml，随拌随用，阴干即可播种。

7　种植规格

采用玉豆2:2行比间作，宽、窄行种植。大豆窄行距30 cm，玉米窄行距40 cm，玉米大豆间距65 cm，玉米宽行距160 cm，种植带幅宽200 cm。

8　同期播种

8.1　播种时间

当土壤表层5~10 cm地温稳定在10℃以上时播种。播期为4月15—25日，用2BMZJ–4玉米大豆一体播种机择期精量播种。

8.2　播种深度

大豆、玉米适宜的播种深度，根据土壤质地、墒情和种子大小而定。一般播深4~6 cm。

8.3　播种量

8.3.1　大豆

播种量3 kg/666.7 m^2。

8.3.2　玉米

播种量2.5 kg/666.7 m^2。

8.4　种植密度

8.4.1　大豆

播种株距7 cm，保苗密度10 000株/666.7 m^2。

8.4.2　玉米

播种株距11 cm，保苗密度5 500~6 000株/666.7 m^2。

9 田间管理

9.1 芽前除草

播后苗前每 666.7 m^2 用 50%乙草胺 150~200 ml，或 90%乙草胺 100~120 ml，对水 15~20 L 均匀喷雾。大豆、玉米出苗后的除草主要通过中耕完成。

9.2 中耕提温

玉米、大豆出苗后进行中耕 2~3 次。第 1 次中耕宜浅，以 3~4 cm 为宜；第 2 次中耕，苗旁浅行间深，力争达到苗全、苗齐、苗壮。

9.3 肥水运筹

玉米施肥参照《引黄灌区麦套玉米高产栽培技术规程》规范执行。大豆不单独进行施肥和灌水。

9.4 化控防倒

大豆初花期每 666.7 m^2 用 5%的烯效唑可湿性粉剂 25g/666.7 m^2 兑水 25 kg 喷雾，大豆盛花期再次用烯效唑可湿性粉剂 25g/666.7 m^2 兑水 25 kg 喷雾。

10 收获

10.1 大豆

9 月下旬，当大豆茎秆呈棕黄色，有 90%以上叶片完全脱落、荚中籽粒与荚壁脱离、摇动时有响声，是大豆收获的最佳时期，用 4LZ-1.0 型大豆联合收割机收获大豆。

10.2 玉米

9 月下旬至 10 月初大豆收获后，机械收获玉米。

附录十：

引黄灌区夏播大豆栽培技术规程

1 范围

本标准标准规定了夏大豆生产的选地、品种选择、种子处理、整地与施肥、适期播种、田间管理、收获等技术。

本标准适用于引黄灌区灌排方便、无盐碱危害或较轻的壤土地区。

2 规范性引用文件

下列文件对于本文件的应用是必不可少的。凡是注日期的引用文件，仅所注日期的版本适用于本文件。凡是不注日期的引用文件，其最新版本（包括所有的修改单）适用于本文件。

GB 4404.2—2010 粮食作物种子 第2部分：豆类

GB 4285 农药安全使用标准

3 选地

选择有灌溉及排水条件、无盐碱或较轻的壤土。

4 品种选择

选择生育日期90~110 d、丰产性好、品质优良、抗逆性强、商品性好的早熟或极早熟品种，推荐品种：垦豆22、垦豆25和垦豆38等。

5 种子处理

播种前大豆用根瘤菌剂拌种，每10 kg大豆种子拌大豆根瘤菌剂150 ml，随拌随用，阴干即可播种。

6 整地与施肥

6.1 整地

6月中、下旬结合施基肥用旋耕机浅耕1遍，做到田面平整、土块细碎无坷垃，达到适播状态。

6.2 基施肥

每666.7 m^2 基施磷酸二胺10~15 kg、尿素10 kg。

6.3 造墒

土壤墒情差的地块,播种前 3~5 d 提早灌一次“跑马水”,保证充足的土壤墒情。

7 适期早播

7.1 播种期

6 月 20 日~7 月 15 日播种。播种日期最晚不能迟于 7 月 20 日。

7.2 播种方式

采取平播种植,机械条播或穴播方式播种。麦后复种采用免耕覆秸精量机械播种。

7.3 播种深度

种子播种深度 3~5 cm,播后覆土一致,并根据田间墒情及时镇压。

7.4 播种量及密度

一般每 666.7 m^2 播种量 8 kg。播种行距 30~40 cm，株距 6~7 cm。每 666.7 m^2 田间保苗 3 万株~3.5 万株。

8 田间管理

8.1 追肥、灌水

大豆初花期结合灌水进行追肥,每 666.7 m^2 追施尿素 5~7.5 kg。大豆开花结荚期灌水一次。

8.2 化学药剂除草

8.2.1 芽前封闭

播后苗前选用 90%的乙草胺乳油,每 666.7 m^2 用药 100~130 ml;或每 667 m^2 用 50%乙草胺乳油 200 ml 兑水 30 kg 均匀喷雾。

8.2.2 茎叶期除草

大豆 3 片复叶期间，每 667 m^2 用 10%精喹禾灵乳油 100 ml 或者用 12.5%盖草能乳油 50~70 ml 兑水 40 kg 均匀喷雾。

9 收获

9 月下旬至 10 月初，当大豆茎秆呈棕黄色，有 90%以上叶片完全脱落、荚中籽粒与荚壁脱离、摇动时有响声,是大豆收获的最佳时期。

附录十一:

主要农作物品种审定办法

第一章　总　则

第一条　为科学、公正、及时地审定主要农作物品种,根据《中华人民共和国种子法》(以下简称《种子法》),制定本办法。

第二条　在中华人民共和国境内的主要农作物品种审定,适用本办法。

第三条　本办法所称主要农作物,是指稻、小麦、玉米、棉花、大豆。

第四条　省级以上人民政府农业主管部门应当采取措施,加强品种审定工作监督管理。省级人民政府农业主管部门应当完善品种选育、审定工作的区域协作机制,促进优良品种的选育和推广。

第二章　品种审定委员会

第五条　农业部设立国家农作物品种审定委员会,负责国家级农作物品种审定工作。省级人民政府农业主管部门设立省级农作物品种审定委员会,负责省级农作物品种审定工作。

农作物品种审定委员会建立包括申请文件、品种审定试验数据、种子样品、审定意见和审定结论等内容的审定档案,保证可追溯。

第六条　品种审定委员会由科研、教学、生产、推广、管理、使用等方面的专业人员组成。委员应当具有高级专业技术职称或处级以上职务,年龄一般在55岁以下。每届任期5年,连任不得超过两届。

品种审定委员会设主任1名,副主任2~5名。

第七条　品种审定委员会设立办公室,负责品种审定委员会的日常工作,设主任1名,副主任1~2名。

第八条 品种审定委员会按作物种类设立专业委员会，各专业委员会由9~23人的单数组成，设主任1名，副主任1~2名。

省级品种审定委员会对本辖区种植面积小的主要农作物，可以合并设立专业委员会。

第九条 品种审定委员会设立主任委员会，由品种审定委员会主任和副主任、各专业委员会主任、办公室主任组成。

第三章 申请和受理

第十条 申请品种审定的单位、个人(以下简称申请者)，可以直接向国家农作物品种审定委员会或省级农作物品种审定委员会提出申请。

在中国境内没有经常居所或者营业场所的境外机构和个人在境内申请品种审定的，应当委托具有法人资格的境内种子企业代理。

第十一条 申请者可以单独申请国家级审定或省级审定，也可以同时申请国家级审定和省级审定，还可以同时向几个省、自治区、直辖市申请审定。

第十二条 申请审定的品种应当具备下列条件：

(一)人工选育或发现并经过改良；

(二)与现有品种(已审定通过或本级品种审定委员会已受理的其他品种)有明显区别；

(三)形态特征和生物学特性一致；(四)遗传性状稳定；

(五)具有符合《农业植物品种命名规定》的名称；

(六)已完成同一生态类型区2个生产周期以上、多点的品种比较试验。其中，申请国家级品种审定的，稻、小麦、玉米品种比较试验每年不少于20个点，棉花、大豆品种比较试验每年不少于10个点，或具备省级品种审定试验结果报告；申请省级品种审定的，品种比较试验每年不少于5个点。

第十三条 申请品种审定的，应当向品种审定委员会办公室提交以下材料：

（一）申请表，包括作物种类和品种名称，申请者名称、地址、邮政编码、联系人、电话号码、传真、国籍，品种选育的单位或者个人（以下简称育种者）等内容；

（二）品种选育报告，包括亲本组合以及杂交种的亲本血缘关系、选育方法、世代和特性描述；品种（含杂交种亲本）特征特性描述、标准图片，建议的试验区域和栽培要点；品种主要缺陷及应当注意的问题；

（三）品种比较试验报告，包括试验品种、承担单位、抗性表现、品质、产量结果及各试验点数据、汇总结果等；

（四）转基因检测报告；

（五）转基因棉花品种还应当提供农业转基因生物安全证书；

（六）品种和申请材料真实性承诺书。

第十四条 品种审定委员会办公室在收到申请材料45日内作出受理或不予受理的决定，并书面通知申请者。

对于符合本办法第十二条、第十三条规定的，应当受理，并通知申请者在30日内提供试验种子。对于提供试验种子的，由办公室安排品种试验。逾期不提供试验种子的，视为撤回申请。

对于不符合本办法第十二条、第十三条规定的，不予受理。申请者可以在接到通知后30日内陈述意见或者对申请材料予以修正，逾期未陈述意见或者修正的，视为撤回申请；修正后仍然不符合规定的，驳回申请。

第十五条 品种审定委员会办公室应当在申请者提供的试验种子中留取标准样品，交农业部植物品种标准样品库保存。

第四章 品种试验

第十六条 品种试验包括以下内容：（一）区域试验；（二）生产试验；（三）品种特异性、一致性和稳定性测试（以下简称DUS测试）。

第十七条 国家级品种区域试验、生产试验由全国农业技术推广服务中心组织实施，省级品种区域试验、生产试验由省级种子管理机构组织实施。

品种试验组织实施单位应当充分听取品种审定申请人和专家意见，合理设置试验组别，优化试验点布局，科学制定试验实施方案，并向社会公布。

第十八条 区域试验应当对品种丰产性、稳产性、适应性、抗逆性等进行鉴定，并进行品质分析、DNA 指纹检测、转基因检测等。

每一个品种的区域试验，试验时间不少于两个生产周期，田间试验设计采用随机区组或间比法排列。同一生态类型区试验点，国家级不少于 10 个，省级不少于 5 个。

第十九条 生产试验在区域试验完成后，在同一生态类型区，按照当地主要生产方式，在接近大田生产条件下对品种的丰产性、稳产性、适应性、抗逆性等进一步验证。

每一个品种的生产试验点数量不少于区域试验点，每一个品种在一个试验点的种植面积不少于 300 平方米，不大于 3000 平方米，试验时间不少于一个生产周期。

第一个生产周期综合性状突出的品种，生产试验可与第二个生产周期的区域试验同步进行。

第二十条 区域试验、生产试验对照品种应当是同一生态类型区同期生产上推广应用的已审定品种，具备良好的代表性。

对照品种由品种试验组织实施单位提出，品种审定委员会相关专业委员会确认，并根据农业生产发展的需要适时更换。

省级农作物品种审定委员会应当将省级区域试验、生产试验对照品种报国家农作物品种审定委员会备案。

第二十一条 区域试验、生产试验、DUS 测试承担单位应当具备独立法人资格，具有稳定的试验用地、仪器设备、技术人员。

品种试验技术人员应当具有相关专业大专以上学历或中级以上专业技术职称、品种试验相关工作经历，并定期接受相关技术培训。

抗逆性鉴定由品种审定委员会指定的鉴定机构承担，品质检测、DNA 指纹检测、转基因检测由具有资质的检测机构承担。

品种试验、测试、鉴定承担单位与个人应当对数据的真实性负责。

第二十二条 品种试验组织实施单位应当会同品种审定委员会办公室，定期组织开展品种试验考察，检查试验质量、鉴评试验品种表现，并形成考察报告，对田间表现出严重缺陷的品种保留现场图片资料。

第二十三条 品种试验组织实施单位应当组织申请者代表参与区域试验、生产试验收获测产，测产数据由试验技术人员、试验承担单位负责人和申请者代表签字确认。

第二十四条 品种试验组织实施单位应当在每个生产周期结束后45日内召开品种试验总结会议。品种审定委员会专业委员会根据试验汇总结果、试验考察情况，确定品种是否终止试验、继续试验、提交审定，由品种审定委员会办公室将品种处理结果及时通知申请者。

第二十五条 申请者具备试验能力并且试验品种是自有品种的，可以按照下列要求自行开展品种试验：

（一）在国家级或省级品种区域试验基础上，自行开展生产试验；

（二）自有品种属于特殊用途品种的，自行开展区域试验、生产试验，生产试验可与第二个生产周期区域试验合并进行。特殊用途品种的范围、试验要求由同级品种审定委员会确定；

（三）申请者属于企业联合体、科企联合体和科研单位联合体的，组织开展相应区组的品种试验。联合体成员数量应当不少于5家，并且签订相关合作协议，按照同权同责原则，明确责任义务。一个法人单位在同一试验区组内只能参加一个试验联合体。

前款规定自行开展品种试验的实施方案应当在播种前30日内报国家级或省级品种试验组织实施单位，符合条件的纳入国家级或省级品种试验统一管理。

第二十六条 DUS测试由申请者自主或委托农业部授权的测试机构开展，接受农业部科技发展中心指导。

申请者自主测试的，应当在播种前30日内，按照审定级别将测试方案报农业部科技发展中心或省级种子管理机构。农业部科技发展中心、省级种子管理机构分别对国家级审定、省级审定DUS测试过程进行监督检查，对样品和测试报告的真实性进行抽查验证。

DUS 测试所选择近似品种应当为特征特性最为相似的品种，DUS 测试依据相应主要农作物 DUS 测试指南进行。测试报告应当由法人代表或法人代表授权签字。

第二十七条　符合农业部规定条件、获得选育生产经营相结合许可证的种子企业（以下简称育繁推一体化种子企业），对其自主研发的主要农作物品种可以在相应生态区自行开展品种试验，完成试验程序后提交申请材料。

试验实施方案应当在播种前 30 日内报国家级或省级品种试验组织实施单位备案。

育繁推一体化种子企业应当建立包括品种选育过程、试验实施方案、试验原始数据等相关信息的档案，并对试验数据的真实性负责，保证可追溯，接受省级以上人民政府农业主管部门和社会的监督。

第五章　审定与公告

第二十八条　对于完成试验程序的品种，申请者、品种试验组织实施单位、育繁推一体化种子企业应当在 2 月底和 9 月底前分别将稻、玉米、棉花、大豆品种和小麦品种各试验点数据、汇总结果、DUS 测试报告提交品种审定委员会办公室。

品种审定委员会办公室在 30 日内提交品种审定委员会相关专业委员会初审，专业委员会应当在 30 日内完成初审。

第二十九条　初审品种时，各专业委员会应当召开全体会议，到会委员达到该专业委员会委员总数三分之二以上的，会议有效。对品种的初审，根据审定标准，采用无记名投票表决，赞成票数达到该专业委员会委员总数二分之一以上的品种，通过初审。

专业委员会对育繁推一体化种子企业提交的品种试验数据等材料进行审核，达到审定标准的，通过初审。

第三十条　初审实行回避制度。专业委员会主任的回避，由品种审定委员会办公室决定；其他委员的回避，由专业委员会主任决定。

第三十一条 初审通过的品种，由品种审定委员会办公室在30日内将初审意见及各试点试验数据、汇总结果，在同级农业主管部门官方网站公示，公示期不少于30日。

第三十二条 公示期满后，品种审定委员会办公室应当将初审意见、公示结果，提交品种审定委员会主任委员会审核。主任委员会应当在30日内完成审核。审核同意的，通过审定。

育繁推一体化种子企业自行开展自主研发品种试验，品种通过审定后，将品种标准样品提交至农业部植物品种标准样品库保存。

第三十三条 审定通过的品种，由品种审定委员会编号、颁发证书，同级农业主管部门公告。

省级审定的农作物品种在公告前，应当由省级人民政府农业主管部门将品种名称等信息报农业部公示，公示期为15个工作日。

第三十四条 审定编号为审定委员会简称、作物种类简称、年号、序号，其中序号为四位数。

第三十五条 审定公告内容包括：审定编号、品种名称、申请者、育种者、品种来源、形态特征、生育期、产量、品质、抗逆性、栽培技术要点、适宜适宜推广种植区域及注意事项等。

省级品种审定公告，应当在发布后30日内报国家农作物品种审定委员会备案。

审定公告公布的品种名称为该品种的通用名称。禁止在生产、经营、推广过程中擅自更改该品种的通用名称。

第三十六条 审定证书内容包括：审定编号、品种名称、申请者、育种者、品种来源、审定意见、公告号、证书编号。

第三十七条 审定未通过的品种，由品种审定委员会办公室在30日内书面通知申请者。申请者对审定结果有异议的，可以自接到通知之日起30日内，向原品种审定委员会或者国家级品种审定委员会申请复审。品种审定委员会应当在下一次审定会议期间对复审理由、原审定文件和原审定程序进行复审。对病虫害鉴定结果提出异议的，品种审定委员会认为有必要的，安排其他单位再次鉴定。

品种审定委员会办公室应当在复审后30日内将复审结果书面通知申请者。

第三十八条　品种审定标准，由同级农作物品种审定委员会制定。审定标准应当有利于产量、品质、抗性等的提高与协调，有利于适应市场和生活消费需要的品种的推广。

省级品种审定标准，应当在发布后30日内报国家农作物品种审定委员会备案。

制定品种审定标准，应当公开征求意见。

第六章　引种备案

第三十九条　省级人民政府农业主管部门应当建立同一适宜生态区省际间品种试验数据共享互认机制，开展引种备案。

第四十条　通过省级审定的品种，其他省、自治区、直辖市属于同一适宜生态区的地域引种的，引种者应当报所在省、自治区、直辖市人民政府农业主管部门备案。

备案时，引种者应当填写引种备案表，包括作物种类、品种名称、引种者名称、联系方式、审定品种适宜适宜推广种植区域、拟引种区域等信息。

第四十一条　引种者应当在拟引种区域开展不少于1年的适应性、抗病性试验，对品种的真实性、安全性和适应性负责。具有植物新品种权的品种，还应当经过品种权人的同意。

第四十二条　省、自治区、直辖市人民政府农业主管部门及时发布引种备案公告，公告内容包括品种名称、引种者、育种者、审定编号、引种适宜适宜推广种植区域等内容。公告号格式为：(X)引种〔X〕第X号，其中，第一个“X”为省、自治区、直辖市简称，第二个“X”为年号，第三个“X”为序号。

第四十三条　国家审定品种同一适宜生态区，由国家农作物品种审定委员会确定。省级审定品种同一适宜生态区，由省级农作物品种审定委员会依据国家农作物品种审定委员会确定的同一适宜生态区具体确定。

第七章 撤销审定

第四十四条 审定通过的品种,有下列情形之一的,应当撤销审定:

(一)在使用过程中出现不可克服严重缺陷的;

(二)种性严重退化或失去生产利用价值的;

(三)未按要求提供品种标准样品或者标准样品不真实的;(四)以欺骗、伪造试验数据等不正当方式通过审定的。

第四十五条 拟撤销审定的品种,由品种审定委员会办公室在书面征求品种审定申请者意见后提出建议,经专业委员会初审后,在同级农业主管部门官方网站公示,公示期不少于 30 日。

公示期满后,品种审定委员会办公室应当将初审意见、公示结果,提交品种审定委员会主任委员会审核,主任委员会应当在 30 日内完成审核。审核同意撤销审定的,由同级农业主管部门予以公告。

第四十六条 公告撤销审定的品种,自撤销审定公告发布之日起停止生产、广告,自撤销审定公告发布一个生产周期后停止推广、销售。品种审定委员会认为有必要的,可以决定自撤销审定公告发布之日起停止推广、销售。

省级品种撤销审定公告,应当在发布后 30 日内报国家农作物品种审定委员会备案。

第八章 监督管理

第四十七条 农业部建立全国农作物品种审定数据信息系统,实现国家和省两级品种审定网上申请、受理,品种试验数据、审定通过品种、撤销审定品种、引种备案品种、标准样品等信息互联共享,审定证书网上统一打印。审定证书格式由国家农作物品种审定委员会统一制定。

省级以上人民政府农业主管部门应当在统一的政府信息发布平台上发布品种审定、撤销审定、引种备案、监督管理等信息,接受监督。

第四十八条　品种试验、审定单位及工作人员，对在试验、审定过程中获知的申请者的商业秘密负有保密义务，不得对外提供申请品种审定的种子或者谋取非法利益。

第四十九条　品种审定委员会委员和工作人员应当忠于职守，公正廉洁。品种审定委员会委员、工作人员不依法履行职责，弄虚作假、徇私舞弊的，依法给予处分；自处分决定作出之日起五年内不得从事品种审定工作。

第五十条　申请者在申请品种审定过程中有欺骗、贿赂等不正当行为的，三年内不受理其申请。

联合体成员单位弄虚作假的，终止联合体品种试验审定程序；弄虚作假成员单位三年内不得申请品种审定，不得再参加联合体试验；其他成员单位应当承担连带责任，三年内不得参加其他联合体试验。

第五十一条　品种测试、试验、鉴定机构伪造试验数据或者出具虚假证明的，按照《种子法》第七十二条及有关法律行政法规的规定进行处罚。

第五十二条　育繁推一体化种子企业自行开展品种试验和申请审定有造假行为的，由省级以上人民政府农业主管部门处一百万元以上五百万元以下罚款；不得再自行开展品种试验；给种子使用者和其他种子生产经营者造成损失的，依法承担赔偿责任。

第五十三条　农业部对省级人民政府农业主管部门的品种审定工作进行监督检查，未依法开展品种审定、引种备案、撤销审定的，责令限期改正，依法给予处分。

第五十四条　违反本办法规定，构成犯罪的，依法追究刑事责任。

第九章　附　则

第五十五条　农作物品种审定所需工作经费和品种试验经费，列入同级农业主管部门财政专项经费预算。

第五十六条　转基因农作物（不含转基因棉花）品种审定办法另行制定。

第五十七条 育繁推一体化企业自行开展试验的品种和联合体组织开展试验的品种，不再参加国家级和省级试验组织实施单位组织的相应区组品种试验。

第五十八条 本办法自2016年8月15日起施行，农业部2001年2月26日发布、2007年11月8日和2014年2月1日修订的《主要农作物品种审定办法》，以及2001年2月26日发布的《主要农作物范围规定》同时废止。

附录十二：

作者论文目录

（来源：知网　截止日期 2017-12-30）

1. 不同施氮量及施氮方式对大豆根瘤生长及产量的影响. 姬月梅；罗瑞萍；赵志刚等. [期刊]大豆科学. 2017-11-28
2. 不同施氮量条件下大豆品种接种根瘤菌筛选. 姬月梅；赵志刚；罗瑞萍等. [期刊]江苏农业科学. 2017-12-19
3. 宁夏引黄灌区玉米间作大豆栽培关键技术. 赵志刚；罗瑞萍；连金番等. [期刊]甘肃农业科技. 2017-03-25
4. 玉豆间作生产示范效应的栽培特征性分析与实现途径. 赵志刚；罗瑞萍；连金番等. [期刊]中国种业. 2016-09-06
5. 玉豆带状间作对春大豆产量性状的影响. 赵志刚；连金番；罗瑞萍等. [期刊]中国种业. 2016-08-09
6. 西瓜套种大豆寄生菟丝子栽培技术. 马建平；祁翠兰；罗瑞萍等. [期刊]宁夏农林科技. 2016-07-20
7. 在不同氮素水平下接种根瘤菌对春大豆生长及产量的影响. 姬月梅；赵志刚；罗瑞萍等. [期刊]宁夏农林科技. 2016-05-20
8. 宁夏南部旱作区发展黑豆特色产业浅析. 赵志刚；罗瑞萍. [期刊]中国种业. 2016-04-15
9. 宁夏引黄灌区鲜食大豆农艺及产量性状分析. 罗瑞萍；赵志刚，连金番. [期刊]作物杂志. 2016-04-13
10. 宁夏灌区小麦套种大豆寄生菟丝子栽培技术及效益评价. 赵志刚；罗瑞萍；连金番. [期刊]宁夏农林科技. 2016-02-20
11. 3 个主栽大豆品种被菟丝子寄生危害的差异性研究. 罗瑞萍；赵志刚；

姬月梅等. [期刊]农业灾害研究. 2016-01-15
12. 中药材菟丝子形态特征及栽培效益评价. 赵志刚;罗瑞萍;姬月梅等. [期刊]宁夏农林科技. 2015-10-20
13. 烯效唑化控对玉豆间作大豆农艺性状及产量的影响. 罗瑞萍;连金番;赵志刚等;[期刊]中国种业. 2015-06-15
14. 宁夏玉豆间作现状及栽培技术研究进展. 赵志刚;罗瑞萍. [期刊]宁夏农林科技. 2015-03-20
15. 宁夏灌区西瓜套种大豆栽培技术规程. 赵志刚;罗瑞萍;连金番等. [期刊]中国种业. 2015-03-15
16. 接种根瘤菌对春大豆生长及产量的影响. 姬月梅;罗瑞萍;赵志刚等. [期刊]种子. 2014-11-25
17. 宁夏大豆品种(系)生育期组划分的研究. 罗瑞萍;赵志刚;姬月梅;[期刊]宁夏农林科技. 2014-03-20
18. 新疆石河子大豆超高产栽培技术对宁夏大豆生产的启示. 赵志刚;罗瑞萍. [期刊]宁夏农林科技. 2013-11-20
19. 宁夏大豆高产高效栽培技术研究和生产实践. 赵志刚;罗瑞萍;姬月梅等. [期刊]大豆科技. 2012-10-25
20. 宁夏春大豆新品种(系)的多元统计评价及聚类分析研究. 赵志刚;罗瑞萍;姬月梅. [期刊]安徽农业科学. 2012-10-10
21. 春大豆新品种(系)的聚类分析及主成分分析研究. 罗瑞萍;赵志刚;姬月梅. [期刊]宁夏农林科技. 2012-08-20
22. 几个春大豆新品系的多元统计评价. 罗瑞萍;赵志刚;姬月梅. [期刊]安徽农业科学. 2012-08-01
23. 不同播期对宁夏大豆产量及产量性状的影响(英文). 赵志刚;罗瑞萍;姬月梅. [期刊]Chinese Seed. 2012-02-15
24. 大豆新品种比较研究. 姬月梅;赵志刚;罗瑞萍. [期刊]宁夏农林科技. 2012-01-1
25. 高产优质大豆新品种评价筛选研究. 姬月梅;罗瑞萍;赵志刚. [期刊]安徽农业科学. 2011-11-10

26. 不同播期对宁夏大豆产量及产量性状的影响. 罗瑞萍;赵志刚;姬月梅等. [期刊]安徽农业科学. 2011-09-20

27. 播种时期对大豆产量及农艺性状的影响. 罗瑞萍;赵志刚;姬月梅等. [期刊]宁夏农林科技. 2011-09-10

28. 大豆 ms1 轮回群体选择育种研究的探索与实践. 赵志刚;罗瑞萍. [期刊]安徽农业科学. 2011-08-20

29. 宁夏间套复种大豆生产发展的现状与对策. 赵志刚;罗瑞萍. [期刊]中国种业. 2011-06-15

30. 宁夏引黄灌区西瓜套种大豆栽培技术探析. 赵志刚;罗瑞萍;袁志明. [期刊]宁夏农林科技. 2011-06-10

31. 宁夏引黄灌区西瓜套种大豆栽培技术. 赵志刚;罗瑞萍;袁志明等. [期刊]作物杂志. 2011-04-15

32. 陕西、宁夏大豆产区土壤质量和大豆根瘤情况调查.李俊;刘琦;罗瑞萍等.[期刊]大豆科技.2010-09-25

33. 不同种植模式对春大豆产量及农艺性状的影响. 赵志刚;罗瑞萍;姬月梅. [期刊]安徽农业科学. 2010-08-01

34. 套种模式下不同大豆品种主要数量性状的遗传多元分析. 赵志刚;罗瑞萍;姬月梅. [期刊]安徽农业科学. 2010-06-20

35. 大豆产量及其相关数量性状关系的分析. 罗瑞萍; 赵志刚; 姬月梅; [期刊]安徽农业科学. 2010-06-10

36. 灰色关联分析在宁夏春大豆育种数量性状选择上的应用. 罗瑞萍;赵志刚;姬月梅[期刊]安徽农业科学. 2010-06-01

37. 套作模式下大豆品种与密度二因素试验分析. 赵志刚; 罗瑞萍; 姬月梅. [期刊]大豆科技. 2010-05-25

38. 套种模式下不同大豆品种主要数量性状的遗传多元分析. 罗瑞萍;赵志刚;姬月梅; [期刊]宁夏农林科技. 2010-04-10

39. 灰色关联分析在宁夏春大豆数量性状选择上的应用. 罗瑞萍;赵志刚;姬月梅. [期刊]宁夏农林科技. 2010-02-10

40. 宁夏灌区夏播复种大豆生产技术. 罗瑞萍;赵志刚. [期刊]大豆科技.

2010-01-2
41. 宁夏大豆育种工作的回顾与展望. 罗瑞萍;赵志刚;荀光生. [期刊]宁夏农林科技. 2009-12-10
42. 宁夏灌区大豆种植的几种主要方式. 赵志刚;罗瑞萍;李华. [期刊]大豆科技. 2009-11-25
43. 宁夏绿洲套区大豆种植的几种主要方式. 赵志刚;罗瑞萍;李华. [期刊]农业科技通讯. 2009-11-17
44. 宁夏大豆育种工作的回顾与展望. 罗瑞萍;赵志刚;荀光生. [期刊]大豆科技. 2009-09-25
45. 宁夏大豆育种工作的回顾与展望. 罗瑞萍;赵志刚;荀光生. [期刊]农业科技通讯. 2009-09-17
46. 宁夏绿洲灌区夏播复种大豆生产技术. 罗瑞萍;赵志刚. [期刊]现代农业科技. 2009-08-10
47. 宁夏绿洲套区大豆种植的几种主要方式. 罗瑞萍;赵志刚;李华. [期刊]宁夏农林科技. 2009-08-10
48. 宁夏大豆育种工作的回顾与展望. 罗瑞萍;赵志刚;荀光生. [期刊]中国种业. 2009-07-15
49. 宁夏引黄灌区大豆产业化体系发展前景及对策. 罗瑞萍;荀光生;赵志刚. [期刊]大豆科技. 2009-05-25
50. 宁夏引黄灌区大豆产业化发展前景及对策. 罗瑞萍;荀光生;赵志刚. [期刊]宁夏农林科技. 2009-04-10
51. 提高掖单 19 号制种产量和质量的技术措施. 王兆川;雍瑞华;罗瑞萍. [期刊]宁夏农林科技. 2000-12-27
52. 春大豆新品种宁豆 4 号. 赵志刚;罗瑞萍. [期刊]大豆通报. 1999-03-2
53. 春大豆新品种宁豆 4 号简介.罗瑞萍;赵志刚. [期刊]宁夏农林科技. 1999-01-2
54. 高产、优质、抗病春大豆新品种——宁豆 4 号. 赵志刚;罗瑞萍. [期刊]大豆通报. 1999-01-25
55. 发展宁夏大豆生产的潜力及高产栽培技术. 罗瑞萍;赵志刚. [期刊]大

豆通报. 1998-07-25
56. 宁夏大豆生产的发展方向及栽培途径. 赵志刚;罗瑞萍.［期刊］大豆通报.1997-07-25
57. 春大豆新品种宁豆 3 号. 罗瑞萍;赵志刚［期刊］作物品种资源. 1997-01-21
58. 春大豆新品种宁豆 3 号简介. 罗瑞萍;赵志刚［期刊］宁夏农林科技. 1996-09-2
59. 春大豆新品种宁豆 3 号简介. 罗瑞萍;赵志刚［期刊］大豆通报. 1996-09-25

主要参考文献

[1] 常如镇,周新安,韩天富等. 中国大豆品质区划. 北京:中国农业出版社,2003.

[2] 董钻. 大豆产量生理. 北京:中国农业出版社,2012.

[3] 王连铮. 大豆研究50年. 北京:中国农业科学技术出版社,2010.

[4] 胡国华. 无公害大豆安全手册. 北京:中国农业出版社,2008.

[5] 张强. 大豆栽培技术. 沈阳:东北大学出版社,2010.

[6] 康莜湖,韩天富. 大豆栽培与病虫草害防治. 北京:金盾出版社,2008

[7] 韩天富. 大豆优质高产栽培技术指南. 北京:中国农业科学技术出版社,2003.

[8] 张磊等. 大豆科学栽培. 合肥:安徽科学技术出版社,2003.

[9] 史树森. 大豆害虫综合防控理论与技术. 吉林:吉林出版集团有限公司,2013.

[10] 陈应志. 大豆品种管理与推广技术指南. 北京:中国农业科学技术出版社,2007.

[11] 农业部种植业管理司,全国农牧渔业丰收计划办公室,全国农业技术推广服务中心. 优质专用大豆品种及高产栽培技术. 北京:中国农业出版社,2003.

[12] 辽宁省科学技术协会. 大豆新品种栽培管理新技术. 沈阳:辽宁科学技术出版社,2008.

[13] 国家大豆产业体系编著，中国现代农业产业可持续发展战略研究（大豆分册）. 北京：中国农业出版社，2016.
[14] 张梦臣，张磊，刘学义. 黄淮海大豆改良种质. 北京：中国农业出版社，204.8
[15] 王立祥，李永平，许强. 宁夏粮食生产能力提升及战略储备. 银川：黄河出版集团，阳光出版社，2015.
[16] 陈新. 豆类蔬菜生产配套技术手册. 北京.中国农业出版社，2012.
[17] 赵志刚，罗瑞萍. 宁夏大豆高产高效栽培技术. 银川：黄河出版集团，阳光出版社，2017.
[18] 朱宗元，梁存柱，李志刚. 贺兰山植物志. 银川：黄河出版集团，阳光出版社，2011.
[19] 董钻，杨光明. 我国早期大豆著作简介，大豆科技，2014.